# 내성 전쟁

**일러두기**

· 인명과 지명은 국립국어원 외래어 표기법을 기준으로 표기했습니다.
· 각주는 옮긴이가 독자의 이해를 돕기 위해 덧붙인 글입니다.
· 학명은 이탤릭체로 표기했습니다.

BIOGRAPHY OF RESISTANCE

# 내성 전쟁

## BIOGRAPHY OF RESISTANCE

### · 인간과 병원균의 끝없는 싸움 ·

무하마드 H. 자만 박유진 옮김

7분의언덕

아미와 아부에게

프롤로그

위쇼 Washoe 카운티는 네바다주 서쪽 끝에 위치하며 북쪽으로는 오리건주, 서쪽으로는 캘리포니아주와 접한다. 곳곳에 그림 같은 호수와 멋진 사막이 있는 그곳은 뉴스에 잘 나오지 않는다. 그런데 2017년 1월 13일 위쇼 보건직 공무원들이 쓴 짧은 글이 미국 질병통제예방센터 CDC: Centers for Disease Control and Prevention 의 『주간 이환율* · 사망률 보고서 Morbidity and Mortality Weekly Report』에 실리면서[1] 전 세계는 충격을 받았다. 그런 보고서는 처음이었다. 이는 미국의 카운티 보건국이 기존의 모든 항생제가 전혀 안 듣는 사례를 문서화한 최초의 보고였다.

보고서에서는 2016년 8월 위쇼 카운티의 70대 주민이 리노 Reno 의 한 병원에 입원해 염증과 감염증 증상을 보인 사례가 거론되었다. 그 여성은 인도를 오랫동안 여행하고 최근에 돌아왔는데, 인도

---

\* 어떤 병에 걸린 환자의 빈도를 백분율로 표시한 수치.

에서 넘어지는 바람에 인체에서 가장 큰 뼈인 대퇴골이 부러진 일을 겪었다.[2] 곧바로 현지 병원에서 치료받고 상태가 좋아졌으나 얼마 후 대퇴골과 고관절이 세균에 감염되었다. 그녀는 인도의 여러 병원을 계속 전전했고 의사들은 그녀를 도와주려 애썼지만, 소용이 없었다.

리노 의사들은 그 여성을 진찰하고 혈액·소변 샘플을 채취하여 연구소로 보냈다. 검사 결과에 따르면 그녀가 감염된 세균은 주요 항생제에 내성이 있었다. 문제의 세균은 카바페넴* 내성 장내세균 CRE: Carbapenem-Resistant Enterobacteriaceae이었다.[3] 장내세균은 세균역(域)에 속하는 과(科) 중 하나로, 규모가 크며 그중 상당수는 인간의 장내에서 아무런 해를 끼치지 않고 산다. 하지만 일부는 치료가 힘들기로 악명 높다. 매우 센 항생제에도 내성이 있기 때문이다. 이 환자를 괴롭히던 세균은 장내세균과의 하위 분류군인 폐렴간균 *Klebsiella pneumoniae*이었다. 폐렴간균은 폐렴이나 패혈증을 일으키며 요로 감염증의 주된 원인이다.[4] 게다가 생명을 위협하기도 한다.

리노 의사들에게 이는 무척 특이한 일이었다. 그들이 병동에서 본 첫 번째 CRE 감염증 케이스였기 때문이다. 매우 심각한 감염증이 다른 환자들에게 전염될까 봐 의료진은 환자를 급성 질환 병동

---

\* 세팔로스포린이나 광범위 베타 락타메이스(beta-lactamase)에 내성을 지닌 세균에 대한 중요 항생제로, 인류의 최후 항생제로 언급된다.

으로 옮겼다. 그리고 엄격한 감염 관리 수칙에 따라 환자와 접촉할 때면 장갑과 마스크를 반드시 착용하고 가운을 겹겹이 덧입었다.

항생제 내성은 감염병 전문의들이 자주 맞닥뜨리는 문제다. 그들은 감염병에 한 가지 약이 듣지 않으면 다른 약을 써보는데, 때로는 몇 가지 약을 조합하기도 한다. 이 경우 일반 항생제가 소용없으리라 판단한 의사들은 더 강력한 종류의 다른 약을 쓰기로 했다.

미국을 비롯한 선진국 의사들 대부분은 효과 있는 약을 찾아낸다. 치료 과정이 환자에게 고생스러울 수도 있고, 회복이 더딜 수도 있지만, CRE 감염증에 걸린다고 모두 죽지는 않는다.[5] 상당수 환자는 깨끗이 낫는데, 그 이유는 의사들이 해당 감염증을 물리치는 적절한 약 또는 약의 조합을 찾아낸 덕분이다. 흔히 그렇듯 리노 의사들은 환자를 구할 항생제를 어떻게든 찾아내려 계속 애썼다. 하지만 이번에는 예상과 달랐다. 이 항생제도 저 항생제도 듣지 않았고, 이 조합도 저 조합도 듣지 않았다. 어떤 약도 소용없는 듯했다. 감염증은 혈류를 따라 몸 곳곳의 장기로 퍼졌다. 의사들은 당시 미국에서 사용 가능한 스물여섯 가지 항생제를 모두 써보았으나, 감염증은 심해졌다. 그 여성은 리노 병원에 온 지 2주 만에 패혈성 쇼크로 사망했다.

한편 지구 반대편의 의사들도 전례 없는 난제에 직면하고 있었다. 내 고국 파키스탄에서 가장 큰 도시인 카라치Karachi는 워쇼 카운티와 영 딴판인 곳이다. 그곳은 항구 도시고, 문어발식으로 확장되는 인구 1,500만의 대도시며, 인구 밀도가 세계 최고 수준이다.

2016년 가을 카라치와 인근 지역에서 일어난 장티푸스 집단 발병 사태는 대응하기 매우 힘들었다.[6] 카라치의 장티푸스는 일선 치료제 대부분에 내성이 있었다. 발병 원인은 장내세균과의 장티푸스균 *Salmonella typhi* 이었다. 장티푸스 집단 발병 사태는 이후 4년 가까이 계속되면서 수천 명의 파키스탄 국민과 입출국자에게 악영향을 미쳤다.

카라치 시민들에게 이러한 내성균 감염증 집단 발병 사태는 전대미문의 일이었다. 장티푸스가 파키스탄에서 드문 병은 아니었지만, 구하기 쉬운 몇몇 항생제는 이제 효과가 없었다. 결국 두 가지 항생제만 남았다. 카바페넴계 carbapenems 항생제와 아지트로마이신 azithromycin 이었다.[7] 카바페넴계 항생제는 비싸고 정맥 주사로 투여해야 하며 입원이 필요한데, 카라치에 사는 파키스탄인 중 상당수는 그런 치료를 받을 형편이 못 되었다. 사실상 그들의 생명줄은 나머지 선택지, 아지트로마이신의 효능에 달려 있었다. 의사와 공중보건 전문가들은 언젠가 그 선택지마저 소용없게 될까 봐 걱정했다.

그들의 걱정은 기우가 아니다. 세균은 돌연변이가 빨리 일어나고, 같은 과의 다른 종에게서 내성을 얻기도 한다. 다음 집단 발병 사태에서 병원균이 아지트로마이신에도 내성을 보이면 어떻게 해야 할까? 그리고 그 집단 발병 사태가 카라치처럼 큰 도시에 머무르지 않고, 전국 혹은 전 세계로 확산되면 어떻게 될까?

파키스탄에서 집단 발병한 전염병은 광범위 약제 내성 XDR: extensively drug resistant 장티푸스로 분류됐는데, 이는 최악의 시나리오였다. 위험성을 인식한 미국 CDC는 파키스탄 여행자들에게 주의하라고 경고했다. 그럼에도 불구하고 집단 발병 사태 중 파키스탄을 여행하고 미국으로 돌아온 사람 중 적어도 여섯 명은 XDR 장티푸스 진단을 받았다.[8] 캐나다와 영국에서도 XDR 장티푸스 환자가 발생했다. 모두 파키스탄에 갔다 온 사람이었다. 캐나다와 미국에서 유통되는 약이 효과를 보인 덕분에 그 환자들은 모두 살아남았지만, 파키스탄 환자 중 상당수는 그러지 못했다.

연령대, 지리적 위치, 경제 상태를 불문하고 모든 환자는 각종 난치성 감염증의 얽히고설킨 관계망 속에서 연결되어 있다. 이를 자원 문제나 빈곤 문제로 치부하긴 어렵다. 세계 최고 수준의 보건 의료 체계에서도 약제 내성 감염증을 치료하는 데 애를 먹고 있기 때문이다. 미국에서만 해마다 3만 5,000명을 훨씬 넘는 사람이 다제 내성 multi-drug-resistant 감염증으로 사망하는데,[9] 그들 중 일부는 매우 평판 좋은 병원에서 그런 운명을 맞는다. 전 세계에서 약제 내성 감염증으로 죽는 사람이 유방암이나 에이즈나 당뇨 합병증으로 죽는 사람보다 많다. 미국을 비롯한 세계 곳곳에서 암·에이즈 사망자 수는 감소하고 있지만, 약제 내성 때문에 사망하는 사람의 수는 꾸준히 그리고 급속히 증가하고 있다.

  항생제 내성은 여러 대륙, 국가, 문화에 걸쳐 연계된 만큼 우리 모두에게 위험하다. 항생제 내성에 정통한 미국의 저명한 감염증 전문가 제임스 존슨 James Johnson은 최근 이를 적절히 표현했다. 우리가 벼랑 끝에서 기존 항생제가 더는 안 통하는 세상으로 추락하기까지 얼마나 남았는지, 한 기자가 물었을 때였다. 존슨의 대답은 간단했다. "우리는 이미 추락하고 있습니다."[10]

  전에도 비슷한 경고와 선언이 수차례 나온 바 있다. 그래도 전쟁 중 그리고 평화 시의 발견을 통해, 천재성과 행운을 통해, 이익 추구와 동정심의 발현으로 과학자들은 세상의 완전한 종말을 용케 지연시켜왔다. 하지만 이번에도 통할까? 인간은 병원체와의 싸움에서 운이 다해가는 중일까? 우리에게는 시간이 얼마나 남았을까?

# 01

## 우리가
## 맞닥뜨린 문제

세균은 인간보다 훨씬 오랫동안 존재했으며 수적으로도 우리보다 월등히 우세하다. 지구에 있는 세균 수는 우주에 있는 항성 수보다 많은데, 인체에 있는 세균만 해도 40조 마리나 된다.[1] 세균은 다른 생물이 살기엔 너무 가혹한 환경에서도 살아간다. 어떤 세균은 옐로스톤 국립공원의 온천에서 끓는점에 가까운 온도를 견디며 살고, 어떤 세균은 북극의 800미터 깊이 얼음 속에서도 잘 산다.

40억 년 전에 출현한 세균은 생존투쟁에 도움 되는 굉장한 능력을 키워왔다. 세균이 처음 생겨났을 때는 지구에 산소가 거의 없었다.[2] 어떤 세균이 산소를 방출하기 시작하면서, 그 산소를 효율적으로 이용하는 새로운 세균이 진화했다.[3]

세균이 숙주를 지키거나 죽여서 이익을 추구하는 활동은 지속적

**내성 전쟁**

이고 필연적이며 다윈주의*를 따른다. 끝없는 생존·번식 경쟁에 직면한 세균은 외부의 위협이나 공격자에 맞서는 정교한 다중 방어 메커니즘을 개발해왔다. 아이러니하게도 이러한 방어 메커니즘이 우리 인간에게 유리하게 작용하는 때가 있다. 유익한 세균이 우리 면역계의 감염 방지 활동에 도움 되는 화학물질을 만들어내는 경우가 바로 그렇다. 세균들은 장과 폐와 뇌에서 그렇게 활동한다.[4] 이를테면 우리 장에 서식하는 수많은 세균은 음식의 영양분을 소화 흡수시켜준다.

다시 세균의 공격자로 돌아가보자. 세균을 공격하는 공격자 중에는 인간이 숙주에게 해로운 특정 미생물을 죽이려고 만든 항생물질/항생제antibiotic도 있다(이 용어는 '미생물에 대항한다'는 뜻의 두 단어에서 유래한다[5]).

항생물질이 당신 몸의 딴 세포는 놔두고 병원균만 표적으로 삼는 고도로 전문화된 무기라고 생각해보라. 항생물질은 자연적으로 만들어지는데, 과학자들은 항생물질이라는 정교한 무기를 강화하면서 두 가지 목적을 염두에 둔다. 하나는 해로운 세균을 죽이는 것이고, 나머지 하나는 해로운 세균의 증식을 막는 것이다.[6] 둘 중 하나를 해내면, 몸속의 유해 세균 때문에 중병에 걸린 환자는 생존이 가능해진다.

세균의 방어 메커니즘은 끊임없이 진화한다. 그러한 메커니즘

---

* 찰스 다윈이 주창한 생물학적 진화이론으로, 자연선택과 적자생존(생존투쟁)이 핵심 내용이다.

때문에 오늘날 최고의 항생물질마저 효능을 잃을 위험에 처했다.[7]
세균은 최외곽 방어 체계로 세포벽을 지니는데, 그 벽은 단단히 요새화된 성곽과 같은 역할을 한다. 세포벽 안쪽에는 세포막이란 또다른 방어 체계가 있다. 세균을 죽이기로 작정한 항생물질은 성을 향해 전투 대형으로 정렬한 군대처럼, 대규모 정면 공격을 시도하며 세포벽과 세포막이란 방어벽에 구멍을 뚫으려 한다. 어떤 항생물질은 세균이 세포벽을 만드는 과정을 막아버린다.

방어벽을 허물지도 못하고 세균이 방어벽을 만드는 걸 막지도 못하면, 항생물질은 세균 내부로 몰래 깊숙이 침투하는 방법을 택한다. 항생물질은 세균에 원래 나 있는 구멍이나 틈을 이용하거나 지질막을 통해 확산하면서 세균 내부로 진입한다. 세균 안에 들어간 항생물질의 주목표는 하나다. 바로 세균의 지휘 통제소에 해당하는, 복잡하며 불규칙하게 생긴 핵양체 nucleoid를 공격하는 것이다. 핵양체는 세균의 약점으로, 세균의 복제 · 정보 체계인 DNA가 위치하는 곳이다. 항생물질은 바로 이 부위를 정조준한다.

수백만 년 동안 세균은 방어벽을 돌파하려는 항생물질을 막도록 끊임없이 진화해왔다. 세균의 진화 수단은 유전자 돌연변이인데, 그중 일부는 무작위로 일어나고 일부는 다른 외래 세균 덕분에 일어난다. 그 돌연변이 형질은 부모 세균에게서 자손 세균에게로 전해져 자손에게 대(對)항생물질 방어력을 부여한다.

병원균에 위협을 가하는 항생물질은 두 가지 방어벽, 즉 세포벽과 세포막을 모두 통과해야 하나, 이에 맞서 돌연변이 세균은 가공할 만한 제1방어선을 갖추고 있다. 이를테면 항생제 반코마이신vancomycin에 내성이 있는 세균을 생각해보자. 반코마이신은 메티실린 내성 황색포도알균MRSA: methicillin-resistant *Staphylococcus aureus* 감염증 같은 치명적 전염병을 치료하는 데 사용하는 '최후의 보루' 항생제 중 하나고, MRSA 감염증은 병원에서 가장 심각하고 무서운 약제 내성 감염증으로 꼽히는 병이다.[8] 반코마이신 내성균은 반코마이신이 인식하는 세포벽과 구조가 완전히 다른 세포벽을 만들어낸다. 그 결과, 반코마이신은 인식 불가능한 새로운 세포벽에서 튕겨 나가 제 역할을 하지 못한다.

세균 세포는 또한 경계를 강화해 방어벽의 투과성을 낮추기도 한다. 그러면 세균은 내부로 들어오는 특정 항생물질의 양을 제로화하거나 엄격히 제한할 수 있다. 소량의 항생물질만 세균 내로 들어가면, 항생물질이 세균을 죽이거나 세균의 복제를 막기가 훨씬 힘들어진다.

항생물질이 용케 세균의 방어벽을 돌파하더라도 곧 제2방어선에 맞닥뜨린다. 세균은 위험 요인을 치우고 내쫓는 매우 정교한 메커니즘을 지녔다. 그러한 메커니즘에서는 유출 펌프efflux pump라 불리는 장치를 이용한다.[9] 유출 펌프는 세포막에 자잘하게 퍼져 있는데, 마치 역방향으로 움직이는 진공청소기처럼 작동하면서 항생물질을 밖으로 밀어낸다. 어떤 세균에서는 특정 돌연변이가 일어나 유출 펌프가 많이 만들어지기도 한다.

유출 펌프가 세균의 마지막 방어선은 아니다. 세균은 항생물질을 잘게 잘라 무력화하는 식칼 같은 효소까지 갖추고 있다. 항생물질은 온전한 상태에서만 효과가 있으므로, 손상되면 제 기능을 하지 못한다. 아주 잘 알려진 '식칼' 중 하나는 베타-락타메이스(베타-락탐 분해효소) β-lactamase로,[10] 베타-락탐계 beta-lactams 항생물질을 공격해 잘게 잘라버린다. 베타-락탐계 항생물질은 가짓수가 매우 많고 널리 처방되는 항생물질 계통이며, 페니실린 penicillin과 거기서 파생된 화합물도 이 계통에 속한다. 하지만 조각조각 잘리면 무용지물이 된다.

세균의 방어 전략에는 또 다른 메커니즘도 있다. 바로 항생물질에 짐을 더 지워서 항생물질을 무력화하는 전략이다. 세균은 항생물질의 분자 자체에 원자단을 덧붙이는데, 그러면 항생물질 부피가 너무 커져서 표적인 핵양체로 가는 길목의 틈이나 구멍을 빠져나가지 못하게 된다. 항생물질은 특정한 크기와 모양이어야만 표적에 도달하는데, 마치 요새 내부 깊숙이 접근한 후 무방비 구역에 떨어져야 폭발하는 소형 미사일과 비슷하다. 그런데 미사일 부피를 키워 미사일이 표적에 다다르지 못하게 하면 미사일은 무용지물이 된다. 일부 세균은 바로 그런 일을 한다.

더욱더 놀라운 방어책을 지닌 세균도 있다. 어떤 항생물질 내성균은 항생물질이 목표로 하는 표적의 구조나 모양을 바꾼다. 항생물질은 특정한 모양과 크기의 표적을 찾다가 표적을 못 알아봐서 임무를 완수하지 못한다.

그밖에도 세균이 지닌 장점은 많다. 그들은 실험실이나 국제 공동 연구나 자금 조달 없이, 선대의 성과와 식견을 이어받는 과학자들의 행운 없이도, 방어력과 회복력을 여러모로 점점 더 발전시킨다. 세균은 매우 단순한 의사 결정 계통을 향유한다. 세균의 기능—간단히 말하면 영양을 흡수하고 자신을 복제하는 일—은 명령 계통에 달렸다. 세균 내부의 핵양체 부위에는 세균의 DNA가 있고,[11] DNA에는 복제에서 물질대사에 이르기까지 여러 기본 과정에 필요한 온갖 정보가 들어 있다. 그리고 세포 내부에서 단백질을 만들어내는 정보도 들어 있다. 아미노산amino acid으로 구성된 단백질은 세포 기능의 역군으로, 세포 내부의 영양분을 운반하고 주요 분자를 합성하는 등의 중요한 기능을 수행한다.

　어떤 항생물질은 DNA에서부터 단백질까지 이어지는 이러한 명령 계통을 겨냥해 그 자연적 과정을 방해함으로써 세균 세포를 죽이고자 한다. 그런데 이를 막으려고 일부 세균은 대체 명령 계통을 만들었다. 바꿔 말하면 생존과 복제에 꼭 필요한 기능을 수행하는 대체 단백질을 만들어냈다는 얘기다. 항생물질은 원래 단백질만을 표적으로 삼다 보니 세균에게 아무런 해도 입히지 못한다. 예컨대 MRSA는 항생제 메티실린의 공격을 이겨낼 새 경로를 지닌 세균의 일례다.

　세균의 다중 방어 메커니즘—자연의 무척 오래된 작품 중 하나로 끊임없이 진화하며 우리를 놀라게 하는 메커니즘—은 인류 역사를 통틀어 어느 시점에서든 우리보다 한발 앞서왔다. 인류가 맞이한 결과는 비참했다. 항생제가 급속히 무력화되는 현재 추세대로라면 그 결과는 훨씬 나빠질 공산이 크다. 그렇게 된다면, 제왕절개수술이나 외래수술 같은 일반 수술도 난치성 감염증으로 이어질 위험이 있다.[12] 언제든 1918년 스페인 독감 같은 사태가 또다시 벌어질지 모른다.

# 5,000만 명 사망

1918년 9월이었다. 5년 후 미국 대통령이 될 매사추세츠주 부지사 캘빈 쿨리지Calvin Coolidge는 절박한 포고문에 서명했다. 이 포고문은 매사추세츠 주지사, 미 공중보건국장, 보스턴 보건위원장, 미 적십자 부장 등 공중보건 분야의 수뇌부가 작성한 것으로, 매일 100명에 가까운 보스턴 시민의 목숨을 앗아가던 스페인 독감 참사를 다루었다.[1] 매사추세츠주의 주요 의료진이 제1차 세계대전 참전 중인 미군을 도우러 유럽에 가 있던 터라, 그 문서의 내용은 의료 교육을 받은 신체 건강한 주민 모두에게 유행병과의 싸움에 힘을 보태달라는 요청이었다. 모든 학교, 공원, 극장, 음악당, 영화관, 여관이 무기한으로 폐쇄되었다. 심지어 신에게 간청하는 행위조차 제한되었다. 교회도 10일간 혹은 상황이 진정될 때까지 폐쇄되었다.

한 달도 채 지나지 않아 3,500명에 달하는 보스턴 시민이 사망했다. 그들은 전 세계에서 스페인 독감으로 죽은 5,000만여 명 중 일부에 불과했는데, 그 독감은 1년 가까이 계속 돌면서 결국 5억 명을 감염시켰다. 인도에서는 약 1,800만 명이 사망했다. 한 목격자는 신성한 갠지스강이 시체들도 불어났다고 적었다.[2] 이란의 마슈하드Mashhad라는 아주 오래된 도시는 인구의 5분의 1을 잃었다.[3] 태평양의 사모아 제도에서는 사망률이 25퍼센트에 육박했다.[4]

세상은 스페인 독감을 살인마로 기억하지만, 사망자 대부분은 사실 그 바이러스성 질환으로 죽지 않았다. 그들은 세균성 폐렴에 따른 합병증으로 죽었다.[5] 독감 바이러스는 면역계를 약화하여 폐렴균에게 체내에 침입해 증식할 기회를 제공했다. 폐렴균을 죽일 항생제가 없었으므로 폐렴은 사형 선고나 마찬가지였다.

폐렴 증상에 대한 깊은 관심은 적어도 몇천 년 전으로 거슬러 올라간다. 고대 그리스의 의사 히포크라테스Hippocrates도 폐렴에 흥미를 보였고, 마이모니데스Maimonides는 폐렴 증상에 관해 탁월하게 설명했다. 마이모니데스는 12세기의 유대교 율법학자이자 고명한 철학자이며 명민한 의사로, 스페인의 안달루시아 지방에서 태어났다.[6] 마이모니데스 가족을 비롯한 지중해 연안의 유대인들이 정치, 종교, 세력 다툼의 격동에 휘말려 있었다는 점을 고려하면 그의 재능은 더욱더 놀라웠다. 과학이나 여타 분야의 발전이 엉뚱한 야심가들의 변덕에 좌우되는 상황은 그때도 마찬가지였다. 박해를 피해 타국으로 망명하여 살아남은 마이모니데스는 폐렴이 인체를 공격하는 양상에 대해 지금 봐도 매우 정확한 설명을 적어두었다. "폐렴에서 흔히 나타나는 기본 증상은 다음과 같다. 급격한 발열, 옆구리가 쑤시는 [늑막성] 흉통, 짧고 빠른 호흡, 잦은 맥박, 대체로 객담을 동반하는 잦은 기침."[7] 마이모니데스의 폐렴 논문은 한동안 의료 전문가들의 기준이 되었고, 19세기가 되어서야 현미경을 비롯한 근대 도구가 사용되었다.

　1665년 1월, 런던 왕립학회에서 펴낸 책 한 권이 곧바로 베스트셀러가 되었다. 불과 5년 전 찰스2세가 공인하면서 창립된 그 학회는 첫 번째 출판물로 대중 과학서라는 새로운 장르를 탄생시켰다.[8] 책의 제목은 『마이크로그라피아Micrographia』였다. 다음 부제목은 더욱더 흥미로웠다. '확대경으로 미소 생물들을 관찰하고 탐구하여 생리학적으로 기술하다or Some Physiological Descriptions of Minute Bodies Made by Magnifying Glasses. With Observations and Inquiries Thereupon'. 저자는 서른 살의 성마르고 명석한 박식가 로버트 훅Robert Hooke이었고, 책의 장점 중 하나는 각종 식물과 곤충을 생생히 묘사한 삽화를 수록했다는 점이었다. 그 책에서 훅은 자연을 유례없는 방식으로 관찰할 때 사용한 기구들을 소개했는데, 그중 현미경이 가장 참신했다(훅은 자신이 본 기본 미시 구조를 지칭하려고 세포cell란 용어를 처음 만들어냈다).
　그 책은 곧 유럽 전역에 유통되어 과학자와 자연 애호가는 물론 도소매 상인들의 손에도 들어갔다. 1671년에 네덜란드 델프트Delft의 번화한 직물 시장에서 안톤 판 레이우엔훅Antonie van Leeuwenhoek이란 젊은 상인은 훅의 삽화를 보고 홀딱 반했다. 레이우엔훅은 어려서부터 호기심이 많았고, 유리 세공술과 렌즈 연마술에 빠삭했다.

자극을 받은 그는 자기 나름대로 현미경을 만들기로 했는데, 이는 훅의 현미경보다 훨씬 단순한 기구가 될 터였다.

레이우엔훅은 훅처럼 두 개의 렌즈를 사용하지 않고, 최고급 베네치아 유리를 가열해 가는 실로 만든 다음, 그 실을 재가열해 지름 2.5밀리미터의 작은 유리구를 만들었다. 기막힌 기술이었다. 그는 그런 렌즈를 수백 개나 만들었으나 세부 기술을 비밀에 부쳤고, 그 기술은 오늘날까지도 수수께끼로 남아 있다. 중요한 점은 레이우엔훅 현미경이 훅의 것보다 고성능 고해상이었다는 사실이다.[9]

훅은 왕립학회 회원이자 옥스퍼드대학 출신이었으나, 레이우엔훅은 그만큼 영향력 있는 사람이 아니었다. 그래도 레이우엔훅은 계속해서 손에 잡히는 대로 무엇이든 실험해보았다. 그는 자기 피부의 두께도 알아보았고, 소의 혀도 연구했고, 빵 곰팡이도 관찰했으며, 머릿니와 벌 표면의 구기(口器)도 살펴보았다. 그러던 중 1676년에 레이우엔훅은 가장 중요한 발견을 했다.[10]

레이우엔훅의 책장에는 후추를 탄 물이 담긴 병이 하나 있었는데, 그 물은 거기 3주간 놓여 있던 터라 탁하게 변한 상태였다. 레이우엔훅은 병에서 물을 몇 방울 빼내 현미경 아래 떨어뜨렸다. 그리고 물방울을 각각 살펴보았다. 그가 발견한 대상은 기묘하면서도 매혹적이었고, 그는 이를 다음과 같이 묘사했다. "물 한 방울 속에 수많은 생물이 들어 있었는데, 8천 내지 1만 마리는 족히 되는 듯했다. 현미경을 통해 내 눈에 보이는 그 생물들은 맨눈에 보이는 모래알만큼이나 흔했다."[11]

레이우엔훅은 그런 생물들을 아주 작은 동물이란 뜻에서 극미동물animalcules이라 불렀다. 그리고 왕립학회—그는 훅을 비롯한 회원들과 서신을 주고받고 있었다—에 보낸 보고서에서 이를 기술하고 묘사했다. 왕립학회는 그의 주장이 터무니없다고 보았다. 그러나 레이우엔훅은 그런 극미동물을 자신의 혀와 치아 등 오만 곳에서 발견하고 있었다. 왕립학회의 비웃음에도 불구하고 그는 자신의 주장을 굽히지 않았다. 결국 왕립학회는 교회 장로 등 존경받는 사람을 몇 명 보내 레이우엔훅의 주장을 검증하게 했다. 레이우엔훅은 직접 만든 현미경으로 그들에게 극미동물을 보여주었다. 레이우엔훅 주장이 옳았음이 증명되었고, 그의 연구 결과는 1677년에 왕립학회에서 발표되었다. 미생물이 바글거리는 새로운 세계의 발견이었다.[12]

레이우엔훅이 본 단세포 생물 중에는 세균도 있었다. 그는 자기 논문에서 이름도 안 붙인 그 생물들이 근대 과학·의학계를 뒤집어놓으리라곤 전혀 생각지 못했다. 당대의 수많은 과학자들은 현미경의 원리와 잠재력에 금세 매료되었고 유럽 곳곳의 명문 연구소에서 연구에 이용하였다. 식물학자와 동물학자들은 맨눈에 보이지 않는 생물을 무척 흥미로워했다. 살아 있는 조직과 내부 구조를 보는 새로운 기법은 외과 의사와 병리학자들 사이에서 곧 일반화되었다. 그리고 현미경을 질병 연구에 이용한 선구자 중에는 에드윈 클렙스Edwin Klebs라는 사람이 있었다.[13]

에드윈 클렙스는 당시 유별난 과학자로, 불안정하고 매우 예민하며 종종 전투적이었다. 그가 태어난 19세기 중엽은 과학이 자신의 즐거움을 충족하는 취미 활동에서 전문 직업으로 성장하던 시대였다. 그러한 새로운 직업을 택한 사람들은 자연 철학자라고 불리지 않고 과학자라고 불렸다. 당시 유명한 과학자들은 대부분 서유럽에 있는 연구소에서 일했지만, 프로이센에서 태어난 클렙스는 스위스, 독일, 체코공화국에서뿐 아니라 미국 노스캐롤라이나주의 애슈빌과 시카고의 러시 의과대학에서도 일했다.

1875년 체코 프라하에서 일하던 중에 클렙스는 폐렴으로 죽은 환자들의 폐와 기도에서 세균을 보았다고 보고했다. 이는 실제로 의미심장한 발견이었으나, 변덕스러운 클렙스는 이를 대수롭지 않게 여겼다. 미생물설germ theory, 즉 공기나 물이 아니라 미생물이 질병을 일으킨다는 학설은 나온 지 얼마 되지 않아 논란이 많았고, 클렙스는 각지의 다른 연구소로 옮겨 다니며 그 밖의 이런저런 문제로 관심을 돌렸다. 그는 세균 연구를 더 진전시키지 않았지만, 대서양을 사이에 두고 두 과학자가 클렙스의 중단된 폐렴 연구를 다시 시작했다.

미 육군 준장 조지 스턴버그Gorge Sternberg[14]와 파리의 루이 파스퇴르Louis Pasteur는 1881년에 거의 똑같은 실험을 수행했다. 스턴버그는 군의관이자 아마추어 고생물학자였다. 그의 주된 업무는 북아메리카 원주민과 싸우는 일과 세균학을 연구하는 일이었다. 1881

년에 황열병을 한차례 앓은 후, 스턴버그는 모기 매개 전염병, 그중에서도 말라리아의 원인을 조사하게 되었다. 뉴올리언스에서 말라리아 연구를 하던 중에 그는 자기 침을 토끼 체내에 주입하는 실험을 몇 차례 실시했다. 토끼들은 폐렴과 비슷한 증상을 보이다가 이삼일 만에 죽었다. 스턴버그는 물, 포도주, 다른 동료들의 침을 이용해 같은 실험을 해보았지만, 토끼는 폐렴 증상을 보이지 않았다. 폐렴 증상으로 죽은 토끼를 부검하던 스턴버그는 토끼 혈액 속에서 세균을 발견했다.[15] 그 발견은 공교로운 일이었다. 스턴버그는 입속에 폐렴균이 있는데도 폐렴에 걸리지 않는 몇 안 되는 행운아 중 한 명이었기 때문이다.

대서양 건너편에서 파스퇴르도 거의 똑같은 실험을 수행하고 있었다. 감염원이 실험자의 침이 아니라 얼마 전 광견병으로 죽은 아이의 침이라는 점만 달랐다. 파스퇴르는 토끼의 혈액 속에서 같은 종류의 세균, 즉 끝이 뾰족하고 긴 타원형 세균을 발견했다.[16] 파스퇴르는 연구 결과를 스턴버그보다 빨리 발표했다. 그는 그 세균을 '미크로브 세프티세미크 드 살리브*microbe septicemique du salive*'라 불렀고,* 파스퇴르가 이미 연구 결과를 발표했다는 사실을 알았던 스턴버그는 (당시 통용된 명명법을 충실히 따라) 해당 세균을 '마이크로코커스

---

* 광견병의 병원체는 세균이 아니라 바이러스다. 당시 파스퇴르는 자신이 발견한 세균이 광견병 병원체일지도 모른다고 생각했는데, 사실 그 세균은 폐렴구균이었다. 폐렴구균은 공 모양의 균체가 보통 둘씩 짝을 지어 '타원형'으로 존재하는 듯 보여 폐렴쌍구균이나 폐렴연쇄균이라고도 불린다. '*microbe septicemique du salive*'는 프랑스어로 '침 속의 패혈증 유발 미생물'을 뜻하고, '*Micrococcus pasteuri*'는 라틴어로 '파스퇴르가 발견한 구균'을 뜻한다.

파스퇴리*Micrococcus pasteuri*'라 일컬었다.

하지만 두 사람이 발견한 세균이 폐렴 증상의 원인인지는 아직 밝혀지지 않았다. 그 일은 다른 두 과학자의 몫이 되는데, 그들은 둘 다 독일 사람이었다.

카를 프리들랜더Carl Friedländer는 젊을 때 폐렴 연구에 심취했다. 파스퇴르나 스턴버그는 현미경으로 실험 대상의 혈액을 보았지만, 프리들랜더는 현미경으로 폐 절편을 관찰했다. 그리고 독특한 세균을 보았다고 보고했다.[17] 그 세균은 막(협막)으로 둘러싸인 캡슐 같았다. 프리들랜더는 바로 이 세균이 폐렴의 원인이라고 단언했다. 그의 주장은 대담했고, 즉시 논란과 의문을 불러일으켰다. 프리들랜더의 연구 결과에는 의심스러운 점이 있었다. 프리들랜더가 협막 세균으로 감염시킨 토끼들은 병에 걸리지 않았다. 반면에 쥐들은 몹시 예민해서 바로바로 병에 걸렸다. 기니피그는 딱 중간으로, 프리들랜더가 감염시킨 열한 마리 중 여섯 마리만 폐렴으로 죽었다. 그렇게 앞뒤가 안 맞는 결과 때문에 프리들랜더의 주장은 믿기 어려웠다.[18]

독일 슈바르츠발트Schwarzwald의 결핵 요양소에서 일하던 또 다른 의사 알베르트 프렝켈Albert Fraenkel도 폐렴에 흥미가 있었다. 동물 실험을 몇 차례 수행한 그는 프리들랜더와 다른 결론에 이르렀다. 프렝켈은 폐렴으로 사망한 30세 남성의 폐에서 세균을 분리한 뒤 그 세균으로 토끼를 감염시켰는데, 토끼는 모두 죽었다. 그러나 기니

**내성 전쟁**

피그 실험에서는 다른 결과가 나왔다.[19]

또 다른 결과는 더 난해했다. 샘플을 현미경으로 들여다본 프렝켈은 프리들랜더가 보고한 세균과 생김새가 다른 세균을 관찰했다. 세균이 폐렴을 일으킨다는 점에는 동의하는 사람이 점점 많아졌지만, 프리들랜더와 프렝켈이 각각 발견한 두 세균 중 어느 쪽이 폐렴의 진짜 원인인지에 대해서는 의견이 첨예하게 대립했다.

논쟁이 계속되면서 프렝켈은 프리들랜더에게 점점 더 공격적이며 적대적으로 변해 그를 여러 차례 인신공격했다. 악감정이 계속되다 보니 프리들랜더는 당대의 점잖은 표현으로 이렇게 썼다. "프렝켈이 논문 곳곳에서 나에게 갖가지 인신공격과 항의를 했는데, 그런 짓은 그만했으면 한다. 적절하지 않다고 본다."[20] 하지만 프렝켈은 태도를 바꾸지 않았다.


두 실험 결과의 모순을 해결하는 일은 또 다른 과학자의 몫이 된다. 그는 마침 프리들랜더 문하의 대학원생으로, 한스 크리스티안 그람 Hans Christian Gram 이었다. 코펜하겐 출신의 의사인 그람은 덴마크 말씨가 섞인 독일어로 말했고, 지도 교수의 신뢰를 얻었다. 프리들랜더는 그람을 '존경하는 친구이자 동료'라고 불렀다.[21] 프렝켈과 프리들랜더 중 누가 폐렴의 원인균을 식별해냈는지 판정하는 일은 그람의 몫이 될 터였다.

실험실에서 그람은 날마다 현미경 관찰용 슬라이드를 준비했는데, 그러려면 다양한 염색법을 사용해 조직 일부가 눈에 잘 띄게 해야 했다. 시간과 품이 많이 드는 일을 반복하면서 그람은 전통적 염색법을 쓰면 조직의 여러 부분이 같은 색으로 물들어 각각이 구별되지 않을 때가 많다는 사실에 신경이 쓰였다. 그런 샘플을 현미경으로 들여다보면 세균의 유무조차 판단하기 힘들었다. 그람은 어떻게든 방법을 개선해보기로 했다. 그는 로베르트 코흐Robert Koch와 파울 에를리히Paul Ehrlich의 논문을 읽어본 터였다. 코흐는 세균학 분야의 선도자였고, 에를리히는 코흐 연구소에서 왕성히 일하는 과학자였다. 그람은 착색제 및 샘플 염색법 개발에 앞장서온 여타 독일 연구소의 논문으로 새로운 통찰력을 얻은 후 본격적으로 일에 착수했다.

그람은 우선 에를리히가 개발한 조직 염색법을 써보았다. 초기 결과는 실패였다. 그람이 프리들랜더 실험실에서 진행 중인 폐렴 연구에는 에를리히 방법—아닐린-겐티아나 바이올렛aniline-gentian violet이란 특정 착색제로 조직을 염색하는 방법—이 통하지 않았다. 순전한 우연과 수차례 시행착오를 거쳐 그람은 조직 샘플을 에를리히의 착색제에 3분간 담근 다음, 아이오딘과 아이오딘화 칼륨과 증류수를 1:2:300 비율로 혼합한 액체에 또 3분간 담갔다. 그러자 샘플 전체가 염색되었다.

그람은 이어서 샘플을 무수(無水) 알코올에 30초간 담갔다. 그 결과는 놀라웠다. 세균 이외 부분은 착색제가 씻겨나갔다. 세균은 이제 짙은 보라색을 띠고 있어서 현미경으로 식별하기 쉬웠다. 그런데 조직에서 무색인 부분을 염색해 차이를 더 부각한다면 어떻게 될까? 그러면 모호한 부분이 전혀 없으리라. 놀랍게도 비스마르크 브라운Bismarck brown이란 착색제를 썼더니 세균을 제외한 전체 조직이 염색되었다.

프리들랜더는 감탄했다. 그는 저서 『임상·병리 검사에서 현미경을 사용하는 방법The Use of the Microscope in Clinical and Pathological Examinations』에서 그람의 염색법을 언급하며 세균 세포에 관해 이렇게 말했다. "주변은 모두 무색이나, 세균 세포들만 짙은 파란색으로 염색되어서, 박편의 거의 모든 개체가 즉시 관찰자 눈에 쏙쏙 들어온다."[22] 그람은 다른 사람들의 연구 결과를 잘 알았고 운과 인내심도 웬만큼 있었던 덕분에, 에를리히의 염색법을 상당히 개선하면서 조직 샘플 속 세균을 분명히 보여줄 방법을 찾아냈다. 이는 그람이 프렝켈과 프리들랜더의 논쟁을 해결하리라는 뜻이기도 했다.

그람은 폐렴 중환자들의 조직 샘플에 자신의 염색법을 시험해보았다. 그리고 프리들랜더와 프렝켈이 실지로 샘플에서 두 가지 세균을 보았다는 사실을 밝혀냈다.[23] 프렝켈이 본 세균은 그람이 개발한 착색제가 스며들었을 때 보라색에 가까운 짙은 파란색으로 보였지만, 프리들랜더가 본 세균은 그렇지 않았다. 그람이 착색제로 밝혀낸 바에 따르면, 두 과학자는 서로 다른 종류의 폐렴을 유발하는 서로 다른 세균을 보았다. 어떻게 보면 프리들랜더와 프렝켈 둘 다 옳았지만, 비교적 흔한 종류의 폐렴은 프렝켈이 식별한 세균에 기인했다. 한참 후 두 세균 중 하나에는 에드윈 클렙스에게 경의를 표하는 뜻에서 '클렙시엘라 뉴모니아(폐렴간균)Klebsiella pneumoniae'라는 이름이 붙었고, 나머지 하나에는 '스트렙토코커스 뉴모니아(폐렴구균)*Streptococcus pneumoniae*'라는 이름이 붙었다. 폐렴간균은 2016년 9월 네바다주에서 사망한 여성을 감염시켰던 바로 그 병원체다.

19세기 말에 그람 염색법은 모든 세균을 분류하는 기준이 되었다. 짙은 파란색으로 물드는 세균은 한 범주(양성)로 분류되었고, 그러지 않는 세균은 다른 범주(음성)에 들어갔다. 그람은 그 업적으로 불후의 명성을 얻었다. 짙은 파란색을 유지하는 세균은 그람 양성균이라 불리고, 그러지 않는 세균은 그람 음성균이라 불린다.

수십 년간 적절한 폐렴 치료법을 찾지 못했고, 그 사이에 수백만 명이 더 죽을 터였다. 그리고 수십 년 후인 20세기에야 과학자들이 특정 세균은 짙은 파란색을 유지하고 나머지 세균은 그러지 않는 진짜 이유를 알아냈다.[24] 하지만 그람 염색법이 나오면서 가장 기본적인 세균 분류법이 발견되었고, 그 방법은 오늘날까지도 쓰인다. 페스트(흑사병), 장티푸스, 콜레라 같은 병은 그람 음성균이 일으킨다. 가장 흔한 종류의 폐렴, 패혈성 인두염, 탄저병은 모두 짙은 파란색을 유지하는 세균, 즉 그람 양성균이 일으킨다. 오늘날 항생물질이나 항생물질 내성균을 논할 때는 언제나 다음과 같은 간단한 질문부터 던진다. 그람 양성인가 그람 음성인가? 이는 코펜하겐 출신의 겸손한 과학자에 대한 존경의 표시다.

이후 수십 년간 수많은 과학자가 감염증 유발 세균을 식별·발견·분리하고 세균 감염증을 치료하는 데 힘을 쏟았다. 그러면서 그들은 수준이 점점 높아졌는데 때로는 서로 경쟁했고 때로는 서로 협력했다. 때로는 전쟁터의 부상자나 결핵 병동의 중환자를 치료하는 일이 목적이었고, 때로는 다음에 대박 날 약을 발견하는 일이 임무였다. 과학자들은 유기물이 풍부한 머나먼 밀림서 채취한 샘플에서, 고립된 부족의 장내(腸內)에서, 실험실 근처에서 채취한 토양 샘플에서 영감을 얻었다. 세균은 그런 인간 활동을 예의 주시하다가, 인간이 차세대 항생물질을 발견하면 더욱더 적응하고 진화해나갔다.

# 03 — 딥시크릿 동굴에서 발견된 내성균

제리 라이트Gerry Wright는 캐나다 온타리오주 북부에서 자랐다. 그곳은 광활한 황야와 희박한 인구로 이름난 지역이다. 그는 사방에 펼쳐진 온타리오주의 아름다운 자연을 좋아했다. 그 중에서도 흙과 흙 속의 보물에 매료되었다. 바로 그런 관심사를 좇아 그는 맥마스터대학교의 미생물학 교수가 되었다.

라이트는 흙이 귀중한 자원이라는 사실을 알았다. 20세기의 주요 항생물질 가운데 반코마이신과 스트렙토마이신streptomycin을 비롯한 일부는 토양 샘플에서 나왔다. 1930년대 초부터 토양학자들은 흙 속의 세균들이 다른 종과 끊임없이 싸운다는 사실을 알고 있었다.[1] 수천 년간 세균은 경쟁자를 죽이려고 정교한 항생물질을 만들어왔다. 라이트는 궁금했다. 우리 항생제 중 상당수의 원천인 토양 세균들은 어떻게 살아남았을까? 소수의 세균 종만 강력한 항생제를 만든다면 당연히 그들만 살아남아야 하는데, 항생물질을 만

**내성 전쟁**

들 능력이 없던 나머지 세균 종들은 도대체 어떻게 살아남았을까?

 2006년 온타리오주의 라이트 교수 실험실에서 내놓은 논문은
상당히 충격적이었다.[2] 라이트는 다양한 종류의 세균과 그들의 천
연 방어 메커니즘을 연구하려고 온타리오주 곳곳에서 토양 샘플을
채취해왔다. 그의 팀은 실험실 근처 토양 속의 세균 대부분이 일선
항생제 대부분에 대해 내성이 있다는 점을 알아냈다. 그런 세균이
살아남은 까닭은 다른 세균의 항생물질이 그들에게 아무 영향을
미치지 못했기 때문이다. 내성균을 만난 항생물질은 높은 철벽에
부딪힌 듯 그냥 튕겨 나가버렸다. 그런 내성균들은 병을 일으키지
않는데, 사실상 흙 속에서 자기네 일에만 신경 쓰는 셈이었다. 라
이트 연구팀은 항생물질을 생성하지 않는 일부 세균도 여타 항생
물질 생성균의 공격에 대한 방어 메커니즘을 갖추고 있음을 보여
주었다. 바꿔 말하면 항생물질 비생성균이 정교한 내성 메커니즘
을 개발해냈다는 이야기다. 이는 마치 어떤 나라가 강력한 군대를
갖추었지만 이웃 나라를 공격하는 일이나 공격 능력엔 별로 관심
이 없는 경우와 같다.
 라이트팀 논문은 새로운 발견에 대한 흥미를 불러일으켰지만 혹
독한 비판에도 부딪혔다. 과학자 중 상당수는 세균이 스스로 내성
을 키웠다는 라이트 연구팀의 결론에 이의를 제기했다. 어쩌면 그
세균이 내성을 지닌 이유는 인간이 지나치게 개입했기 때문인지
도, 이를테면 인간이 항생물질을 자연환경에 마구 유출했기 때문

인지도 모른다. 어쨌든 항생물질은 농업에 많이 쓰였고, 농업은 온타리오주의 주요 산업이었으니까. 상하수로를 거쳐 유출된 항생물질이 토양을 오염했을 가능성도 있지 않은가? 라이트는 온타리오주 북부를 자기 손바닥 들여다보듯 훤히 알고 있었다. 그는 그 지역이 항생물질에 오염되지 않았으며 자기가 연구한 세균이 다른 이유로 내성을 지녔다고 확신했다. 그가 토양 샘플을 채취한 지역에 항생물질이 많이 유입되었으리라고 볼 만한 이유는 하나도 없었다. 문제는 증거가 없다는 데 있었다.

한동안 그 문제는 미해결로 남았다. 그러다 2008년이 되었다. 라이트는 샌디에이고에서 열린 미생물학회에 참석했다. 그는 그 학회를 똑똑히 기억한다. 구름 한 점 없는 파란 하늘에 남부 캘리포니아의 태양이 떠 있고, 곳곳에 부두와 잔교가 있는 해변으로부터 태평양이 광활히 펼쳐진 해안 도시 샌디에이고는 더없이 아름다웠다. 하지만 라이트가 그 학회를 똑똑히 기억하는 이유는 따로 있었다. 학회에서 과학자 헤이즐 바턴Hazel Barton이 인간 손길이 닿지 않은 오래된 동굴 속의 세균이 지닌 습성과 속성에 관해 논문을 발표했다. 논문 제목은 「헛소동: 동굴 배양종 모음Much Ado About Nothing: Cave Cultivar Collections」이었다.[3] 이때 제리 라이트는 오하이오주 애크런대학교 교수 바턴을 처음 알게 되었다. 그녀의 발표에 매료된 라이트는 마음속에 품고 있던 다음과 같은 의문을 함께 해결할 완벽한 연구 파트너를 찾았다고 확신했다. 토양 세균은 언제부터 항생물질 내성을 지니게 되었을까?

바턴도 라이트에 동의했다. 항생물질을 접한 적 없는 세균에서 내성이 저절로 생기는지를 라이트와 함께 알아보기로 했다. 그녀는 그 연구를 시작하기에 안성맞춤인 장소를 알고 있었다.

1984년 전몰장병 기념일(Memorial Day: 5월의 마지막 월요일) 연휴에 다른 사람들이 바비큐 파티를 즐기며 여름맞이를 하느라 바쁠 때, 콜로라도주의 엔지니어 데이브 얼루어드Dave Allured는 큰 꿈을 좇고 있었다.[4] 그는 새로운 동굴을 발견하고 싶어 했다. 얼마 전 얼루어드와 친구 네 명은 뉴멕시코주 과달루페산맥의 한 동굴 후보지를 출입해도 좋다는 허가를 받은 터였다. 그들은 콜로라도주에서 출발해 뉴멕시코주를 향해 남쪽으로 차를 몰았다. 과달루페산맥까지 차로 이동한 다음, 가장 가까운 진입로에서부터 걷기 시작했다. 다들 피곤했지만 들떠 있었다.

첫 조사에서 그 장소는 뭔가 대단해 보였다. 입구에서 찬 바람이 훅훅 불어왔고, 얼루어드는 그곳을 파보기로 마음먹었다. 11월이 되어서야 얼루어드와 동료들은 동굴 후보지를 파는 데 필요한 허가를 국립공원 측으로부터 얻었다. 친구들과 가족이 추수감사절 칠면조 요리를 즐기고 있을 때 얼루어드와 동료들은 쌀쌀한 날씨에 땅을 팠다. 주말 연휴가 끝날 무렵 그들은 제법 일을 진척한 터라, 다음 전몰장병 기념일 연휴에 돌아와서 일을 계속해야겠다고 생각했다. 원정 과정은 그 후로도 착착 잘 진행되었고, 팀이 열세 명으로 불어난 1985년 11월이 되어서 그들은 종착지에 거의 도달했음을 직감했다. 파고 있던 곳에서 바람이 휘이휘이 불어온다는 사실은 깊은 동굴이 코앞에 있음을 의미했다.

원정대는 1986년 봄에 땅파기를 재개했다. 지난 몇 차례의 원정에서 파놓은 땅굴은 길이가 10미터에 이르렀는데, 얼루어드와 두 동료 닐 백스트롬Neil Backstrom과 릭 브리지스Rick Bridges는 더 멀리 나아가기로 했다. 땅파기는 점점 위태로워졌다. 큰 바위들이 통로를 막았고 붕괴 위험이 높아졌다. 그래도 세 사람은 끈질기게 계속했다. 땅을 파나가면서 그들은 동굴 진주, 종 모양의 거대한 유석(流石), 동굴 샹들리에, 수정처럼 맑은 지하호를 발견했다. 하나같이 기가 막혔다. 그들은 천천히 전진했고, 그들 앞에 커다란 구덩이가 하나 나타났다. 바닥이 보이지 않는 구덩이였다.

원정대는 구덩이 깊이가 50미터쯤 되리라 추정했다. 사실 구덩이는 그들이 상상도 못 할 정도로 무척 크고 깊었다. 1986년 5월 26일에 데이브 얼루어드 원정대가 그곳을 발견한 이후, 탐험가들은 총길이 200여 킬로미터에 이르는 동굴 통로를 지도로 만들었는데, 이로써 세계 최대급 동굴계인 레추기아 동굴Lechuguilla Cave의 전모가 밝혀졌다. 그곳은 세계에서 가장 깊은 석회 동굴이며 세균의 보고였다.

학회에서 라이트의 관심을 받은 바턴의 연구는 바로 레추기아 동굴에서 수행한 것이었다. 바턴은 자신의 두 가지 관심사—미생물학과 동굴 탐험[5]—를 접목하여, 삼 년 넘게 라이트와 함께 야심 차고도 위험한 프로젝트에 공을 들였다. 프로젝트의 목표는 다음

의문에 대한 답을 찾는 것이었다. 인간의 손길이 닿은 적 없는 깊은 동굴 속에도 항생물질 내성균이 살고 있을까? 이 질문에 답하려면 레추기아 동굴 깊숙이 들어가서 생물막biofilm 샘플을 채취해야 했다. 생물막은 세균으로 구성된 다세포 군집으로 보통 물체 표면에 붙어 있는 미끌미끌한 물때를 가리킨다. 연구를 위해 바턴은 레추기아 동굴 속의 딥시크릿Deep Secrets 구역으로 종종 들어갔다.[6]

딥시크릿은 지표면에서 약 400미터 아래에 있었다. 그곳에 가려면 위험천만하면서도 섬뜩하도록 아름다운 지형을 가로질러야 했다. 꼼꼼한 바턴은 동굴 탐험 장비를 착용하고 최소한의 필수품을 넣은 배낭을 메고서 동굴에 들어갔고, 접근이 매우 어려운 레추기아 동굴에서 세균 93종을 채취했다. 그리고 채취한 샘플을 지상으로 가져와서 동료들과 함께 최신 도구와 기술을 이용해 일반 항생물질로 신중히 검사했다. 시중 항생제나 인간의 행위에 노출되지 않은 세균이 병원용 시중 항생제에 내성을 보이는지 알아보기 위해서였다. 라이트와 바턴이 알아낸 바에 따르면 레추기아 동굴의 세균은 깊은 비밀deep secret을 간직하고 있었다.

바턴이 채취한 세균은 인간 손길이 닿지 않은 지역에서 왔지만, MRSA 감염증 치료에 쓰이는 답토마이신daptomycin을 비롯한 매우 센 항생제 중 일부에 내성이 있었다.[7] 이제 라이트와 바턴은 라이트의 예전 연구 결과를 의심했던 사람들을 반박할 증거를 확보했다. 400만 년 가까이 인간 문명과 완전히 단절되어 있던 장소의 세균들도 항생물질 내성균이었다.

그들의 연구에서는 더욱더 이상한 사실도 밝혀졌다. 동굴 세균들이 지닌 내성 유전자와 항생물질에 대한 방어 메커니즘은 장티푸스 치료제 클로람페니콜 chloramphenicol에 내성을 보이는 환자에게서 관찰되는 양상과 비슷했다.[8] 이 소식에 미생물학계 전체가 발칵 뒤집혔다. 2012년 당시까지만 해도 내성은 주로 무절제하고 탐욕스럽고 무지하고 오만한 인간의 활동이 키운다는 생각이 중론이었다. 학자들은 대체로 세균이 항생물질을 접하면 특정한 유전자 돌연변이가 일어난다고 생각했다. 그런 돌연변이가 일어난 세균은 새로운 대(對)항생물질 방어 메커니즘을 만들어낸다. 돌연변이 중 일부는 자연적으로 생기는데, 이는 무작위 발생일 가능성도 있고 다른 항생물질 생성균의 공격에 대한 반응일 가능성도 있다. 하지만 상당수 내성균은 과학자가 발견하고 제약회사가 생산한 항생물질에 지나치게 노출된 결과이다. 인간 활동을 전혀 접한 적 없으며 인간보다 수백만 년 전부터 존재해온 세균이, 어떻게 병원에서 관찰 가능한 내성 패턴을 보일까?

바턴과 라이트는 더 깊이 파고들었다. 연구 결과를 철저히 확인하고 싶었기 때문이다. 그들은 동굴 속에서 인간 활동을 전혀 접한 적 없는 세균 한 종과, 지표면에서 인간·동물 활동을 많이 접해본 근연종 세균을 비교해보기로 했다.

연구팀은 페니바실러스 Paenibacillus sp. LC231이란 특정 동굴 세균을 같은 과의 페니바실러스 라우투스 Paenibacillus lautus ATCC 43898이란 지표면 세균과 비교했다. 놀랍게도 LC231은 병원에서 아주 많이 쓰이는 여러 항생제에 내성을 보였다. 그 세균은 연구팀이 시험해본 항생제 40가지 중 26가지에 내성이 있었다.[9] 그뿐만이 아니었다. LC231의 내성 메커니즘 중 몇 가지는 다른 세균에서도 나타난다고 익히 알려졌으며 여러 문헌에서 입증된 패턴이었지만, 적어도 세 가지는 보고된 적이 한 번도 없는 새로운 형태였다.

연구팀은 세균의 내성 메커니즘이 매우 오래되었으며 인간 활동이나 현대 의학의 경이로운 성과보다 먼저 생겨났음을 확실히 입증해 보였다. 이는 인간의 항생제 오남용과 관련이 없었다. 동굴 속 세균들은 대(對)항생물질 방어책을 제 나름대로 개발하고 수백만 년간 아주 잘 보전했다.

이 이야기는 인기를 끌었다. 그리고 인간 활동이 자연에 영향을 미치지 않는다고 주장해온 사람들에게 요긴하게 쓰일 소지도 있었다. 제약업을 비롯한 관련 업계 종사자 중 일부는 바턴과 라이트의 연구 결과를 전폭 수용하였고, 항생제가 만들어지기 한참 전부터 세균이 나름의 방어 메커니즘을 만들었다면, 항생제를 농업과 식량 생산 등에 계속 사용해도 된다고 주장했다. 전 세계적으로 병원에서 사람에게 투여하는 양보다 세 배 많은 항생제를 가축에게 쓴들 무엇이 달라지겠는가? 분명히 세균은 인간 행동과 관계없이 수백만 년간 해온 일을 하고 있었다. 업계 종사자 일부는 내성이 실제로 존재하나 농산업과는 아무 관련이 없다고 주장했다.

라이트는 그런 반응이 근시안적이라고 생각했다.[10] 온타리오주 토양에서부터 딥시크릿 구석구석에 이르기까지 수년간 진행한 그의 연구에서 밝혀진 바에 따르면, 세균은 항생물질을 스스로 개발한다. 그러면 같은 자원을 두고 경쟁하는 다른 세균은 그 세균의 항생물질 공격을 막으려고 내성을 키운다. 항생물질 생성균과 항생물질 내성균의 균형 잡힌 경쟁이 수백만 년간 계속된 셈이다. 하지만 지금은 세계 곳곳에서 항생제를 남용하다 보니 흙 속에서도 냇물 속에서도 문손잡이와 베갯머리에서도 그리고 물론 병원에서도 오랜 시간 계속된 균형이 깨졌다. 약제 내성균은 이제 확실히 우위를 차지하면서 사실상 경쟁자 없이 번성하고 있었다. 라이트는 인간 활동이 균형 붕괴의 원인이라고 확신했다. 다른 한편, 그의 연구 결과는 한 줄기 희망을 보여주었다. 세균은 새로운 방어 메커니즘뿐 아니라 내성균을 무력화할 만한 새로운 분자도 열심히 만들며, 수많은 미발견 항생물질이 이 세상의 보배들 속에 깊숙이 숨어서 발견되길 기다리고 있다는 사실 말이다.

# 야노마미족의
# 미생물군유전체

제리 라이트의 돌파구는 흙이었지만, 가우탐 단타스Gautam Dantas
의 돌파구는 아마존강 유역에 사는 야노마미Yanomami족이었다.[1] 좀
더 정확히 말하면 야노마미족의 미생물군유전체microbiome*였다. 단
타스는 첫 실마리를 대다수 사람의 위 속에 기생하는 그람 음성균
헬리코박터Helicobacter 속(屬)의 기원에서 찾으려 했다.

브라질과 베네수엘라의 임의적 경계는 아마존강 유역의 울창한
밀림을 가로지른다. 그곳은 초목이 하도 무성히 우거져서 햇빛이
귀중한 자원이다. 그 땅은 구석구석 어디서든 점유권 다툼이 벌어
진다. 식물들은 대체로 높이 자라며, 경쟁자의 접근을 막으려고 뾰
족한 가시가 돋쳐 있다. 뱀, 갈매기, 아르마딜로, 멧돼지, 재규어 들
은 이 밀림을 수천 년간 돌아다니며 진화적으로 사촌인 인간들과

---

* 마이크로바이옴, 인체 등의 특정 환경에 서식하는 미생물 군집과 그 유전 정보의 총체.

그곳을 공유해왔다.

인류학자들은 야노마미족이 거기서 대략 1만 1,000년간 살아왔다고 본다. 야노마미족은 공동체 생활을 한다고 알려져 있고, 큰 원형 건물과 중앙에 있는 공동체 공간에서 의식과 축제를 거행한다. 그 부족은 과학 연구 대상으로 관심을 받아왔다.

야노마미족을 비롯해 베네수엘라 남부와 브라질 북서부의 부족 대부분은 나머지 세계로부터 줄곧 고립되어 있었으나, 1970년대에 브라질 정부의 새로운 개발·통합 정책 때문에 끔찍한 대학살과 강제 이주를 겪었다. 1990년대에 들어서 채굴업자들은 그 지역을 자신들의 엘도라도로 보았다. 채굴업자들은 정부의 무관심과 뇌물과 로비 활동에 힘입어 밀림 깊숙이 진입하면서 불가피하게 새로운 질병도 퍼뜨렸다. 야노마미족은 다시 고통받았고, 아마존강 역시 마구잡이식 산업 개발에 서서히 굴복했다.[2] 하지만 일부 부족, 특히 베네수엘라 쪽의 몇몇 부족은 변화와 파괴의 영향을 받지 않고 존속했다. 그들 대부분은 세상에 알려지지 않은 채로 살아왔는데, 2008년에 군 관계자들이 헬리콥터를 타고 가다가 지도에 나오지 않는 마을에 야노마미족 사람들이 있는 모습을 목격했다. 곧 과학자들이 야노마미족의 장내세균이 간직한 비밀을 밝혀낼 터였다. 하지만 우선은 문명과 동떨어져 현대 의학을 접한 적 없는 야노마미족 사람들이 행여나 병에 걸리지 않도록 보호해야 했다.

북적이는 대도시 뭄바이는 아마존강 유역의 열대 우림과 완전히 딴판이다. 단타스가 보기에 인구가 밀집한 뭄바이의 정글은 나무가 아니라 콘크리트로 이루어진 곳이었고, 주변 소음은 이국적인 새 울음이 아니라 차량으로 꽉 막힌 도로의 소음이었다. 10학년이던 단타스는 미국인 교사의 생물 수업에 큰 흥미를 느꼈고 그 순간 중대한 결심을 했다. 그는 해양 생물의 생화학적 잠재력에 고무되어, 언젠가 생화학 박사 학위를 따겠다고 마음먹었다. 그 목표를 추구하는 과정에서 겪은 우연한 사건들 덕분에, 그는 기나긴 배움의 여정을 걷게 되었다.

단타스의 첫 방문지는 인도 남부의 소도시 코다이카날에 있는 국제 기숙학교였다. 그는 거기서 미네소타주 세인트폴의 매캘러스터 칼리지로 간 다음, 그곳을 발판 삼아 시애틀의 워싱턴대학교로 자리를 옮겨 마침내 박사 학위를 받았다. 몇십 년간 축적한 온갖 지식과 박사 학위로 무장한 단타스는 이어서 하버드 의학대학원에 들어갔다. 나라 곳곳을 지그재그로 누빈 단타스의 행보는 그의 학문 분야에도 반영되었다. 그는 유기화학과 단백질공학과 바이오 연료를 공부했다.

바이오 연료는 2000년대 초에 인기 있는 주제였고, 핵심 연구지 중 한 곳은 하버드대학교 조지 처치George Church 교수 연구실이었다. 처치는 과학에 대한 매우 특이하고 창의적인 접근법으로 유명했고, 당시 그의 연구실 사람들은 미생물을 바이오 연료로 이용할 방법을 열심히 모색하고 있었다.

하버드대학교에 박사후 연구원으로 있던 어느 날 단타스는 다른 연구원들과 함께 간단한 실험을 시작했는데, 뜻밖에도 그 실험은 단타스의 관심 분야를 완전히 바꿔놓았다. 전대의 과학자들과 마찬가지로, 연구원들은 무한한 미생물의 보고인 흙을 주된 실험 대상으로 삼았다. 그들은 미국 곳곳에서 토양 샘플을 채취하고, 각 샘플에서 세균을 분리하여, 유용한 바이오 연료를 만드는 데 쓸 만한 물질을 찾고자 했다. 2000년대의 첫 10년 동안은 세계 석유·가스 시장에 대한 불안감이 만연하여, 생물학자, 화학자, 화학공학자들이 대체 연료원을 열심히 찾고 있었는데, 그중 하나가 바로 세균 같은 미생물과 유기물에서 얻는 바이오 연료였다. 2000년대는 과학 분야 간의 전통적 경계가 서서히 사라지면서, 각지의 학술기관이 새로운 학제 간 접근법을 도입해 시행하던 때이기도 했다.

단타스와 동료들은 갖가지 식물성 화합물을 이용해 세균을 배양하고자 했다. 각각이 세균의 식량원이 될 가능성, 즉 바이오 연료로 변환될 가능성이 있는지 알아보고자 함이었다. 대조 실험에서 그들은 몇몇 항생물질을 극히 치명적인 농도로 대조군에 투여했다. 대조군의 항생물질 농도는 일반 세균 감염증 환자에게 투여하는 최대 허용치보다 몇 배나 더 높았다. 단타스는 대조군의 모든 세균이 절멸하리라고 확신했다. 그런데 특이한 일이 발생했다.

단타스와 동료들은 항생물질이 세균을 죽이지 못한다는 사실을 발견하고 깜짝 놀랐다. 심지어 일부 세균은 항생물질을 먹어버리기도 했다. 기이한 일이었다. 그 세균들은 항생물질을 먹고 살아남았을 뿐 아니라 잘살고 있었다. 단타스는 자기 눈을 의심했다. 이 세균들은 주변 환경과 어떤 관계일까? 그리고 주변 환경은 세균 습성에 어떤 영향을 미쳤을까? 단타스가 이 문제를 해결하는 동안 과학계에서는 인간 마이크로바이옴에 대한 관심이 치솟았다. 이에 고무된 단타스는 다음과 같은 새로운 의문을 제기했다. 세균과 환경의 전반적 관계가 인간 장내에도 존재할까?

단타스는 세균의 습성 그리고 무엇보다 미생물 유전체학에 푹 빠졌다. 2009년경 세인트루이스 워싱턴대학교에서 연구실을 직접 운영하기 시작했을 무렵에는 미생물군유전체에 관심을 기울였다. 그러던 중 한 학회에 참석했다가 롭 나이트Rob Knight를 만났다. 당시 나이트는 콜로라도대학교 볼더캠퍼스의 교수로, 미생물과 미생물 유전체를 컴퓨터로 정교하게 연구하기로 유명했다. 두 과학자는 공통점이 많았고 두 사람 모두 다양한 환경 속 미생물의 습성을 탐구할 도구를 개발하는 데 관심이 있었다.

나이트와 단타스는 미생물계를 이해하기 위한 실험 중에서 항생물질을 전혀 접한 적 없는 사람들의 미생물군유전체를 살펴보는 일이 가능한지 알아보고 싶었다. 그런 사람의 미생물군유전체는 어떤 모습일까? 그런 실험이 가능하기나 할까? 단타스는 불가능하리라고 생각했는데, 어쩌면 그때 뭄바이의 콘크리트 정글을 떠올렸는지도 모른다. 그러나 운 좋게도 나이트는 과학자 마리아 글로리아 도밍게스벨로Maria Gloria Dominguez-Bello와 협력해온 터였다.

도밍게스벨로는 푸에르토리코대학교의 미생물학 교수였다 (2012년에 뉴욕대학교로 적을 옮겼다가 2018년에 럿거스대학교 교수가 되었다). 그녀는 오랫동안 미생물군유전체에 관심을 두었는데, 주요 관심사는 헬리코박터였다. 헬리코박터는 특이한 무리다. 우리는 모두 헬리코박터를 장내에 보유하고 있다. 정확히 말하면 적어도 세계 인구의 3분의 2는 보균자다. 사람들 대부분에게 헬리코박터는 무해한 양성(良性) 세균이고, 과학자들은 어린이가 위 속에 그 세균을 보유하면 알레르기 발생 가능성과 천식 발병 가능성이 줄어든다고 믿는다. 하지만 헬리코박터가 어린이와 어른의 위 내벽을 손상해 궤양을 일으키는 경우도 더러 있다.[3]

도밍게스벨로는 헬리코박터를 연구하면서, 모국 베네수엘라에서 자주 제기되는 질문을 조사했다. 유럽인들이 헬리코박터를 신세계에 가져왔는가? 아니면 그들이 오기 전부터 헬리코박터는 그곳에 있었는가?

식민지 개척자인 스페인인들이 홍역에서 천연두에 이르기까지 온갖 질병을 가져오는 바람에 원주민이 떼죽음을 당했다는 사실은 잘 알려져 있다. 하지만 도밍게스벨로는 유럽인들이 헬리코박터 보균자로서, 그 세균을 그 지역으로 그리고 원주민의 장으로 옮겼는지 알고 싶었다. 그래서 조사에 착수했다. 그녀는 남아메리카 원주민(인디언)들이 원래 아시아에서 왔다는 사실을 알고 있었다. 그리고 유럽계 헬리코박터와 아시아계 헬리코박터는 종류가 다르다는 사실도 알고 있었다. 그런 계통 관계는 실험실 실험으로 입증 가능하다. 유럽인 식민자를 접한 적 없는 토착 부족의 장에서 헬리코박터를 채취해 연구한다면 도밍게스벨로는 답을 얻을 터였다. 그녀는 베네수엘라를 비롯한 몇몇 라틴아메리카 국가의 동료 연구자들과 협력하여 토착 부족의 헬리코박터가 아시아계임을 입증했다. 유럽인 식민지 개척자들이 수많은 병원체와 질병을 라틴아메리카에 가져왔지만, 헬리코박터는 그중 하나가 아니었다.[4]

도밍게스벨로는 1990년대부터 협력해온 베네수엘라 정부와 아마존 열대병관리본부의 지인들을 통해,[5] 얼마 전 베네수엘라군이 헬리콥터로 감시 임무를 수행하다 야노마미족을 몇 명 목격했다는 사실을 알게 되었다.[6] 야노마미족은 아마존강에서 멀리 떨어진, 아직 지도에 표시되지 않은 지역에 살고 있었다. 이는 그들이 과학 데이터의 보고(寶庫)일 수 있다는 뜻이기도 했고, 그들이 매우 취약하다는 뜻이기도 했다. 당연히 그들은 지방 정부의 보호를 받고 있었다. 심지어 도밍게스벨로조차 지금까지 그 부족의 정확한 위치를 알지 못한다. 그 위치는 비밀로 유지되고 있다. 하지만 자연 면역자나 백신 접종자와 접촉할 경우(타당한 통설에 따르면 그런 경우는 가정적 상황이 아니라 '시간문제'다) 야노마미족이 전멸할 위험은 여전히 존재한다. 야노마미족은 백신 접종을 전혀 받지 않았으므로 홍역 같은 치명적 감염증에 대한 면역력이 없을 공산이 컸다.

2009년에 베네수엘라 정부의 의료 파견단이 야노마미족 거주지에 도착했다. 주민들에게 전염병 예방주사를 접종하기 위해서였다. 의료진은 병을 옮기지 않도록 엄격한 수칙을 따랐고, 그 작은 마을의 주민들이 수렵채집인으로 야생 바나나, 제철 과일, 작은 물고기, 습지의 개구리를 먹고 살아간다는 사실을 알게 되었다. 가장 가까운 진료소라도 걸어서 두 주 걸리는 거리에 있었다. 의료진은 주민들에게 백신을 접종하기 전에 배설물, 구강, 팔 안쪽 피부 샘플을 채취했다. 그런 샘플이 바로 도밍게스벨로가 야노마미족의 미생물군유전체를 이해하기 위한 연구 대상이었다. 도밍게스벨로는 야노마미족 샘플에 대한 접근권을 얻으려고 방대한 서류 작업을 처리했는데, 이런저런 허가를 모두 받기까지 1년 가까이 걸렸다.

롭 나이트가 도밍게스벨로와 단타스를 이어주었다. 도밍게스벨로가 연구하게 된 야노마미족 샘플은 헬리코박터의 기원뿐 아니라 다른 정보도 알려줄 가능성이 있었다. 또한 멀리 밀림 속에서 살며 항생물질 사용 이력이 없는 토착 부족이 본디 항생물질 내성 유전자를 보유하는지도 알려줄 가능성이 있었다.

단타스 연구실에서는 일을 시작했다. 샘플 이용 권리는 (도밍게스벨로가 경험했듯) 아무나 쉽게 얻지 못했고, 당연히 그래야 했다. 매우 희귀한 샘플이었기 때문이다. 도밍게스벨로가 베네수엘라의 관계 당국으로 연줄을 대주었고, 단타스 연구실에서는 서류 작업을 해야 했다. 이는 모두 나중에 어떤 결과가 나올지 불확실한 상황에서 추진한 일이었다. 이런저런 행정적 장애물을 다 넘기까지 몇 달이 걸렸는데, 그 사이 단타스와 나이트는 연구실에 만반의 준비를 해두었다. 2013년 초 샘플이 마침내 세인트루이스에 도착했다.

연구팀은 발동이 걸렸다. 그런데 처음 얻은 결과는 흥미로우면서도 난해했다. 연구 결과에 따르면 야노마미족 사람들은 세계 곳곳의 현대식 병원에서 쓰이는 일반 항생제 중 일부에 내성이 있는 세균을 지녔다. 그뿐만이 아니었다. 야노마미족의 미생물군유전체는 정교한 고급 항생제에도 내성이 있었다.[7] 데이터에 따르면 야노마미족은 천연 항생물질뿐 아니라 합성 항생물질에도 내성이 있었는데, 합성 항생물질은 자연에 존재하지 않는다고들 한다. 아마존 밀림에 고립된 부족이 어떻게 1980년대에 제약회사 연구실에서 개발한 약에 내성이 생겼을까?

제리 라이트와 헤이즐 바턴이 그랬듯, 단타스, 나이트, 도밍게스벨로는 아무도 예상치 못한 결과를 보여주었다. 문명을 접한 적 없던 야노마미족의 미생물군유전체는 일반 항생물질뿐 아니라 연구실에서 개발한 약에도 내성이 있었다.[8] 어떻게 그런 일이 가능할까? 단타스는 추측밖에 하지 못했는데, 두 가지 선택지가 그럴듯해 보였다. 첫째, 단타스 연구팀이 발견한 분자 조각들은 야노마미족의 세균에서 본연의 기능을 수행하는지도 모른다. 즉 그 분자 조각들이 멀리 있는 연구실에서 만든 현대적인 고급 항생제도 막아내는 현상은 우연에 불과하다는 얘기다.[9]

두 번째 가능성은 단타스와 그의 동료 중 상당수가 상황을 낙관한 이유였는데, 이른바 합성 항생물질들은 합성 물질이 아닌지도 모른다는 가설이었다. 어쩌면 과학자들이 연구실에서 만들기 시작한 물질들이 실은 자연이 예전부터 줄곧 만들어온 화합물인지도 모른다. 그래서 합성 분자들이 아마존강 유역의 어떤 세균에서 자연적으로 만들어진 것이다. 그렇다면 가까운 자연환경의 일부인 그 화합물들이 부족민 몸에 들어가 부족민의 미생물군유전체에 내성을 부여했을 터이다. 이는 세계 곳곳의 다양한 미생물군유전체에 아직 아무도 손대지 않은 새로운 약과 화학물질이 방대하게 축적되어 있다는 의미다.

수십 년간 미생물학자를 비롯한 과학자들은 강력한 항생물질을 만들어내는 세균이 흙에 무한정 들어 있으리라고 생각해왔다. 1940년대에 연구자들이 일찍부터 좋은 성과를 거두었고 1950년 대에 제약회사들이 토양 샘플에서 갖가지 새로운 항생물질을 발견하며 발흥기를 맞았다는 사실이 이를 입증한다. 하지만 1960년대에 신약 파이프라인이 말라가자 과학자들은 다른 곳으로 눈을 돌리기 시작했다.

단타스, 도밍게스벨로, 라이트 등은 초창기 토양학자들의 예감이 맞았음을 증명했다. 상황을 낙관할 만한 이유가 정말로 있었다. 내성이 있는 동굴 세균과 야노마미족 미생물군유전체가 발견된 사실로 미뤄 보면, 우리는 자연의 비축물을 아직 다 써버리지 않은 듯하다. 또한 현대 의학이 없이도 항생물질에 내성이 생기는 세균이 존재한다는 사실로 미뤄 보면, 아직 우리에게 알려지지 않은 항생물질, 세균이 다윈주의적 생존 투쟁을 벌이면서 개발하고 사용한 항생물질이 저 바깥에 있다. 그런데 그런 강력한 화학물질을 찾으려면 더욱더 정교한 기술이 필요했다.

# 종자 저장고 근처

    제리 라이트는 중대한 발견을 해서 무척 기뻤다. 하지만 마음에 걸리는 점이 있었다. 그는 세균들의 군비 경쟁이 의아했다. 어떤 세균은 항생물질을 만든 다음 그 치명적인 물질 때문에 자신이 죽지 않도록 내성을 키운다. 어떤 세균은 다른 세균의 공격을 막기 위해 방어력을 키운다. 그렇다면 이 군비 경쟁은 언제까지 계속될까? 예컨대 방어력이 너무 강해질 경우, 공격력이 있어서 유리한 점은 무엇일까?

    라이트가 보기에 석연치 않은 구석이 있었다. 모든 세균이 언젠가 항생물질에 저항하게 된다면, 그래도 어떤 세균이 여전히 항생물질을 만드는 이유는 무엇일까? 세균의 내성 증가를 알려주는 연구 결과가 점점 더 많이 나오는 가운데, 자연 질서에 매료된 자연과학도로서 라이트는 또 다른 측면을 생각하게 되었다. 즉 어떤 세균이 다른 세균의 공격에 의해 방어력이 약화된다면 공격받은 세균

은 도로 항생물질에 취약해지지 않을까라고 생각했다.[1]

그 가설을 검증하려고 라이트는 자신의 가장 강력한 자원인 흙으로 돌아갔다. 그는 제자와 동료들에게 가능성 있는 샘플을 모두 채취해달라고 부탁했다. 라이트는 세균이 항생물질을 만들 이유가 아직 남았음을 보여주는 퍼즐에서 빠진 조각을 찾고 있었다. 답은 한 제자가 방학 때 캐나다 노바스코샤주의 국립공원에서 하이킹 중에 채취한 샘플에서 찾아냈다. 그 토양 샘플은 다른 수백 가지 샘플과 같은 방식으로 분석되었고, 마침내 특별하다고 판명되었다. 거기서 라이트 연구팀은 썩어가는 잎에서 주로 자라는 누룩곰팡이속*Aspergillus*의 한 균류가 만든 분자를 발견했다.[2] 연구팀이 알아낸 바에 따르면 누룩곰팡이속의 균류는 세균의 내성 메커니즘을 무력화할 만한 분자를 만들어냈다. 이는 군비 경쟁에서 새로운 반전이었다. 어떤 세균은 항생물질을 만들었고, 어떤 세균은 자신을 지키려고 내성을 키웠다. 그런데 누룩곰팡이속 균류가 만든 분자는 세균의 방어벽에 구멍을 뚫어 내성을 무력화함으로써 기존 항생물질을 도로 유효하게 만들 능력이 있었다. 라이트는 노바스코샤주의 토양 샘플에서 아스퍼길로마라스민 A AMA: aspergillomarasmine A라는 물질을 찾아냈다.[3]

이제 라이트는 연구의 초점을 새로운 곳에 맞췄다. 그는 AMA 같은 분자를 변환하여 강력한 내성균 공격 무기를 만드는 일을 목표로 삼았다. 강력한 내성균은 특이한 자체 효소 덕분에 아주 센 여러 항생제에 내성을 보였는데, 그 효소의 이름은 뉴델리 메탈로-베타-락타메이스-1NDM-1: New Delhi metallo-beta-lactamase-1이었다.

인구 많고 활기찬 인도 뉴델리와 노르웨이령 스발바르 제도는
서로 연관성이 거의 없다. 후자는 북극해의 고위도대에 위치하는
데, 북극과 노르웨이 본토의 중간에 자리하며 생물이 거의 자라지
않는다. 17~18세기에 스발바르 제도는 노르웨이인 탐험가들의 고
래잡이 기지였다. 오늘날 그곳은 다른 면에서 유명하다. 그곳에는
대재앙이 닥쳤을 때 인류 문명을 보존하기 위해 만든 종자 저장고
가 있다.

국제 종자 저장고Global Seed Vault는 스발바르 제도 서쪽 끝의 스피
츠베르겐섬에 위치한다. 저장고는 사암으로 된 산 아래 120미터
굴을 파서 만든 극히 안전한 시설로,[4] 노르웨이 정부, 세계 작물 다
양성 재단Global Crop Diversity Trust, 북유럽 유전자 자원 센터Nordic Genetic
Resource Center가 공동으로 관리한다. 그곳에는 약 450만 종의 종자 샘
플이 세계적 대재앙이 닥쳤을 때 사용되도록 보관되어 있다. 얄궂
게도 국제 종자 저장고는 노르웨이인 설계자들이 예측 못 한 기후
변화란 대재앙은 견뎌내지 못했다. 빙하가 녹으면서 저장고는 물
에 잠길 위험에 처했다. 그래서 그 장소는 인간 문명사회에서 멀리
떨어졌다는 등의 타당한 이유로 선정됐지만, 인간 문명사회의 영
향권 밖에 있지 않다고 판명되었다. 비단 이는 기후변화 때문만은
아니다.

스피츠베르겐섬(종자 저장고가 있는 곳)의 북서해안에는 콩스피

오르덴이란 빙하 협만이 있다. 2019년 1월에 미영중 공동 연구팀은 콩스피오르덴 곳곳에서 채취한 토양에 항생물질 내성 유전자가 있다고 발표했다. 채취 장소 중 한 곳은 그들이 SL3이라 부른 작은 호수였는데,[5] 연구팀이 SL3 토양 샘플에서 발견한 약제 내성 유전자 중에는 마지막 대(對)병원균 항생제로 꼽히는 카바페넴 항생제에 내성을 보이는 유전자도 있었다. 연구팀이 알아낸 바에 따르면 SL3 토양 샘플에는 제리 라이트의 연구 대상과 같은 유전자가 들어 있었다. 이는 네바다주의 여성을 감염시킨 카바페넴 내성균에서 발견된 유전자와 같은, 바로 무시무시한 NDM-1(뉴델리 메탈로-베타-락타메이스-1)이었다.

# 국경과 민족주의에 신경 쓰지 않는 세균

군비 경쟁과 팽팽한 세력 균형은 세균계만의 전유물이 아니다. 실은 마이모니데스 시대 훨씬 이전부터 인간 사이에서 벌어지는 갈등 방식이 세균 간의 다툼에 직접 영향을 미쳐왔다. 예컨대 인구가 밀집한 아시아 한복판의 핵무기 보유국인 인도와 파키스탄은 금방이라도 전쟁과 세계적 대재앙이 일어날 듯한 긴장 관계다.

1947년 영국령 인도가 분할된 이후 인도와 파키스탄의 대립 관계는 국경 양쪽의 사람들에게 대대로 지대한 영향을 미쳤다. 두 나라는 1965년과 1971년에 큰 전쟁을 두 차례 벌였고, 그 후에도 세계에서 가장 높은 곳에 있는 전쟁터, 혹한의 시아첸 빙하 지역에서 작은 규모의 국지전을 수차례 치렀다. 수차례의 급습과 테러 행위 그리고 설전은 모두 양국 사이에 흐르는 깊고 끈질긴 적대감을 반영한다. 그런 대립 관계가 지속되는 중에 영국 세균학자 티머시 월시Timothy Walsh는 파키스탄에서 유명 인사가 되었다.

팀 월시는 영국 브리스틀에서 태어났지만 열세 살 때 오스트레일리아 최남단의 태즈메이니아주로 이주했다.[1] 그가 과학을 좋아하게 된 데는 생물학자인 아버지의 영향이 컸다. 월시는 원래 의사가 되고 싶었으나, 마음을 바꿔 페니실린 등이 속한 베타–락탐계 항생물질 전공으로 미생물학 석사 학위를 땄다.[2] 그는 오스트레일리아에서 학석사 과정을 마친 후 브리스틀로 돌아와서 박사 과정을 마쳤다. 그리고 영국 곳곳을 돌아다니며 적당한 연구실을 물색했다. 그는 필요한 전문 훈련도 받고 지적 자유도 마음껏 누리는 연구실에서 일하고 싶었다. 몇몇 곳에서 특별연구원을 역임한 후 그는 결국 브리스틀로 돌아와 교수직을 얻었다.

출발점으로 되돌아온 그는 만족하지 못했다. 당시 항생물질 내성 분야에서는 다들 그람 양성균에 열중했지만, 월시는 자신의 연구 주제를 그람 음성균로 정했다. 그러던 차에 2006년 웨일스의 카디프에서 기회가 찾아왔다. 카디프대학교에서 월시에게 석좌 교수직을 제안했다. 카디프는 브리스틀에서 서쪽으로 해협 너머 한 시간 거리에 있었다. 월시는 카디프대학교의 조용한 환경이 마음에 들었고, 석좌 교수가 되면 교육 · 행정 업무가 줄어들 터였다.[3] 그래서 그는 그 제안을 수락했고 카디프에서 본격적으로 그람 음성균을 연구하기 시작했다.

2008년 초에 월시는 스톡홀름 카롤린스카 연구소에서 일하는 한 동료의 전화를 받았다. 그는 스웨덴에 거주하는 어느 인도인 남성에 대해 도움을 요청했다. 인도인 남성은 최근 인도에 갔다가 요로 감염증UTI: urinary tract infection에 걸렸는데 스웨덴으로 돌아온 후에도 증세가 계속되었다. 요로 감염증은 드물지 않은 병이다. 원인을 밝히기 위해 통상적인 검사가 실시되었다. 검사 결과에 따르면 감염증의 원인은 120여 년 전 프리들랜더를 흥분시켰던 바로 그 폐렴균이었다.

또한 감염증을 일으킨 세균은 (새로운 효소의 유전 암호를 생성하는) 새로운 유전자가 있어서 갖가지 약에 강한 내성을 지녔다. 월시는 해당 효소를 뉴델리 메탈로-베타-락타메이스-1(NDM-1)이라고 명명했다. 이 이름은 국제관례에 따라 병의 발생지(뉴델리)와 내성 메커니즘(메탈로-베타-락타메이스)을 조합한 것이다.

뉴델리 메탈로-베타-락타메이스-1이란 이름에도 불구하고, 또 그 효소가 광범위한 내성을 지니고 있을 가능성에도 불구하고 아무도 이 효소의 발견에 관심을 기울이지 않았다. 분명히 인도에서는 아무도 거기에 신경 쓰지 않았다. 월시 또한 해당 유전자나 효소의 이름이 무엇인지, 그 물질이 처음에 어디서 분리됐는지는 중요하게 생각하지 않았다. 월시가 NDM-1에 대해 걱정한 진짜 이유는 그 효소가 매우 센 시중 항생제 중 일부에 대해 내성이 있었기 때문이다. NDM-1은 한 세균 종에서 다른 세균 종으로 옮겨갈 가능성이 있었다. 그 효소 때문에 폐렴간균, 대장균Escherichia coli, E. coli 등의 그람 음성균이 일으키는 (요로 감염증 같은) 감염증이 페니실린, 세팔로스포린계cephalosporins 항생제, 카바페넴계 항생제에 내성을 띨 가능성이 있었다. 항생제 치료가 듣지 않는 고위험군이 훨씬 늘어날 터였다. 현장 연구에 착수해야 했다.

월시 연구팀은 2009년 인도에 가서 환자들, 하수, 지역 상수도에서 샘플을 채취하기 시작했다. 그들은 새로운 내성 메커니즘의 역학(전염병학)을 연구하는 인도인 학자들과 긴밀히 협력했다. 연구자 일동은 월시 연구팀이 알아낸 사실에 걱정이 많아졌다.

인도 곳곳에서 실시된 연구 결과에 따르면, 몸속의 대장균이나 폐렴간균에 NDM-1이 있는 환자가 수십 명에 달했다. 연구팀은 결과의 신뢰성을 확보하려고 영국 실험실에서 모든 샘플을 확인하고 검사했다. 그때 영국과 미국 환자들 또한 NDM-1 생성균을 보유하고 있다는 보고가 들어오기 시작했다. 더욱더 큰 걱정거리는 CDC에 따르면 NDM-1을 지닌 미국인 환자들이 모두 인도나 파키스탄에 갔다 왔다는 사실이었다. 설상가상으로 그 미국인 환자들은 공통점이 하나 더 있었다. 그들 모두는 이런저런 병 때문에 인도나 파키스탄의 현지 병원에서 치료를 받은 경험이 있었다.[4] 그리 놀랄 일은 아니었다. 당시는 인도의 의료 관광 산업이 호황을 누리던 때였으니까. 하지만 당시 상황이 의미하는 바는 걱정스러웠다. 이는 인도 곳곳의 병원에 내성 메커니즘—매우 유망한 항생제에 대한 내성을 부여하는 메커니즘—이 만연하며, 이러한 내성이 전 세계로 퍼져나가고 있다는 뜻이었다.

2010년 8월에 월시의 연구 결과가 유명 학술지 『랜싯 전염병

Lancet Infectious Diseases 』에 실리면서 세계 곳곳의 신문에서 월시의 놀라운 발견을 기사로 싣기 시작했다. 논문 발표 후 이틀 만에 구글에서 NDM-1 검색 결과가 470만 건을 훌쩍 넘었다. 다음과 같은 헤드라인은 손쓸 도리 없는 내성균 감염증에 의해 대규모 발병 사태가 벌어지면 어쩌나 하는 세계인의 두려움을 부채질했다. "과학자들이 인도에서부터 확산 중인 새로운 슈퍼버그(superbug, 항생물질 내성균의 별칭)를 발견하다"[5], "항생제 없는 세상에서 살아갈 준비가 되었습니까?"[6]

인도의 의료 관광 산업은 큰 타격을 입었다. 사람들이 인도 여행의 안전성을 의심하기 시작했기 때문이다. 이에 충격을 받은 인도 정부는 곧바로 대응에 나섰다. 그들은 월시의 연구를 편향적이며 비과학적이라고 혹평했다. 그리고 이를 영국인들이 자기네 식민지였던 인도의 성공을 시샘해오다 인도의 의료 관광 산업을 망치려고 지어낸 흑색선전으로 간주했다. 국회의원 S. S. 알루왈리아 S. S. Ahluwalia는 그런 피해 의식과 비판 의식을 다음과 같이 표현했다. "인도가 의료 관광지로 떠오를 때 이런 뉴스가 나온 건 유감스러운 일이며, 이는 다국적 기업들의 사악한 음모일지도 모릅니다."[7]

무사히 카디프로 돌아와 학자로 탄탄하게 자리 잡은 월시는 인도의 반발에 별로 개의치 않았다. 하지만 논문 제1저자인 카르티케얀 쿠마라스와미 Karthikeyan Kumaraswamy는 인도 국회의원들에게서 서구와 결탁해 이해 충돌을 빚었다고 비난받았다.[8] 쿠마라스와미는 과학 미스터리를 탐구하던 중, 연 24억 달러 규모의 인도 의료 관광 산업을 위험에 빠뜨린 인물로 지목되어 정치 폭풍 속에서 집중적으로 관심을 받게 되었다.

인도 관점에서 볼 때 쟁점은 효소의 이름이었다. NDM-1은 국제관례에 따라 명명되었지만, 인도 정부는 새로운 슈퍼버그를 뉴델리와 관련짓는 행위가 못마땅했다. 그 유전자와 자국과의 연관성이 인도 의료 관광 산업에 두고두고 영향을 끼칠까 봐 두려웠기 때문이다.[9]

인도 정부는 직접 조사에 나섰는데, 그들이 보고한 결과는 민간 연구자들이 내놓은 결과와 달랐다. 비판자들은 새로운 조사 결과에 의문을 제기하며, 정부 간섭 때문에 결과가 편향된 건 아닌지 우려했다. 정부, 의료업계, 공중보건 기관 내부에서 긴장이 고조되었다. 한편 과학자들은 해당 효소를 암호화하는 유전자가 널리 퍼졌다는 사실이야말로 정말 중요한 점이라고 지적했다. 사람들이 NDM-1의 이름을 놓고 왈가왈부하는 동안, 항생제 치료에 저항하는 그 효소의 능력은 끄떡없었다.

월시 연구팀은 연구를 계속했다. 그들의 새로운 연구 결과는 인도의 상수, 하수, 오물의 항생제 내성 수치가 높다는 사실을 보여주었다. 연구팀은 뉴델리에서 채취한 상하수 샘플을 분석한 뒤, 뉴델리 시민 약 10%(2011년 뉴델리 인구는 2,100만 명)가 NDM-1 생성균을 장내에 보유하고 있으리라 추산했다.[10] 그런 사람들이 NDM-1을 생성하는 대장균이나 폐렴간균 같은 그람 음성균이 유발하는 병에 걸린다면 일반 치료법이 통하지 않을 터였다.

월시 연구팀의 발견이 알려지자 또 한차례 언론 보도가 쏟아져 나왔다. 텔레비전으로 생중계된 한 회의에서 인도 의학연구회 회장 비슈와 모한 카토치Vishwa Mohan Katoch 박사는 월시 팀 연구 결과의 임상·역학적 증거가 부족하다고 말했다. 인도 정부는 시민들에게 수돗물을 사용해도 괜찮으며 걱정할 필요가 없다고 장담하는 한편,[11] 몰래 수돗물 염소 소독을 강화하고 사람들에게 염소 정제를 나눠주기 시작했다. 그리고 또 그런 난처한 상황이 벌어질 위험을 줄이기 위해 샘플 채취에 관한 규정을 급히 바꿨다.[12]

월시는 인도에선 환영받지 못하는 인물이 되었지만 파키스탄에선 영웅으로 칭송되었다. 그 이유는 월시가 존경받는 성실한 과학자이자 공동 연구자라는 사실과는 관련이 없었다. 그가 칭찬을 받은 까닭은 델리의 수돗물이 위험하다는 사실을 보여주었기 때문이다. 월시는 인도에 불명예를 안겨주었다. NDM-1이 인도인 환자들만의 문제가 아니라 세계인의 걱정거리라는 사실, 파키스탄 국내·출국 환자들 또한 항생물질 내성균을 보유하고 있다는 사실은 별로 중요하지 않았다. 인도의 의료 관광 산업은 곤경에 빠졌는데, 그 정도면 파키스탄이 충분히 축하할 만한 일이었다.

2012년 파키스탄 카라치에서 열린 한 공식 행사에서 월시는 시장으로부터 명예시민권을 받았다. 세균이 국경이나 민족주의 역사와 무관하다는 사실은 전혀 언급되지 않았다.

# 07

## 코흐와 파스퇴르

현재 도쿄 중심부에서 10킬로미터쯤 떨어진 곳에는, 획기적인 세균 감염증 치료법을 찾으려는 범세계적 노력을 기리는 소박한 기념 건물이 있다. 바로 기타자토 대학병원의 고층 건물들 맞은편에 있는 작은 사당이다. 기타자토 의과대학 및 병원은 기타자토 시바사부로北里柴三郎라는 세계적으로 유명한 의사 겸 세균학자를 기리는 곳이며, 사당 역시 기타자토를 기리는 건물이나 그곳은 코흐의 이름을 더해 기타자토 코흐 사당이라 불린다. 서로 연관성이 없어 보이는 두 과학자의 이름을 따서 명명된 이유는 무얼까.

1920년에 지은 기타자토 코흐 사당은 지난 100년간 두 번 이전했다. 어디에 자리하든 그 사당은 명소이며 해마다 5월 27일이면 그곳에서 의식이 거행된다. 추모식은 신도(神道)라는 일본 종교의 전통 제식에 따라 진행되는데, 헌당 후 첫 몇 년간 의식을 집전한 사람은 기타자토 본인이었다.

2019년 여름에 내가 사당을 찾았을 때 들은 바에 따르면, 사당 중심부에는 머리털이 한 묶음 있다고 했다. 그 봉헌물은 죽음을 물리쳤다고 알려진 사람의 업적을 기념하는 물건으로, 바로 독일 미생물학자 로베르트 코흐Robert Koch의 머리털이었다.

기타자토가 일본에서 전염병학의 선구자로 칭송받으며 명성을 얻었을 때, 그는 자기 업적의 기원이 1886년 코흐 연구실에서 일하기 시작한 때부터 비롯된다고 밝혔다. 그곳에서 기타자토는 독일어 잘하는 일본인에서 코흐 연구실과 베를린 국립위생원에 꼭 필요한 사람으로 성장했다.

1931년에 기타자토가 죽었을 때 그의 제자들은 기타자토 의견에 공감하면서 코흐 사당을 기타자토 코흐 사당으로 개칭했다.[1] 그 이후 사당은 전염병연구소 자리에서 새로 설립된 기타자토 연구소로 이전했다. 그런 다음 제2차 세계대전 중 심한 훼손을 겪고, 한 번 더 장소를 옮겼다. 이는 제2차 세계대전이 세균 감염 및 항균 치료법의 혁신과 발전에도 크나큰 원동력으로 작용했음을 역설적으로 보여준다.


베를린 중심부의 알렉산더 광장에서 5킬로미터쯤 떨어진 베를린-슈판다우 운하 기슭에는 로베르트 코흐 연구소가 있다. 연구소는 위풍당당한 붉은 벽돌 건물로 봄이면 분홍색 꽃을 피우는 아름다운 목련나무로 둘러싸여 있다. 인근 운하는 하펠강에서 슈프레강으로 이어지는데 바로 그 강기슭에 베를린이 처음 들어섰다.

1900년에 문을 연 코흐 연구소는 일본의 사당처럼 로베르트 코흐의 위상과 세계적 영향력을 반영한다.

20세기로 접어들 무렵 코흐는 세계에서 가장 영향력 큰 세균학자였다. 그는 18세기 말에 도입된 독일 특유의 엄격한 교육 체계를 통해서 공중보건 분야로 진출했다. 1843년에 광산촌의 식구 많은 가정에서 태어난 코흐는 13남매 중 셋째였다. 그는 괴팅겐에서 교육받았는데, 괴팅겐은 1850년대 중반에 자연과학을 공부하기 가장 좋은 곳이었다. 하지만 아직 밝혀지지 않은 이유로, 코흐는 의학 쪽으로 진로를 바꿔 1866년에 의대를 최우등으로 졸업하고 의사가 되었다.

코흐가 졸업하고 몇 년 뒤 프랑스와 프로이센이 전쟁을 벌였다. 프로이센·프랑스 전쟁은 젊은 코흐에게 잊지 못할 인상을 남겼다. 당시 코흐는 최전선에서 군의관으로 복무하며 전쟁의 참상을 목격했다.[2] 전쟁이 끝나고 한참 후에도 양국 간의 적대감은 코흐의 세계관에 계속 지대한 영향을 미쳤다. 그 싸움은 프로이센의 압승으로 끝났지만, 유럽 곳곳에 영영 아물지 않을 유무형의 상처를 남겼으며 대대적인 전쟁의 씨앗이 되었다.

전쟁 직후 코흐는 최전선에서 돌아와, 지금은 폴란드에 속하는 볼슈타인에서 시골 의사가 되었다.[3] 1860년대 말 볼슈타인은 농촌 마을로, 그곳의 대다수 농부들은 지금 같았으면 생화학 테러와 비밀 실험실의 이미지로 등골이 오싹해질 병 때문에 속을 태우고 있었다. 그 병은 바로 탄저병이었다. 1800년대 말에 탄저병은 전쟁이

나 테러를 연상시키는 병이 아니라, 가축과 자신의 건강을 염려하는 농부들의 크나큰 문젯거리였다. 탄저병은 탄저균*Bacillus anthracis*이 일으키는 병으로 네 종류가 있다. 가장 치명적인 종류는 호흡기관을 통해 진행되며 몸속에서 세균 포자가 급증한다. 초기에는 감기 같은 증상이 나타나다가 얼마 후 폐와 림프샘 조직이 급속도로 심하게 손상된다. 탄저병에 걸린 뒤 치료를 받지 않으면 십중팔구는 죽는다.

코흐는 탄저병에 걸린 동물 중 상당수가 급속히 그리고 매우 고통스럽게 죽는다는 사실을 알고 있었다. 그는 치명적 감염증의 원인을 어떻게든 밝히기로 했다. 그리고 탄저병의 비밀과 함께 치료법도 찾아내고 싶었다. 다행히 코흐는 의사였을 뿐 아니라 손재주도 뛰어났다. 게다가 끈기 있고 주의 깊고 꼼꼼하기도 했다. 코흐는 실험 솜씨가 탁월했고, 그 솜씨는 코흐를 여느 의사와 차별화하는 놀라운 재능이었다. 그는 '나무 가시'라는 원시적 도구를 사용하여 탄저병 걸린 소의 비장 혈액을 건강한 쥐의 꼬리에 주입했는데, 이는 탄저병 원인이 동물 종과 상관없이 동일한지 알아보기 위해서였다.[4]

시골이란 환경 제약에도 불구하고 코흐는 절차와 측정에 만전을 기했고, 마침내 탄저병의 병원체를 배양하고 식별하는 데 성공했다. 결과는 놀라웠다. 코흐는 한 가지 병원체가 동물의 종류를 불문하고 모든 탄저병 발병 사례의 원인임을 입증해 보였다.

그 시점까지 코흐는 급성장 중이던 전염병학 분야에서 거의 무명이었다. 하지만 코흐는 세균학자 페르디난트 콘Ferdinand Cohn과 아는 사이였다.[5] 유대인인 콘은 브레슬라우대학교에서 공부를 시작했지만 독일에 만연한 반유대주의 때문에 거기서 박사 과정을 밟지 못했다. 그래서 더 국제적인 베를린으로 가서 열아홉 살에 박사 학위를 받았다.

그런데 참 얄궂은 반전이 있었다. 콘은 유대인으로 태어났다는 이유로 브레슬라우에서 박사 과정생이 되진 못했지만, 그 학교의 교수가 되는 데는 학칙상 문제가 없었다. 그는 1849년에 브레슬라우대학교로 돌아가서 은퇴일까지 그곳에 적을 두었는데, 그동안 그가 개발한 체계적 세균 분류법은 오늘날 우리가 사용하는 분류법의 중대한 전신이 되었다. 1860년대 말에 콘은 미생물학의 최고 권위자로 꼽혔다.[6]

1876년 4월 22일에 코흐는 콘에게 편지를 써서 탄저병 병원체의 생활환life cycle을 모두 발견했다고 알렸다.[7] 콘은 의심과 함께 호기심도 일어 코흐를 브레슬라우에 초청하여 그의 주장을 들어보기로 했다. 사흘에 걸쳐 코흐는 콘과 콘의 동료들에게 아주 단순한 기구로 자신의 주장을 확실하게 증명해 보였다. 코흐 주장에 따르면 탄저병의 실제 원인은 세균으로 이들은 건강한 동물의 몸속에서도 자란다. 그러다 상황이 여의치 않으면 세균은 포자를 만들어 휴면 상태로 지내다가 다시 상황이 좋아지면 증식했다.

콘은 납득했고, 코흐는 1876년에 연구 결과를 발표했다.[8] 코흐가 곧바로 명성을 얻은 까닭은 탄저균 생활환을 알아냈기 때문만은 아니었다. 그는 미생물설을 강하게 옹호했다. 미생물설은 질병이 독특한 미생물, 즉 병원체에 기인한다는 이론이었다. 세상의 온갖 병을 일으키는 원인은 나쁜 공기가 아니라 독특한 미생물이라는 이야기였다. 패러다임의 전환이 일어나고 있었다. 세균에서 비롯한 질병은 미신적 해결법과 민간요법 말고 과학적 치료법으로 다스려야 한다는 쪽으로 인식이 바뀌고 있었다.

코흐는 미생물설을 옹호하려고 네 가지 가설을 세웠는데, 이는 지금 코흐의 가설로 알려져 있다.[9] 첫 번째와 두 번째 가설에서 코흐는 병에 걸린 모든 생물체에 병원체가 존재해야 하며, 병에 걸린 숙주에서 병원체를 분리하는 일이 가능해야 한다고 주장했다. 바꿔 말하면 누군가 세균성 병원체 때문에 병에 걸렸을 경우 환자의 몸에 병원균이 물리적으로 존재해야 하며 의사가 감염자에게서 병원균을 분리하는 일이 가능해야 한다는 이야기다.

가장 심오한 세 번째 가설에서 코흐는 병에 걸린 동물로부터 분리한 순수 배양 병원체를 건강하나 감염 가능한 다른 동물에게 주입했을 때 같은 병이 발생해야 한다고 말했다. 마지막으로 그는 순수 배양 병원체가 다른 동물 몸에서 병을 일으키는 경우, 병원체를 병에 걸린 동물에서 다시 분리한 다음 그 병원체가 원래 병원체와 동일함을 입증해야 한다고 말했다.

볼슈타인에서 지역 의사로 일하며 틈틈이 연구하던 코흐는 탄저병과 관련한 발견에 힘입어 학계에서 위상이 높아졌다. 그래서

1880년에 베를린 국립위생원으로 자리를 옮겼고, 1885년에는 프리드리히 빌헬름대학교 위생연구소의 첫 정교수가 되었다. 그리고 1891년에는 프로이센 왕립 전염병연구소의 초대 소장이 되었다.[10] 코흐는 1904년까지 그곳의 소장으로 있었다. 그 기간에 코흐 연구소는 근대 미생물학 분야에서 성과를 가장 많이 내놓는 곳으로 꼽혔다. 코흐 연구팀은 다달이 과학적 진보를 이루었으며, 결핵과 콜레라의 병원체를 밝히는 등 당대의 최대 난제 가운데 일부를 해결했다.

코흐 연구팀은 특출한 학생, 인턴, 객원 연구원들로 구성되었는데 그중에는 기타자토도 있었다. 기타자토는 파상풍을 일으키는 세균을 발견한 연구진 가운데 한 명이었다. 그리고 코흐 연구소에 있던[11] 율리우스 페트리Julius Petri는 세균을 연구하는 모든 실험실에서 지금까지도 쓰이는 간편한 페트리 접시를 고안해 후세에 이름을 길이 남겼다. 하지만 코흐 후배 가운데 가장 특출한 사람은 파울 에를리히였다.[12]

에를리히는 갖가지 혈액 세포의 특정 성분에 붙는 매우 특수한 전문 착색제를 개발하는 데 앞장서왔다. 그러다 1891년에 베를린의 로베르트 코흐 연구팀에 합류했다. 거기서 코흐와 5년간 함께한 후 1896년에 신설한 혈청연구소의 초대 소장이 되었다. 그는 1870년대부터 면역계를 연구해온 터였다. 마르부르크대학교 위생학 교수 에밀 폰 베링Emil von Behring과 공동으로 면역계를 연구하던

**내성 전쟁**

중에 에를리히는 특정 미생물을 접한 환자의 몸에서 면역력이 생기는 원리를 알고 싶어졌다. 그래서 면역 세포에서 분비되는 특수 분자가 병원 미생물을 표적으로 삼을 가능성을 연구하게 되었다.[13]

에를리히는 면역학 분야를 발전시키면서 면역 세포가 외래 분자와 미생물을 인식하는 원리를 규명하는 데 크게 이바지했다.[14] 하지만 그의 관심사는 단지 면역계 연구에 국한되지 않았다. 그는 미생물을 표적으로 삼는 특이 요법을 개발하는 일에도 관심이 있었다. 명석한 에를리히는 앞서 면역계 연구에 주력했을 때도 착색제 연구 성과에서 착안하여, 서로 전혀 관련 없게 보이는 두 분야를 접목할 방법을 찾아냈다. 그는 다음과 같은 질문에 답하고 싶었다. 착색제가 세포의 특정 성분에 붙어 그 성분을 현미경으로 볼 수 있게 만든다면, 세포 특정 성분에 붙는 치료제 분자도 존재하지 않을까? 만약 그렇다면, 그 분자가 세포의 주요 부분을 마비시킬 순 없을까? 에를리히는 그런 과정이 진행 가능하다면 특수 분자를 만들어 병원체를 죽이는 일도 가능하리라고 주장했다. 에를리히는 옳았다. 그가 세운 가설도 옳았고 그가 추정한 '자물쇠-열쇠' 메커니즘도 옳았다. 에를리히는 작은 약 분자가 세포에 들어가 표적과 결합하여 세포 기능을 마비시키거나 세포를 아예 죽여버리는 일이 가능함을 입증했다.[15]

에를리히에게 큰 기회가 찾아온 때는 매독을 연구할 때였다. 그때 에를리히는 606번째 화합물(나중에 살바르산 Salvarsan으로 시판된 매독 치료제)이 병원체만 공격하고 나머지 세포에는 영향을 미치지 않는다는 사실을 알아냈다.[16] 에를리히는 그의 화합물을 '마법 탄환'이라 불렀다. 마법 탄환이라는 표현은 주문을 제대로 걸면 총알이 특정인을 맞히게 된다는 오래된 미신에서 유래했다. 에를리히가 주로 코흐 연구소를 비롯해 독일의 여러 연구소에서 일하며 쌓은 선구적 업적은 화학요법 시대를 열었다. 그 시대에는 약이 특정 세포만 표적으로 삼고 나머지 세포는 해치지 않는 일이 가능하다는 합의가 이루어졌다.[17]

로베르트 코흐는 크게 성공한 과학자이지만, 연구 부정행위로도 유명하다.[18] 그런 부정행위는 과학의 불완전함은 물론 과학 산업계 고위층의 불완전함도 말해준다. 코흐처럼 복잡한 성격의 인물이 저지른 잘못은 윤리적으로 문제가 되었고 과학 발전에 차질을 빚었다. 이를테면 코흐는 투베르쿨린tuberculin이란 결핵 백신을 발견했다고 발표한 바 있다. 하지만 그 백신은 효과가 없었다.[19] 코흐와 그의 지지자들은 환자들이 너무 위중해 어떤 백신도 소용없었다고 주장하며 나쁜 결과를 정당화했다. 그러나 사실 코흐는 백신을 어떻게 만드는지 전혀 몰랐고, 코흐의 백신은 피접종자들에게 해로워서 심각한 알레르기 반응을 일으켰다. 코흐는 자신이 개발한 백신이 기니피그에게 아주 효과적이라고 주장했지만, 정작 그 백신으로 치료한 기니피그를 증거로 제시해달라는 요청을 받았을 때 단 한 마리도 내놓지 못했다.

얼마 후에는 더 나쁜 일이 벌어졌다. 1906년에 코흐는 독일령 동아프리카의 수면병 환자들을 치료하려고 용감히 여행길에 올랐다.[20] 감염된 체체파리에게 물리면 옮는 수면병은 치료하지 않고 놔두면 죽음을 초래한다. 수면병은 식민지 무역 활성화에 꼭 필요한 아프리카 노동자들의 건강에 영향을 미쳤으므로, 아프리카의 유럽인 식민자들에게 매우 중요한 문제였다.

코흐는 독일령 동아프리카에 가서 수면병 치료제로 아톡실atoxyl을 추천했다. 아톡실의 초기 동물 실험 결과는 고무적이었지만, 한 가지 문제가 있었다. 아톡실에는 비소가 많이 들어 있었다. 고명한 코흐는 그 사실을 무시하며 독일 정부를 등에 업고 아톡실 치료를 감행했다. 아톡실은 값이 싸고 열대 지방에서도 잘 변질되지 않아 최상의 약이었다. 하지만 수면병을 치료하는 데는 별로 도움이 되지 않았다. 오히려 아톡실을 복용한 사람 다섯 명 중 한 명은 눈이 완전히 멀어버렸다. 끔찍한 일이었다.[21]

그런데도 코흐는 고집을 부리며 결과를 믿으려 하지 않았다. 그는 여전히 아톡실의 효능을 믿었다. 생체 내in vivo 실험 결과가 나빴음에도 불구하고 단념하지 않았다. 그는 아톡실이 수면병에 듣지 않는 이유가 투여량이 너무 적기 때문이라고 생각했다. 그래서 원주민에게 투여하는 아톡실 양을 두 배로 늘리라고 권고했다. 동아프리카 지역의 임상 시험을 담당한 독일 당국은 그런 권고 사항을 받아들여 빅토리아호 주변 지역에서 아톡실 투여량을 늘렸다. 그 결정은 현지 주민에게 끔찍한 고통을 안겨주었고 독일 의사에 대한 불신과 분노를 불러일으켰다.[22]

그 꼼꼼한 과학자는 수많은 독일인에게 존경받다 보니 생전에는 그의 권위에 도전하는 사람이 거의 없었다. 그가 저지른 잘못 가운데 상당수는 사후에 알려졌다. 새로운 고위험 요법을 사용할 때 윤리적인 면을 따지는 제도적 규칙은 아직 정립되지 않은 터였다. 코흐가 공중보건 분야에서 저지른 잘못은 시간이 흐르면서 대부분 잊혔다. 코흐 유골은 한 박물관 1층의, 색색 대리석으로 장식한 큰 방에 안치되어 있고 그 박물관은 전염병 분야에서 최고로 꼽히는 코흐 연구소와 연결되어 있다.

코흐 유골이 안치된 묘에서 남서쪽으로 1,000킬로미터쯤 떨어진 곳에는 명성, 업적, 세계적 영향력 면에서 코흐와 맞먹는 사람의 무덤이 있다. 튀니스에서 테헤란, 상하이에서 상파울루, 부쿠레슈티(루마니아 수도)에서 방기(중앙아프리카 수도)에 이르기까지 세계 곳곳에 설립된 그의 이름이 붙은 연구소들은 그의 유산을 보여주는 증거다.

보스턴의 내 연구실에서 1.5킬로미터쯤 떨어진 곳에도 그의 이름이 붙은 거리가 있다. 그 작은 거리는 보스턴에서 내로라하는 의학연구소 건물들을 끼고 있으며 하버드 의학대학원의 대리석 건물로 곧장 이어진다. 그 거리와 세계 곳곳의 연구소들은 모두 왕성히 활동한 과학자이자 프랑스 국민이 떠받드는 속세의 성인 루이 파스퇴르에 대한 존경을 나타낸다. 최근에 프랑스 국민들은 파스퇴르를 샤를 드골 다음으로 훌륭한 프랑스인으로 꼽았다.[23] 가죽 가공업을 해온 가난한 집안에서 태어난 사람치고는 평판이 상당히 좋은 편이다.

파스퇴르라는 이름은 건물뿐 아니라, 델리에서 다마스쿠스에 이르기까지 세계 곳곳에서 판매 중인 우유갑에도 인쇄된다. 파스퇴르 살균법pasteurization은 우유, 치즈 등의 식품을 가공할 때 부패를 지연하려고 사용하는 일반적인 방법이다. 미생물설을 응용해 식품을 저온으로 처리하는 이 살균 방법은 지금 전 세계인이 슈퍼마켓에서 제품을 살 때 당연시하는 요건이다.

하지만 파스퇴르가 파스퇴르 살균법 덕분에 황제 나폴레옹 3세Napoleon III의 은총을 받게 된 건 아니다. 바로 파스퇴르가 개발한 발효법과 포도주 양조법 덕분에 오늘날 미생물의 역할에 대한 통념이 완전히 바뀌었다.[24] 파스퇴르는 이상적인 과학자이자 연구자로, 문제를 찾을 줄도 알았고 해결책을 발견할 줄도 알았다.

1860년대 초에 파스퇴르는 포도주를 만드는 발효 과정이 미생물의 동시적 '조직화, 성장, 증식' 때문에 일어남을 보여주었다. 그 연구 결과는 엄청난 업적이었다. 프랑스 주요 산업과 제품 그리고 상업에 영향을 미쳤기 때문이다. 파스퇴르의 통찰력과 거기서 나온 공정 덕분에 무수한 식품의 유통 기한이 크게 늘어났고, 파스퇴르는 곧 국민 영웅이 되었다. 그리고 10년도 채 지나지 않아 프랑스 과학기술 연구 자금 총액의 약 10퍼센트를 받아 연구를 수행하게 되었다.[25] 무엇보다 파스퇴르는 미생물이 어떻게 조직화하는지, (환경 요인이나 환자의 허약한 몸 상태가 아니라) 미생물이 어떻게 질병을 유발하는지를 증명했다.

　파스퇴르는 독일의 코흐만큼 빠르게 성공 가도를 달렸지만, 이 때문에 두 사람이 적대감을 노골적으로 드러낸 건 아니었다. 그들의 적대감은 적어도 1870년 프로이센·프랑스 전쟁까지 거슬러 올라간다.[26] 하지만 파스퇴르와 코흐는 다툼을 벌이느라, 피차 인정하기 싫었을 한 가지 사실을 알아차리지 못했다. 바로 서로 공통점이 많다는 사실이었다. 그들은 둘 다 독자적으로 미생물이 병을 일으킨다고 결론지었다. 둘 다 실험에 능수능란했고, 각자 조국에서 일류 과학자로서 자신의 지위를 크게 의식하고 있었다. 둘 다 혹독한 훈련을 받았으며, 멘토 역할을 한 다른 선배 과학자 덕을 보았다. 코흐에게는 콘이, 파스퇴르에게는 천문학자 장 바티스트 비오 Jean-Baptiste Biot가 있었다.[27] 게다가 두 사람은 자존심과 명성 때문에 판단과 처신을 잘못하는 경향도 있었다.

　코흐가 탄저병 논문을 쓴 지 5년 후에, 파스퇴르는 탄저균을 산소에 노출시켜 탄저병 백신을 만들어냈다고 주장했다. 그리고 효능을 입증하기 위해 1881년 5월 5일에 극적인 시연회를 열었다. 그는 프랑스 믈룅의 푸이르포르 마을에서 농부들과 협력해 양 50마리를 두 집단으로 나누었다. 그중 한 집단에만 백신을 투여한 다음, 두 집단을 모두 탄저균에 노출시켰다. 결과는 놀라웠다. 한 달이 채 안 되었을 때, 백신을 접종받은 양은 한 마리도 병들지 않았지만, 대조군의 양은 모두 탄저병으로 죽었다.

　파스퇴르는 대중적 성공으로 당대 일류 과학자라는 자신의 입지

　　　　　　　　　　　　　　　　　　　　　　　　**내성 전쟁**

를 더욱 굳혔지만, 코흐는 시큰둥했다. 그 이유는 동종업자 간의 시기심과, '현존하는 가장 위대한 세균학자'란 타이틀을 차지하기 위한 치열한 경쟁 그리고 국적 때문이었다. 파스퇴르는 프랑스인이었고, 코흐는 자부심 강한 독일인이었다. 파스퇴르는 심지어 이렇게 말하기도 했다. "프로이센을 증오하노라. 복수하리라. 복수하리라. 복수하리라."[28]

1880년대 중반에 파스퇴르는 세계적으로 유명한 과학자로서 명성을 확립했지만, 과학을 발전시키는 일도 명성을 드높이는 일도 게을리하지 않았다. 이를 위해 임상 시험을 세심히 연출하고 공개적으로 수행할 때가 많았다. 1885년 7월에 파스퇴르는 시험용 광견병 백신을 조제프 마이스터 Joseph Meister라는 남자아이에게 접종했다. 아이 어머니가 자식이 아프다고, 누구든 좀 도와달라고 애원한 터였다. 파스퇴르는 백신 개발 과정에서 개 50마리로 실험해 좋은 결과를 얻었다고 주장했다. 백신을 접종받은 아이가 살아나면서 파스퇴르는 더욱더 유명해졌고 그의 연구 결과는 반론의 여지가 없어졌다. 파스퇴르는 광견병 백신 개발에 성공한 덕분에 연구자금도 더욱더 많이 모았다. 그리고 자신의 명성을 이용해 백신 개발 연구소 건립을 추진하기도 했다.

파스퇴르와 코흐 사이에는 또 다른 유사점이 있다. 의심할 여지 없는 천재성에도 불구하고 두 사람은 비윤리적 행위를 마다하지 않았다는 점이다.[29] 코흐는 자신이 만든 결핵 백신의 결함을 숨기려고 개발 과정을 윤색하고 시험 결과를 위조했는데, 그런 행위는 코흐 생전에 드러났다. 하지만 파스퇴르 행위는 그가 죽고 수십 년이 지난 후에야 알려졌다. 파스퇴르는 유언장에 자신의 연구 노트를 세상에 공개하지 말라고 써두었다. 그의 유언은 80년간 지켜졌다. 그러다 1965년에 파스퇴르의 손자 파스퇴르 발레리라도Pasteur Vallery-Radot 박사는 파스퇴르 연구 노트를 프랑스 파리의 국립 도서관에 기증했다.

발레리라도는 기증 시 한 가지 조건을 달았다. 자신이 죽은 뒤에야 공개한다는 조건이었다. 마침내 그 상세한 연구 노트가 세상에 공개되자, 신의 경지에 근접한 인간의 이미지가 복잡한 인간의 이미지로 바뀌었다. 파스퇴르는 알고 보니 무자비하고 잔인했으며 때때로 사람들을 속였다.[30] 그는 탄저균을 산소에 노출시켜 탄저병 백신을 만들었다고 당당히 주장했지만, 이는 사실이 아니었다. 오히려 파스퇴르는 경쟁자였던 장조제프 투생Jean-Joseph Toussaint의 방법을 사용했다.[31] 파스퇴르는 투생에게 감사를 표하기는커녕 자신이 독창적인 백신 제조법을 개발했다고 주장해 백신 생산 독점권을 얻었다. 또 그는 광견병 백신으로 조제프 마이스터를 구했다고 주장해 세간의 이목을 끌었는데, 이 역시 사실이 아니었다. 그 백신은 파스퇴르 주장과 달리 동물 실험을 전혀 거치지 않았다. 당시 기준으로 봐도 시험용 백신을 사전 동물 실험 없이 인간에게 접종하는 행위는 비윤리적이었다. 아이가 건강을 회복한 까닭은 약이 아니라 행운 덕분이었을 가능성이 더 크다.

코흐와 파스퇴르는 인류가 병원체와 끝없이 싸워온 역사 속에서 종종 간과되는 사실을 상기시킨다. 우리가 상대하는 세균성 병원체는 수없이 많다. 그 작디작은 생물은 끝없이 분열을 거듭하면서 우리 외면에, 우리 내부에, 우리 주위에 그리고 무척 접근하기 어려운 외딴곳에 적응한다. 다윈주의적 진화와 무작위 돌연변이의 법칙에 따라, 성장의 이점을 물려받거나 획득하는 개체들은 대체로 경쟁에서 살아남고 우위를 차지한다. 끊임없이 진화하는 병원균의 위협에 맞서 우리는 종종 천재성을 끌어모았는데, 따지고 보면 천재성이란 국가적·개인적 질투와 윤리적·비윤리적 야망에서 비롯될 때가 많다. 그런 천재성에는 코흐나 파스퇴르 경우처럼 개인적 결함이 동반할 가능성이 높았다. 천재성을 활용하는 일과 거기 깃든 최선의 본능을 끄집어내고 최악의 본능을 가둬두는 일은, 20세기에 차차 생겨나 지금까지 우리 생존 투쟁에 영향을 미쳐온 기관들의 몫이 될 터였다.

# 08

# 박테리오파지의 역사적인 등장

인체는 종종 갖가지 기생 생물의 숙주가 된다. 벼룩은 우리 피를, 진드기는 우리 각질을 먹고 산다. 구두충은 우리 창자를 선호하고, 회충은 덜 까다로워 우리 창자에서는 물론 혈액과 림프계에서도 잘 자란다. 그리고 미시 수준에서는 온갖 전염성·비전염성 원생동물이 우리 혈액과 조직을 먹고 산다. 기생 동물의 침입은 치명적인 경우가 많은데, 바로 그런 까닭에 박테리오파지bacteriophage의 발견은 예나 지금이나, 인류가 세균과 싸우며 이룬 매우 유망한 발전중 하나로 꼽힌다.

바이러스는 살아 있는 숙주에서만 생존한다. 침대 옆 탁자 표면이나 문손잡이에서는 살지 못한다. 세균을 숙주로 하는 바이러스를 박테리오파지라고 하는데, 줄여서 파지phage라고도 부른다. 파지는 세균의 시스템을 침입해 제멋대로 사용하는 아주 작은 바이러스다.[1] 이들은 한 세균의 DNA를 다른 세균으로 옮기기도 한다. 임상적 관점에서 볼 때 파지가 유용한 이유는 간단하다. 파지는 세균 내부에서 산다. 게다가 세균의 기능을 통제하기 때문에 그 숙주를 죽일 수 있다.

거의 늘 그렇듯, 파지를 발견한 일이나 파지가 치료에 쓰일 가능성을 내다본 일 역시 따지고 보면 한 사람만의 공적이라 하기 힘들다. 하지만 프랑스계 캐나다인 생물학자 펠릭스 데렐Félix d'Hérelle은 그 명예를 독차지하려고 무진 애썼다. 1926년에 발표한 보고서에서[2] 그는 멕시코에서 아르헨티나와 북아프리카에 이르기까지 세계 곳곳을 탐험한 과정을 서술하고, 제1차 세계대전에서 살아남은 후 파리로 가게 된 과정을 약술한다. 본인 말에 따르면 파리에서 데렐은 이질균Shigella에 감염된 환자들을 돌보다가 박테리오파지를 발견했다.[3] 이질에서 회복 중인 사람들을 연구하던 그는 반(反)이질균 anti-shiga 미생물의 존재를 발견했다. 데렐이 반이질균 미생물이 포함된 혼합물을 여과한 후 병원균을 여과액과 혼합하자 병원균이 모두 죽었다.[4] 그는 여과액 속에 든 아주 작은 미생물을 세균 잡아먹는 생물이란 뜻에서 박테리오파지라고 불렀다. 데렐은 세균에 대항하는 박테리오파지의 잠재력을 알아차렸다. 그는 박테리오파지로 세균 감염증 특히 이질 같은 가벼운 병을 치료할 수 있다고 공표하고 그 가능성을 공공연히 주장한 결과로, 제1차 세계대전 후 다년간 과학계의 슈퍼스타로 군림하게 되었다.

데렐 본인의 이야기는 다채롭고 강력하며 흥미진진하다. 그리고 상당히 과장되기도 했다. 문제는 세계를 무대로 한 데렐의 흥미진진한 이야기가 1921년 출간된 프랑스어 초판에는 실리지 않았다는 점이다.[5] 그 이야기가 상세히 실린 책은 1926년 판뿐이었다. 어찌 된 일인지 데렐은 몇 년 사이에 기억이 더 되살아난 모양이었다. 새로운 내용이 추가된 까닭은 자신이 파지의 유일한 첫 발견자라는 데렐의 주장에 대해 반박이 줄기차게 쏟아졌기 때문이다. 벨기에의 쥘 보르데Jules Bordet와 앙드레 그라티아André Gratia를 비롯한 각국의 과학자들이 데렐은 발견자가 아니며 일부러 과학계를, 사실상 세상을 속이고 있다고 지적했다.[6] 보르데와 그라티아는 프레더릭 트워트Frederick Twort란 영국인이 파지의 진짜 발견자라고 단언했는데, 트워트는 해당 연구 결과를 보여주는 논문을 데렐보다 2년 먼저 발표한 터였다.[7]

트워트는 의대를 다녔지만 세균학 실험 연구로 관심을 돌리면서 연구자 생활 초기에 새로운 세균 염색법을 발명했다. 에를리히의 주력 분야로 독일에서 개척된 염색법 연구는 유럽 내 여타 지역의 세균학계에도 계속 지대한 영향을 미치고 있었다.[8] 트워트는 한스 그람의 세균 분류법을 개선하여, 몇 가지 착색제와 탈색제를 써서 세균의 염색 여부를 알아보았다. 그는 관습을 충실히 따르는 편인데다 선배 과학자의 선구적 업적에 대한 존중심도 있어서 새로운 염색 방법을 그람-트워트 염색법이라 불렀다. 트워트는 매우 왕성히 일하는 연구자로, 제1차 세계대전 발발 직전에 가축 소모성 질

환의 병원균을 배양하는 방법을 발견하기도 했다. 그리고 1915년
에는 한 논문을 발표하면서, 데렐이 훗날 파지라 명명할 미생물을
보았다고 보고했다.[9]

그 논문에 따르면 트워트는 현미경으로 유리처럼 투명한 세균
사체를 보았다. 그리고 세균 사체 곳곳에 있는 투명한 점들이 증식
한다는 사실도 발견했다. 그는 세 가지 가능성을 제시했다. 첫째,
세균 생활환의 새로운 양상이 나타났을지 모른다. 둘째, 세균이 만
든 효소일지 모른다. 셋째, '극미 바이러스'일지 모른다. 세 번째 추
측은 가장 대담한 생각이었다. 이는 바이러스가 세균을 침입해 장
악하고 숙주 세균의 기능을 통제하며 적당한 때가 되면 그 숙주를
죽인다는 뜻이었다. 트워트 본인이 생각한 가장 유력한 추측이 무
엇인지 보여주듯, 논문에는 「극미 바이러스의 본질 연구An Investigation
on the Nature of Ultra-Microscopic Viruses」란 제목이 붙었다.

하지만 데렐이나 파스퇴르처럼 대중적 성향이 강한 과학자들과
트워트의 차이점은 겸손만이 아니었다. 트워트의 논문 말미는 과
학 기업계와 연구 자금 관리 기관이 겸손한 사람 말고 허풍 떠는 사
람을 후원했다는 사실을 방증한다. 그는 논문 말미에 이렇게 썼다.
"안타깝게도 재정 문제로 이 연구에서 확실한 결론을 이끌어내지
는 못했다."[10]

트워트의 연구자 생활은 항생물질 연구자 대부분과 마찬가지로
제1차 세계대전의 영향을 많이 받았다. 전쟁 중에 트워트는 군에
입대해 그리스 테살로니키에서 복무하게 됐는데, 그곳에서는 말라

리아가 주민들의 큰 골칫거리였다. 그래서 그는 파지 연구를 계속하지 못했다. 부상자와 병자를 바로바로 돌봐야 했기 때문이다. 전쟁 중에는 파지에 대한 기초 연구를 우선하기 어려웠다.[11]

데렐은 트워트가 선행한 파지 연구 공로를 제대로 인정하라는 압력을 받고서도, 트워트 연구 결과를 본 적이 없다고 계속해서 주장했다. 미생물학자 가운데 상당수는 데렐 같은 사람이 트워트 연구 성과를 몰랐을 리 없다고 생각했다. 몇몇 일류 과학자는 데렐이 다른 과학자의 아이디어를 훔치는 짓도 마다하지 않으니 신사가 아니라며 조롱했다.[12] 하지만 데렐은 흔들림 없이 파지 연구를 계속 밀고 나가며, 자신이 발견한 성과를 스스로 발전시켰다. 그는 파지의 엄청난 잠재력을 간파했다. 숙주 세균을 죽이는 파지의 능력은 어마어마한 가능성을 품고 있었다.

데렐은 자신의 명성을 이용해 임상 시험을 하며 세계를 돌아다녔다. 인도의 펀자브 지방과 프랑스령 인도차이나의 사이공 등지에서[13] 데렐의 파지는 이질 환자는 물론 페스트 환자를 치료하는 데도 쓰였다. 얼마 지나지 않아 파지 요법은 세계 곳곳의 병원에서 쓰이게 되었다. 병원 기록을 보면 여러 가지 병을 치료하는 데 뛰어난 효과가 있었던 듯하다.

데렐과 그의 업적에 대한 가장 큰 과찬은 다소 뜻밖이었다. 데렐은 자신의 업적이 싱클레어 루이스Sinclair Lewis가 쓴 책의 중심 소재가 되자 깜짝 놀랐다. 싱클레어 루이스의 소설 『애로스미스Arrowsmith』는 데렐을 비롯한 몇몇 인물이 이룬 업적을 소설화한 작품으로, 일반 독자들의 상상력을 사로잡았다. 그 책은 출간되자마자 크게 인기를 끌었으며 수년간 의대생의 필독서로 자리매김했다. 1926년에 루이스는 퓰리처상 수상자로 선정되면서 그 명성을 굳혔는데, 나름의 이유를 대며 수상을 거부했다. 그 결과 『애로스미스』는 오히려 악명이 더욱더 높아졌다.[14]

데렐은 그런 관심을 한껏 즐겼다. 그는 곧 예일대학교의 교수로 임명되었다. 하지만 학장과 자주 충돌했다. 학장은 데렐이 유별나게 출장이 잦고 출장비도 많이 쓰며 모험적 상업 활동에 관심이 많은 데 난색을 보였다. 낙담한 데렐은 1933년에 예일대학교 교수직에서 물러나, 그의 연구팀과 함께 파지 연구를 진전시킬 또 다른 모험적인 일에 뛰어들었다.


미국을 비롯해 세계 대부분의 나라가 대공황으로 고통받을 때, 스탈린Stalin 치하의 러시아는 새로운 기회를 엿보고 있었다. 자본주의의 종말이 머지않았고 공산주의(구체적으론 소련 공산주의)가 모두의 평화와 번영을 가져오리라고 주장할 기회 말이다. 그러려면 소련의 우월함을 입증해야 했는데, 과학 특히 소련 과학을 발전시키는 일도 거기 포함되었다. 그런 활동의 일환으로 트로핌 리센코Trofim Lysenko 같은 소련 과학자들은 '서양' 유전학의 개념을 부정하고 독특한 소련 유전학을 옹호하는 데 앞장섰다.[15] 박테리오파지는 곧바로 소련인들의 관심을 끌었다. 러시아인과 적군(赤軍)을 끈질기게 괴롭힌 감염 문제의 해결책이 바로 파지에 있었다. 게다가 소련 당국자들에게 파지는 서양 유전학 없이도 설명 가능한 임상 치료의 증거였다.

1930년대 초 예일대 교수직을 내려놓고 파리로 돌아가려고 짐을 싸던 데렐은 기오르기 엘리아바 Giorgi Eliava란 후배의 편지를 받았다. 몇십 년 전에 엘리아바는 파스퇴르 연구소에서 데렐과 함께 일했었다. 소련으로 돌아온 후 엘리아바는 스탈린의 고향인 그루지야(조지아) 출신의 잘생기고 빠릿빠릿한 과학자로서 소련 권력의 중심인 당 지도층과 연줄을 만들려고 애썼다.[16] 데렐이 세계적 유명 인사가 되어 (다름 아닌 소련 공산당 기관지『프라우다 Pravda』같은 권위 있는 신문에서) '서유럽 최고의 미생물학자'라 불릴 때,[17] 엘리아바는 데렐과 개인적으로 아는 사이라며 인맥을 자랑했다. 공식 허가를 받은 후 엘리아바는 데렐에게 소련에서 연구를 계속해보지 않겠냐고 제안했다.

엘리아바는 1923년 그루지야에 트빌리시 미생물학 · 전염병학 · 박테리오파지 연구소Tbilisi Institute of Microbiology, Epidemiology, and Bacteriophage를 세운 뒤 파지 연구를 하고 있었다. 그는 데렐에게 트빌리시 연구소에서 함께 일할 것을 제안했다. 데렐은 곧바로 제안을 수락하고 1933년 10월에 아내와 함께 트빌리시에 도착했다. 그리고 1935년 5월까지 연구소를 간간이 들락거렸다.[18] 데렐은 공산당 정부가 몹시 탐낸 국제적 스타 파워는 물론, 파리에서 쓰던 실험 장비도 가져왔다. 보건인민위원회 회장은 데렐에게 모스크바의 연구소 중 본인이 원하는 곳의 소장이 될 기회를 주었으나, 데렐은 호의를 사양했다. 그는 그루지야에 머물며 엘리아바와의 약속을 지키고 싶었다(그루지야가 모스크바보다 날씨가 훨씬 좋았기 때문이기도 했다).

데렐은 소련의 모습에 감탄했고 자신을 초청해준 그 나라에 고마워했다. 그는 트빌리시에서 완성한 책을 스탈린에게 바치며 아첨이 듬뿍 담긴 헌정사를 썼다. 그리고 비슷한 어조로 소련에 대해 '인류사상 최초로 불합리한 신비주의 말고, 논리나 진정한 진보에 필수인 온건한 과학을 길잡이로 삼은 놀라운 나라'라고 언명하기도 했다.[19]

데렐이 저런 말을 하고 얼마 지나지 않아 데렐의 친구 겸 후배는 소련의 안보 기관에 숙청될 처지에 놓인다. 1935년 5월에 데렐 부부는 가능한 한 빨리 돌아오리라 기대하며 그루지야를 떠났다. 그런데 스탈린 대숙청 와중에 1937년 1월 엘리아바와 아내 아멜리아 볼레위카Amelia Wohl-Lewicka가 반역죄로 체포되었다. 가엽고 얄궂게도 그들은 프랑스 간첩이라는 혐의를 받았다. 날조한 혐의를 덮어씌운 사람들은 엘리아바가 파스퇴르 연구소(엘리아바와 데렐이 인연을 맺게 된 곳)와 연줄이 닿는다는 점을 증거로 들었다. 마지막에 참으로 어이없는 반전이 있었다. 엘리아바가 박테리오파지, 즉 불과 몇 년 전 소련 신문이 극찬했던 바로 그 과학적 성과로 곳곳의 우물을 오염시켜왔음이 밝혀졌다. 엘리아바는 1937년 7월 10일에 총살당했고, 그의 아내도 얼마 후 같은 운명을 맞았다.[20]

1930년대와 1940년대 초에 소련은 파지가 갖가지 감염증 치료에 쓰일 가능성을 연구하는 데 앞장섰다. 엘리아바의 연구소는 소장이 숙청당한 후에도 존속했지만, 소련의 박테리오파지 연구는 수십 년간 침체 국면에 빠졌다. 데렐이 평생 이룬 업적은 얼마 지나지 않아 항생제라는 신종 약의 그늘에 가려졌다. 사람들은 80년 뒤인 2000년대 초에[21] 전쟁, 탐욕, 나쁜 정책 때문에 항생제가 무력화되면서 파지가 다시 중요해지리라고는 전혀 생각지 못했다.

# 전쟁과 설파제

**09**

　『뉴욕 타임스』의 활력 넘치는 과학부장 월더마 케임퍼트<sub>Waldemar</sub> Kaempffert 는 당대 과학자들의 근황을 파악하는 데 능했다. 일류 과학자 중에는 괴짜가 많았는데, 그들 대부분은 케임퍼트의 아첨을 잘 받아주었다. 예컨대 니콜라 테슬라<sub>Nikola Tesla</sub>의 일흔다섯 번째 생일을 얼마 앞둔 1931년 6월 12일에 케임퍼트는 테슬라에게 편지를 썼다. 그 편지의 일부는 다음과 같다.

　테슬라 선생님께

　편집자와 기자로서 과학과 공학을 해설하는 일만 해온 30년을 돌아보면, 제가 연락을 주고받은 분 가운데 당신이 가장 위대한 분이셨습니다. 선생님께서 수행하신 획기적인 전기공학·전기공진 실험의 결과를 세상에 알리게 되어 영광이었습니다.[1]

테슬라의 괴짜 기질은 그의 업적과 마찬가지로 대중의 관심을 끌었다. 그러나 사뭇 다른 과학자도 있었다. 1950년에 케임퍼트는 『의학 계열 과학사 저널 Journal of the History of Medicine and Allied Sciences』편집 장에게 쓴 편지에서 거의 잊힌 사람에 대해 이야기했다. "화학요법 에 관심 있는 사람 가운데 상당수는 1906년에 설파닐아마이드 sulfanilamide를 발견한 파울 겔모Paul Gelmo 박사의 근황을 궁금해합니 다. 겔모 박사가 그 결과물을 아주 꼭꼭 숨겨두어서 나중에 이게파 르벤IG Farben의 게르하르트 도마크Gerhard Domagk 박사가 설파닐아마 이드를 다시 발견해야 했지요."[2]

1908년에 파울 겔모는 합성 항생물질 설파닐아마이드를 발견 했다. 오스트리아 화학자였던 겔모는 설파닐아마이드의 작용 원리 를 제대로 이해하진 못했지만 1909년에 그 발견물에 대한 특허를 따냈다. 그러고는 그 물질로 아무 일도 하지 않았다.[3]

그로부터 20년간 아무도 설파닐아마이드가 항생제로 쓰일 가능 성을 알아보지 못했다. 1930년대 초에 이르러서야 설파닐아마이 드는 대히트작이 되었다.[4] 그 약은 아이와 어른의 난치성 감염증을 신속히 치유하면서 입원율을 낮춰주었다. 최초의 시판 항생제로 알려진 설파닐아마이드와 관련된 명예와 명성은 독일의 세균학자 게르하르트 도마크 차지가 되었다.

도마크는 제1차 세계대전에 참전했던 의사 출신의 과학자다. 종 전 후 제약업계에 들어가 독일 부퍼탈의 바이엘Bayer사 연구소에서 일하던 중에 그는 겔모의 오리지널 발견물을 재발견했다. 당시 독

**내성 전쟁**

일 화학자 대부분은 유력한 약을 찾을 때 특유의 엄격한 방침을 따랐고, 도마크 역시 그런 깐깐한 태도로 수백 가지 염료(대체로 기존 화학물질의 변형)를 써서 각 물질이 연쇄구균Streptococcus 억제에 효과적인지 알아보았다. 연쇄구균은 실험용 쥐를 패혈증으로 확실히 죽였기에 감염증 연구에 안성맞춤인 세균이었다. 하지만 어떤 물질도 연쇄구균 제압에 효과가 없어, 죽은 쥐 수백 마리만 남았다. 치료 효능을 기대했던 어떤 물질에도 쥐들은 차도를 보이지 않았다.[5]

1932년에 도마크 연구팀은 염료와 설파닐아마이드의 화합물을, 연쇄구균으로 감염시킨 쥐에게 투여해보았다. 놀랍게도 그 물질은 쥐의 연쇄구균 감염증 치료에 효과를 보였다. 향후 2년에 걸쳐 바이엘의 과학자들은 그 화합물이 폐렴, 척수막염, 임질 등의 다른 감염증에도 효험이 있음을 입증해 보였다. 바이엘은 그 약을 프론토질Prontosil이라 불렀다.[6]

프론토질은 세계적으로 크게 영향을 미쳤을 뿐 아니라 도마크 개인에게도 엄청난 영향을 미쳤다. 1935년 12월에 도마크의 여섯 살 난 딸 힐데가르데는 손에 감염성 농양이 생겼다. 감염이 진행되면서 체온이 섭씨 40도까지 올라갔다. 혈액 검사 결과, 심각한 연쇄구균 감염증이 원인이라는 사실이 밝혀졌다. 힐데가르데는 생명이 위태로워지면서 의식이 오락가락했다. 만약 한두 해 전에 감염되었거나 다른 나라에서 태어났더라면 죽을 운명이었다.[7] 하지만 힐데가르데는 살아났다. 아버지한테서 프론토질을 투여받고 일주일 후 병이 깨끗이 나아 다시 마당에서 놀았다.

바이엘은 그 블록버스터 항생제가 자체 개발 약이 아니라 1909년에 오스트리아에서 이미 발견된 물질이란 사실을 깨닫고 망연자실했다.[8] 바이엘의 독점권은 심하게 제한되었고, 곧 경쟁사들이 설파닐아마이드계 합성 항생제(설파제)를 직접 개발해 내놓았다. 바이엘은 뛰어난 마케팅·브랜드화 전략을 십분 활용해 프론토질 알붐Prontosil album(바이엘 프론토질의 정식 상품명)으로 한동안 성공을 거두었다. 프론토질이 갖가지 치명적 질병 치료에 쓰이면서 프론토질의 경이로움은 전 세계의 신문 헤드라인을 계속 장식했고 경쟁 약품들도 계속 출시되었다.

여러 회사가 저마다 자체 상품명과 브랜드로 설파제를 내놓았다. 수많은 사람이 설파제 덕분에 목숨을 건졌는데, 그중에는 아버지가 미국 대통령인 청년도 있었다. 프랭클린 델러노 루스벨트 주니어는 1936년 12월에 연쇄구균 감염증에 걸렸다. 10년 전이라면 목숨을 부지하기 어려웠을 터였다. 하지만 그는 설파제를 투여받고 완치되었다. 그 약의 상품명은 프론틸린Prontylin이었다. 1936년 12월 17일 자 『뉴욕 타임스』 1면에는 다음과 같은 기사가 실렸다.

### 루스벨트 아들 신약 덕분에 살아나
#### 의사가 프론틸린으로 패혈성 인두염 억제
아들 '한때 위중'했으나 보스턴 병원에서 차차 호전

약혼녀 안심하고 병상 떠나

설파제는 특허 기간이 만료되어 이용이 수월했다. 게다가 패혈성 인두염의 치료 효능이 탁월하다 보니 수요도 급증했다.[9] 그런 수요 중 일부에 대응하려고 제약회사들은 자기네 약을 차별화할 제형(劑型)을 개발하려 애썼다. 이를테면 (프론토질과 프론틸린으로 시판된) 설파제는 물에 녹지 않아서 아이들이 삼키기 어려웠다. 1937년 기회를 엿보던 테네시주 브리스틀의 제약회사 S. E. 매셍길사 S. E. Massengill Company 수석 화학자 해럴드 왓킨스 Harold Watkins는 새로운 제형을 내놓았다. 그는 가루약을 디에틸렌글리콜 diethylene glycol이란 화학물질에 녹이고 산딸기 향미료도 첨가했다. S. E. 매셍길사는 그 약의 외견, 향, 맛을 검사한 후 1톤 가량의 약을 미국 곳곳의 병원으로 보냈다.[10]

하지만 그 약은 패혈성 인두염을 치료하기는커녕 신부전을 일으켜 고통스러운 죽음을 초래했다. 국가적 재난이었다. 미국 곳곳의 의사들이 끔찍한 결과를 보고하기 시작했다. A. S. 캘훈 A. S. Calhoun 박사는 자신이 투여한 약 때문에 절친한 친구 한 명을 포함해 담당 환자 여섯 명의 죽음을 겪은 후 이렇게 썼다. "내가 죽어서 이 고뇌에서 벗어나는 편이 차라리 좋겠다고 생각한 적도 있습니다."[11]*

1906년에 미국 대통령 시어도어 루스벨트 Theodore Roosevelt는 순수식품의약품법안 Pure Food and Drug Act에 서명했다. 그 법안이 통과된 까

---

* 캘훈이 1937년 10월 22일에 프랭클린 델러노 루스벨트 대통령에게 쓴 편지의 일부.

닭은 포이즌 스쿼드Poison Squad란 자원 봉사단의 노력 덕분이었는데, 포이즌 스쿼드는 인디애나주 과학자 하비 와일리Harvey Wiley의 아이디어였다. 미 농무부 화학국장인 와일리는 시판 중인 불량 유해 식품에 관심이 많았다. 그는 식품의 안전성을 검사하려고 자원 봉사단을 만들기로 했다. 봉사자들은 특정 식품의 독성 유무를 몸소 검사했는데 때론 자기 건강도 희생해야 했다.[12]

와일리는 활동 방식이 대담했을 뿐 아니라 말솜씨도 뛰어나고 인맥도 넓었다. 그는 유해 식약품으로부터 소비자를 보호하는 법을 마련하도록 시어도어 루스벨트 대통령을 설득했다. 1906년에 제정된 순수식품의약품법은 와일리가 정치적 수완을 발휘해 이룩한 결과였다. 1927년에는 농무부 화학국의 작은 사무소가 식품의약품살충제청Food, Drug and Insecticide Administration*이란 기관이 되었다.

나중에 액상 설파제 사태가 일어났을 때는 또 다른 루스벨트가 대통령 집무실에 있었다. 그의 감독하에 행동에 나선 FDA는 전국 방방곡곡에서 액상 설파제를 최대한 회수했다. 정부가 문제 발생 원인을 분석한 바 당시 정책에서 명백한 허점이 발견되었다. 당시 법에 따르면 제약회사는 약의 효능만 보고하면 되었다. 제약회사가 시판 예정 약품의 독성 시험을 해야 한다거나 그 결과를 보고해야 한다는 요건은 없었다. 허점은 보완되었다. 제약회사가 약의 독성을 광범위하게 시험하고 그 결과를 FDA에 알려야 한다는 법안

---

* 식품의약청/식약청(Food and Drug Administration, FDA)의 전신.

이 통과되면서였다. FDA는 환골탈태하여 신약 출시 과정에서 매우 중요한 역할을 하게 되었다. 약은 효과적이며 안전해야 했다.[13]

프랭클린 루스벨트의 아들을 살려낸 바로 그 설파제가 일반 감염증·상처 치료제로 남용될 무렵 미군은 제2차 세계대전에 참전했다. 목숨을 내건 용감한 남자들과 함께 설파제는 미군 전력의 핵심 요소였다. 엘리엇 커틀러Elliott Cutler 대령은 제2차 세계대전 유럽 전쟁 지역의 외과장으로, 날카로운 통찰력을 지녔고 프랭클린 루스벨트 등의 정치인을 적대시한 인물이었다. 그는 당시 전쟁터와 야전병원에서 설파제를 대규모로 투여하는 일을 감독했다.[14]

1943년에 커틀러는 상당히 걱정스러운 상황을 목격했다. 당시 미군은 주로 아프리카 대륙에서 전투를 벌이고 있었다. 유럽에서 싸우는 모든 미군의 치료 감독을 맡은 커틀러는 북아프리카에서 돌아온 부상병들을 연구하기 시작했고, 설파제를 투여받은 332명 병사를 연구해 얻은 결과는 충격적이었다. 커틀러는 1943년 5월에 다음과 같이 결론지었다. "통계 자료에 따르면 설폰아마이드sulfonamide*를 최적의 조건하에서 투여해도 상처 부위의 감염을 막을 수 없다."[15]

지난 10년간 특효약으로 여겨진 그 약은 이제 효능을 잃고 있었다. 제조상의 결함 때문도 아니었고, 감염증의 속성이 달라졌기 때

---

* 설파제의 일종.

문도 아니었다. 이제 세균들이 싸움에서 이기고 있었다. 그들은 공격을 피하는 법을 알아냈고 설파제에 내성이 생겼다. 커틀러는 설파제가 10년 전엔 기막히게 잘 들었는지 몰라도 이제는 더 이상 효과가 없다는 사실을 깨달았다.

커틀러는 나중에 영국의 한 국회의원에게서 이런 질문을 받았다. "미군이 사용하는 설폰아마이드가 목숨을 구했다고 말할 수 있을까요?" 커틀러는 이렇게 대답했다. "'아니요'라고 답할 수밖에 없군요."[16]

미군은 기적의 약을 사용했고 그 기적의 한계도 알게 되었다. 내성은 이제 약만큼이나 실재적이었다. 커틀러는 또 다른 현상도 알아차렸는데, 그 현상은 나중에 전 세계 군의관과 의사들의 진료 방식에 영향을 미치게 되었다. 커틀러는 실제 약효가 없더라도 약을 믿으면 대체로 효력이 나타난다는 사실을 알았다. 그는 이렇게 썼다. "설파제 약효는 감소했지만, 병사의 심리에는 영향을 미쳤다. 병사들에게 물어보면 열에 아홉은 자기가 목숨을 건진 까닭이 설파제를 사용한 덕분이라고 말했다. 자연과학자들의 생각이야 어떻든 간에, 경험이 풍부한 임상의들은 그런 마음가짐의 중요성을 인정하리라. 허나 현세대 훌륭한 내과의 가운데, 주저 없이 이를 질환 회복에 매우 유익한 요인으로 여길 사람은 없을 듯하다."[17]

커틀러는 전장에서 설파제를 남용한 탓에 세균이 내성을 얻었다는 사실은 아마 몰랐겠지만, 약효가 없더라도 설파제를 처방할 만한 이유가 있다는 점은 분명히 알았다. 이는 약효의 문제라기보다 과학에 대한 집단적 믿음의 문제였다.

그 믿음은 오늘날에도 존속한다. 환자들은 몸에 열이 나거나 감염 사실을 자각했을 때 항생제를 투여해달라 요구하고 당연히 항생제를 투여받으리라 기대한다. 전 세계의 의사들은 항생제를 자주 처방하고 있으나, 약효를 크게 기대할 수 없으며 그나마 있는 약효도 급속히 줄어들고 있음을 알고 있다. 하지만 항생제는 환자에게 희망의 원천이 되기도 하며 (전시에 커틀러가 그랬듯) 의사 중 상당수는 실제 약효가 없더라도 환자가 약의 효능을 인식하고 신뢰하면 대체로 효력이 나타난다고 생각한다.

문제는 환자들의 요구뿐만이 아니다. 의사 상당수는 항생제 과잉 처방의 광범위한 영향을 제대로 알지 못하며, 과거에 잘 들었던 약이나 대체로 구하기 쉬운 약을 처방하고 싶어 한다. 이러한 또 다른 윤리적 갈등이 세계 곳곳의 1차 의료 기관에서 일어난다. 병이 나으려면 항생제가 필요하다고 믿는 환자들은 의사가 항생제 처방을 꺼리면, 항생제를 주저 없이 처방하는 다른 의사에게 간다. 고객의 후기와 평가를 중요시하는 세상에서 자기 병원의 수익과 운영을 걱정하는 의사들은 환자에게 항생제가 불필요한 이유에 대해 설교를 늘어놓기보다는 약효가 미심쩍더라도 항생제 처방전을 쓰는 편을 택한다.

커틀러는 병사들을 돌보는 일만 하진 않았다. 그는 미국이 지원하는 비밀 프로젝트에도 참여하여 전쟁이 한창일 때 모스크바까지

갔다. 그 프로젝트의 목표는 스탈린과 그의 군대에게 페니실린이란 귀중한 신약을 제공하는 데 있었다.[18] 커틀러는 설파제를 무용지물로 만들었던 바로 그 오판 때문에 최신 특효약마저 무력화되리라고는 전혀 생각지 못했다.

# 곰팡이액에서 찾아낸 페니실린

1945년 12월 11일 스톡홀름에서는 말끔히 면도한 마른 체격의 스코틀랜드인이 연단에 올랐다. 바로 전날 그는 키 큰 스웨덴 국왕 구스타브를 만났는데, 왕은 그 과학자보다 훨씬 컸다. 알렉산더 플레밍Alexander Fleming 경은 페니실린을 발견한 공로로 곧 노벨상을 받을 터였다.

플레밍은 수상 연설을 할 때 하도 나긋나긋 말해서 참석자들이 귀를 쫑긋 세울 정도였다. 연설 말미에 그는 수상 업적이 된 발견물의 한계에 대해 경고했다.

페니실린은 사실상 무해한 물질로, 과다 투여로 환자를 중독시킬까 봐 걱정하지 않아도 됩니다. 하지만 과소 투여는 위험합니다. 실험실에서 페니실린에 내성을 띠는 미생물을 만드는 일은 어렵지 않습니다. 미생물을 치사 농도 미만에 노출시키면 됩니다. 그런 일은 몸속에서도 더러 일어납니다. 누구나 가게에서 페니실린을 쉽게 구입할 날이 올지도 모릅니다. 그러면 무지한 사람이 과소 복용으로 미생물을 치사량 미만의 약에 노출시켜 내성균으로 만들어버릴 위험이 다분하지요. 예컨대 이런 상황을 가정해봅시다. 아무개 선생이 인두염에 걸렸습니다. 그는 페니실린을 사서 복용합니다. 연쇄구균을 죽이기엔 부족하지만 연쇄구균의 페니실린 내성을 키워주기엔 충분할 만큼 말이죠. 그는 그다음에 아내에게 균을 옮깁니다. 아무개 여사는 폐렴에 걸려 페니실린으로 치료받습니다. 연쇄구균이 이제 페니실린에 내성이 있어서 병이 치료되지 않습니다. 아무개 여사는 죽습니다. 아무개 여사의 죽음에 대한 일차적 책임은 누구에게 있을까요? 그야 물론 아무개 선생에게 있습니다. 페니실린을 부주의하게 사용해서 미생물의 속성을 변화시켰으니까요.[1]

수백만 명에게 영웅으로 존경받는 플레밍은 신랄하게 문제를 제기했다. 플레밍이 발견한 페니실린은 연합국이 전쟁에서 이기는 데도 도움이 되었고 전 세계의 아픈 사람들에게도 도움이 되어왔다. 그런데 알렉산더 플레밍 경은 의사들이 조심하지 않으면 어떻게 되겠냐고 질문한 후 이런 답을 내놓았다. 아무개 씨는 페니실린을 부주의하게 사용하는 바람에 아내를 죽이게 되었다. 교훈은 명확했고, 플레밍은 솔직했다. "페니실린을 사용할 때는 충분히 사용하십시오."[2]

플레밍이 페니실린을 발견한 사연은 우연한 발견serendifity이란 개

넘으로 설명될 때가 많다. 그 내용은 다음과 같다. 1928년 8월에 플레밍은 허둥지둥 휴가를 갔다. 나중에 본인 주장에 따르면 그는 서두르다 보니 실험실 창문 하나를 열어두고 떠나게 되었다. 창가에는 황색포도알균을 배양 중인 페트리 접시들이 놓여 있었다. 9월 초에 휴가에서 돌아온 플레밍은 열린 창문과 페트리 접시를 발견했는데, 접시들은 하나만 빼면 다 괜찮아 보였다. 유독 한 접시만 균류로 오염되었고, 오염된 부분의 세균은 죽어서 고리 모양을 형성하고 있었다. 균류와 접촉한 세균은 모두 죽어 있었다. 플레밍은 그 균류―플레밍이 추후 논문에서 기술한 바에 따르면 '페니실륨 노타툼*Penicillium notatum*'이란 곰팡이―에 세균을 죽일 만한 뭔가가 있다고 판단했다. 그리고 그 '곰팡이액mould juice'[3]이 매우 효과적인 항생제가 될 잠재력을 지녔다고 결론지었다.

이 사연은 젊은 과학자들에게 그들이 선택한 직업에 우연과 행운이 필요 불가결함을 알려주기 위해 수없이 이야기되어왔다. 하지만 그 내용이 전부 사실인가 하면 그렇지는 않다.[4] 이 사연은 플레밍이 자신의 또 다른 발견물인 라이소자임lysozyme에 대해 이야기한 내용과 매우 비슷하다. 라이소자임은 콧물에서 계란 흰자에 이르기까지 여러 생체 물질에 있는 항균성 효소다. 그런데 깜빡하고 열어둔 창문이 두 항생물질의 발견에서 그렇게 중요한 역할을 했으리라고 보기는 어렵다. 당대 과학·의학사에 밝은 사람들의 의견에 따르면, 플레밍이 자기 사연을 윤색한 이유는 그가 꿈같은 이야기를 들려주길 좋아했기 때문이다. 어쩌면 실제로는 플레밍이

때때로 부주의했으며 본인 주장만큼 엄격하고 세심한 과학자가 아니었음을 암시하는지도 모른다.[5]

분명히 플레밍은 균류 둘레에 생긴 고리 모양을 보고 배양접시에 어떤 강력한 물질이 있음을 알아차렸다. 플레밍과 믿음직한 동료 스튜어트 크래덕Stuart Craddock은 곰팡이액의 항균 기능을 이해하려 애쓰면서 상당한 시간을 보냈다. 곰팡이액에는 불순물이 많았는데, 세균을 죽이는 데 실질적 역할을 하는 페니실린의 농도는 1퍼센트 이하였다. 플레밍은 화학자가 아니었고, 그의 비효과적인 정제 기법 때문에 곰팡이액의 효능은 대체로 신통치 않았다. 바로 그 점이 문제였다. 페니실린 정제법이 진전되지 않자 1930년대 중반에 플레밍은 새로운 일로 넘어갔다. 아니 더 정확히 말하면 자신의 첫 발견물인 라이소자임을 연구하는 일로 돌아갔다. 세상도 그랬다. 당시 설파제가 널리 쓰이다 보니, 1929년에 논문으로 발표된 플레밍의 최초 발견은 10년 가까이 잊혔다.[6]

1930년대 말에 페니실린 발견 장소인 런던 성모병원에서 서쪽으로 100킬로미터쯤 떨어진 곳에서 플레밍의 페니실린 논문에 관심을 가지는 사람이 나타났다. 옥스퍼드대학교 윌리엄 던 병리학스쿨Sir William Dunn School of Pathology 소속 연구팀이었다. 연구원 중에는 하워드 플로리Howard Florey라는 로즈 장학생 출신의 오스트레일리아 병리학자가 있었는데 얼마 전 학과장으로 임명된 터였다. 그의 곁에는 뛰어난 화학자 언스트 보리스 체인Ernst Boris Chain이 있었다. 독일에서 영국으로 망명한 유대인인 체인은 런던 유대인 망명자 위원회London Jewish Refugees Committee의 후원을 받았다. 또 다른 연구원으로 노먼 히틀리Norman Heatley가 있었다. 그는 생화학을 전공했으나 실험기구를 고안하는 데 특출한 재능이 있었다.[7]

정확히 어떤 연유로 연구팀이 플레밍의 논문에 주목했는가는 아직도 수수께끼다. 가장 신빙성 있는 이유로 연구원들이 이미 라이소자임을 연구하던 중이었다는 점을 꼽는다. 결과적으로 그들은 플레밍 논문을 모두 살펴보게 되었을 공산이 크다. 또 다른 가설에서는 플레밍 제자였던 셰필드대학교 병리학 교수 세실 조지 페인Cecil George Paine이 플로리에게 페니실린에 관해 이야기했으리라고 본다.[8] 플로리는 1932~1935년에 셰필드대학교 교수였는데, 당시 페인은 이미 페니실린에 관심이 있었다. 게다가 페인이 어린아이들의 눈병을 치료하려고 미정제 페니실린을 사용했을지 모른다는 증거도 있다.

플로리는 1935년에 옥스퍼드대학교로 적을 옮겼는데, 그 무렵 던 병리학 스쿨은 라이소자임 등의 천연 항균성 화합물에 관심을 두고 있었다. 연구팀은 페니실린을 안정화하고 충분히 추출하기가 어렵다는 사실을 깨달았다. 체인이 보기에 페니실린의 수율(收率)이 낮은 원인이 분자 구조 때문은 아닌 것 같았다. 체인에 따르면 문제는 (체인의 생각이 정말 옳다면) 쉽게 개선 가능한 요인에서 비롯했다. 체인은 영국 화학자들의 기술 부족이 문제라고 확신했다. 플로리는 체인에게 다른 사람들, 특히 영국 화학자들이 못 한 일을 해냄으로써 그 주장을 입증해보라며 도발했다. 체인은 전혀 주눅 들지

않았고 주저하지도 않았다. 그 일에 착수하면서 현명하게도 히틀리에게 도움을 구했다.[9]

히틀리는 체인이나 플로리가 하지 못하는 일을 해냈다. 그는 저렴하고 구하기 쉬운 재료로 기구를 고안했고, 연구팀이 순도 높은 페니실린을 얻기 위해 힘든 실험을 수행하는 데 도움을 주었다. 플로리 반대에도 불구하고, 히틀리는 직감에 따라 에테르ether로 곰팡이액을 추출하려고 시도했고 결국 그의 직감은 옳았다.[10] 그 방법은 효과가 있었다. 이제 수율이 높아지면서 동물 실험에 사용할 만한 양의 페니실린이 만들어졌다. 자부심, 도전 정신, 독창성, 직감을 좇는 단호한 의지가 통한 결과였다. 히틀리는 정제 페니실린을 플로리와 체인에게 건네주었다. 이제 그 물질의 효능을 확인할 때가 되었다.[11]

1940년 5월 25일에 플로리는 실험을 시작했다. 쥐 여덟 마리를 두 집단으로 나눠 네 마리는 대조군으로 두고 네 마리에게는 정제 페니실린을 투여했다. 그리고 여덟 마리 모두를 화농성연쇄구균 *Streptococcus pyogenes*으로 감염시켰다. 대조군 쥐 네 마리는 곧바로 죽었으나 실험군 네 마리는 살아남았다. 히틀리는 새벽 3시 45분까지 연구실에서 실험 과정을 지켜본 후 일지에 이렇게 적었다. "페니실린이 실제로 중요한 듯이 보인다." 이는 절제된 표현이었다.[12]

옥스퍼드에서 연구 활동이 이어지는 동안 제2차 세계대전이 계속되면서 부상병 수가 증가했다. 연구팀은 쥐 실험 결과를 발표하면서 전 세계의 이목을 끌었으며 그 귀중한 약과 관련된 현장의 요청을 받기 시작했다.[13] 모든 사람이 던 스쿨의 성과에 주목하는 중, 1940년 9월 2일에 연구팀은 스코틀랜드 말씨를 쓰는 중년 남자가 실험실로 들어오는 모습을 보고 깜짝 놀랐다. 그는 알렉산더 플레밍이었다. 플레밍은 체인에게 자신의 '오래전 페니실린'이 어떻게 됐는지 물었다. 플레밍은 던 스쿨의 연구 현황도 궁금했겠지만, 자신의 공로를 정당히 평가받는 일에도 신경 썼을 공산이 컸다.[14]

던 스쿨 연구팀은 페니실린이 치료제로서 가치 있음을 실증하기 위해 어서 인체 실험 결과를 내놓아야 했다. 그 신약에 대한 학문적 관심은 많았지만, 영국 제약회사들의 상업적 관심은 전무했다. 페니실린 자체와 그 약의 효능 및 순도에 대해 알려진 게 너무 없어서 제약회사들이 선뜻 나서지 않고 있었다. 후원과 자금을 끌어모으려면 연구팀은 페니실린을 더 많이 만들어야 했고, 그러자면 전례 없는 규모로 작동할 더 효과적인 장비를 갖춰야 했다. 언제나 독창적이며 혁신적인 히틀리는 더욱 효율 좋은 장치를 고안해, 성인에게 투여해도 될 만큼 순도 높은 페니실린을 충분히 만들어냈다. 드디어 세상 사람들에게 페니실린의 진가를 보여줄 때가 되었다.

인간 감염증에 대한 페니실린의 치유력을 처음 시험한 대상은 옥스퍼드 경찰관 앨버트 알렉산더Albert Alexander였다. 알렉산더는 누런 고름이 나오는 감염증에 걸렸다. 설파제를 공격적으로 사용했음에도 불구하고 지난 몇 주 사이 감염은 폐까지 진행되었다. 1941년 2월 12일에 그는 새로 정제된 페니실린을 투여받았다.[15] 결과는 놀라웠다. 알렉산더는 얼굴이 부어오르고 상처가 깊이 감염된 상태였으나, 정맥주사를 맞고 하루도 채 지나지 않아 증상이 완화되었다. 그리고 열이 내리면서 몸 상태가 호전되기 시작했다. 완전히 회복되진 않았지만 그는 똑바로 앉아서 식사도 했다. 주사 맞기 하루 전만 해도 불가능한 일이었다.

그런데 한 가지 문제가 있었다. 알렉산더는 체구가 큰 성인 남자여서 건강을 완전히 회복하려면 페니실린이 아주 많이 필요했다. 게다가 히틀리 연구팀이 만든 페니실린에는 불순물이 섞여 있었다. 순도가 5퍼센트에 불과하다 보니 알렉산더에게 필요한 양은 던 스쿨 연구팀의 비축분보다 많았다. 히틀리 연구팀이 급히 약을 더 많이 만들었으나 앨버트 알렉산더는 1941년 3월 15일에 죽고 말았다. 알렉산더 죽음은 특효약을 기대한 모든 사람에게 충격을 주었다. 그래도 상황을 낙관할 만한 이유는 남아 있었다. 그 약은 효과가 있었다. 양이 충분하지 않았을 뿐이다. 해결 과제는 생산량 증가였다.

기존 방법으로 페니실린의 대량 생산이 가능한가 하는 문제는 여전히 미해결 상태였다. 던 스쿨 연구팀은 페니실린을 고작 그램 단위가 아니라 킬로그램 단위로 생산해내야 하며 더 높은 순도를 달성해야 한다고 판단했다. 제대로 정제하려면 정부나 사기업의 투자가 필요했다.

1941년 3월경에 영국은 나치 독일의 총공세에 홀로 맞서고 있었다. 이미 전쟁으로 엄청난 피해를 입은 터라, 영국에는 던 스쿨 연구팀을 도와줄 만한 기업이나 기관이 한 곳도 없었다. 연구팀은 서쪽으로 눈을 돌렸다. 플로리와 히틀리는 10년 넘게 플로리를 후원해온 록펠러 재단의 도움으로 1941년 7월 2일 뉴욕 라과디아 공항에 도착했다. 미국에서 페니실린 연구를 함께할 동업자를 찾기 위해서였다.[16]

플로리는 먼저 뉴헤이븐에 가서 예일대학교 생리학 교수인 친구 존 풀턴John Fullton을 만났다. 풀턴이 플로리를 처음 만난 때는 둘 다 로즈 장학생이던 1920년대 초였다. 그들은 좋은 친구가 되었다. 얼마나 친했냐면 전쟁 중에 플로리가 자식들을 미국으로 보내 풀턴에게 맡겼을 정도였다.[17]

이번에도 풀턴은 플로리 부탁을 들어주었다. 풀턴의 연줄로 플로리는 과학을 국가 안보에 활용하는 일을 맡은 전미연구평의회 National Research Council의 고위 임원을 소개받았다. 그 덕분에 플로리와 히틀리는 시카고 근교의 피오리아에 가서 미 농무부 산하 북부지역연구소Northern Regional Research Labs의 연구원들을 만나게 되었다.

북부지역연구소는 이미 페니실린의 수율과 순도를 높이는 작업에 착수했고, 최상의 푸른곰팡이Penicillium 공급원을 찾으려고 세계 도처에 요청을 보낸 터였다. 그런데 최상의 샘플은 먼 나라가 아니라 가까운 교외의 농산물 직판장에서 발견되었다. 북부지역연구소에서 일하는 세균학자 메리 헌트Mary Hunt가 상한 멜론을 한 통 샀는데, 바로 그 멜론이 최상의 푸른곰팡이를 만들어냈다.[18] 북부지역연구소의 다른 과학자들은 그 곰팡이를 배양하는 데 이상적인 조건을 찾는 일과 수율을 높일 장치를 만드는 일을 맡았다.

저예산으로 실험을 수행하는 던 스쿨과 달리 북부지역연구소는 자원이 무척 풍부했다. 그곳에서 생산해내는 페니실린 양은 던 스쿨 연구원들이 상상도 못 할 정도로 매우 많았다. 하지만 전쟁 중인 유럽 곳곳의 수요를 충족하기에는 여전히 부족했다.

1941년 8월에 플로리는 히틀리를 피오리아에 남겨 두고 동쪽의 필라델피아로 가서 앨프리드 뉴턴 리처즈Alfred Newton Richards란 옛 동료를 만났다. 리처즈는 이제 미 과학연구개발국OSRD: Office of Scientific Research and Development 산하의 의학연구위원회CMR: Committee on Medical Research에서 회장을 맡고 있었다.[19] 과학연구개발국은 루스벨트 대통령의 행정 명령에 따라 창립된 기관으로, 국방과 관련된 과학·의료 연구에 필요한 자원을 지원받고 있었다.[20] 플로리 이야기를 끝까지 들은 리처즈는 정부가 페니실린 생산을 지원하도록 당국에 권고하겠다고 약속했다.

1941년 9월에 플로리가 영국으로 돌아간 후에도 리처즈는 페니실린 프로젝트에 재정을 지원하도록 로비 활동을 계속했다. 리처즈와 그의 상관 버니바 부시Vannevar Bush가 힘쓴 덕분에 1941년 10월 과학연구개발국과 사기업 대표들의 모임이 마련되었다. 그 회의에는 의학연구위원회 및 과학연구개발국의 구성원과 제약회사 화이자Pfizer, 머크Merck, 레덜Lederle의 주요 임원 등이 참석했다. 최대 현안은 페니실린이었지만, 재정 지원과 관련된 결정은 없었다.[21] 다음 회의는 12월에 열기로 했다. 그 무렵 미국의 참전 방식이 완전히 바뀌었다. 1941년 12월 7일 일본 제국 해군이 진주만의 미해군 기지를 기습함에 따라 미국은 공식적으로 전쟁 참가를 선언했다.

과학연구개발국은 일본이 공격한 지 열흘 만에 회의를 열었다. 이제 회의 목적은 던 스쿨 연구팀을 돕는 게 아니라, 연합군이 감염증으로 죽지 않도록 막는 것으로 변경되었다. 그러기 위한 최선책은 순도 높은 페니실린의 신속한 대량 생산이었다. 미국 정부의 지원, 대형 제약회사들의 관심, 농무부의 자원 덕분에 페니실린 생산의 무게중심은 영국에서 서쪽의 미국으로 이동했다. 특허 등록은 점점 더 많아졌지만, 플로리, 히틀리, 체인은 소외당했다. 그런 특허에서는 제품 자체보다 발효법과 정제법이 더 중요했기 때문이다.[22] 더 난처한 문제는 농무부 산하 북부지역연구소의 미생물학자 앤드루 모이어Andrew Moyer가 페니실린 생산용 발효법의 개발자로서 특허를 받았다는 사실이었다. 노먼 히틀리는 피오리아에서 모이어와 긴밀히 협력해 그 발효법을 연구했지만 특허증 어디에도 이름이 실리지 않았다.

미 정부의 지원, 미 농무부의 전문성, 제약회사들의 투자에 힘입어 페니실린은 이전엔 상상도 못 했던 속도로 생산되었다. 수백만 달러가 연구 후원금으로 여러 대학에 유입되었고, 수천만 달러가 여러 제약회사에서 연구와 생산에 투자되었다. 신축 페니실린 공장 열여섯 곳이 정부의 승인을 받았다. 대규모 조세 감면 조치 덕분

에 제약회사들은 거액 투자에 따르는 손실 위험에서 자유로웠다.[23]

　미국은 투자금과 전문 지식의 수준이 상당하고 산업 시설이 당장 공격받을 위험이 없다 보니 금세 영국보다 성큼 앞서 나갔다. 1944년경에 미국 페니실린 생산량은 영국보다 40배 더 많았다. 그 약은 전쟁의 흐름을 바꾸었을 뿐 아니라 미국 제약 산업의 미래도 바꿔놓았다.

　페니실린은 수많은 사람에게 구세주로 여겨졌다. 임상 시험을 거쳐 전장에서 사용한 결과 뛰어난 효능이 입증되었다. 하지만 애초부터 오남용에 대한 우려가 있었다. 이러한 혁신을 촉발한 곰팡이액의 발견자 플레밍은 노벨상 수상 직후, 유창한 언변으로 경각심을 호소했다. 그런데 그 무렵 냉전시대의 문턱에서 소련은 그 약을 발견한 사람이 실은 소련 과학자라고 주장했다.

# 눈물에서 비롯한 약*

허구가 사실보다 편리할 때가 많다. 소비에트 시대부터 러시아인들에게 사랑받은 여성은 용감한 미생물학자 타티야나 블라센코바Tatyana Vlasenkova다. 그녀는 1940년에 초판 발행된 베니아민 알렉산드로비치 카베린Veniamin Aleksandrovich Kaverin의 소설 『펴놓은 책Otkrytaya kniga』(1949~1956)의 주인공이다. 타티야나의 활약상은 책 3부작을 채웠고, 인기 드라마의 소재가 됐으며, 장편 영화로도 만들어졌다. 그녀는 소련의 모범 시민이자 재능 있는 과학자로, 초기 역경을 이겨내고 기적을 이룬다. 부지런한 현모양처인 그녀는 조국 소련이 직면한 가장 큰 문제를 해결하는 일에도 발 벗고 나선다. 소설 내용에 따르면 타티야나는 소련 페니실린의 진정한 발견자다. 이렇듯 타티야나가 실감 나는 영웅이 된 까닭은 작가와 아주 가까운 실존

---

\* 페니실린을 이르는 말. 플레밍은 눈물 등의 생체 물질에 함유된 효소 라이소자임이 항균성을 띤다는 점에 착안해 페니실린을 발견했다.

인물을 모델로 했기 때문인 듯하다. 그 실존 인물은 바로 작가의 형수인 지나이다 예르몰리예바Zinaida Ermolieva다.

나는 세계보건기구WHO: World Health Organization 아카이브에 있는 WHO 제2대 사무총장 마르콜리누 고메스 칸다우Marcolino Gomes Candau의 편지에서 지나이다 예르몰리예바라는 이름을 처음 보았다.[1] 1959년 6월 26일에 칸다우는 소련 보건부 장관에게 편지를 보내 WHO가 예르몰리예바 박사를 항생제 자문 위원 후보로 고려하고 있다고 말했다. 그녀는 유일한 여성 후보였다. 장관에게서 호의적인 답장을 받은 칸다우 박사는 1959년 8월 24일에 당사자인 예르몰리예바에게 편지를 보냈다. 예르몰리예바는 답장에서 그 직책을 기꺼이 맡겠다고 그리고 1959년 10월 5일에 제네바에 도착하겠노라고 말했다. 그때부터 1974년에 죽을 때까지 예르몰리예바는 WHO의 항생제 자문 위원을 맡았다.[2]

물론 사실은 허구와 다른 방식으로 영감을 준다. 예르몰리예바는 소비에트 시대의 매우 유명한 과학자이긴 하지만, 항생물질 발견의 역사에선 여전히 존재감이 없다. 안타까운 일이다. 그녀의 생애는 후대 과학자들의 용기를 북돋울 만하기 때문이다. 1898년에 도시 프롤로보에서 태어난 예르몰리예바는 어렸을 때 라틴어, 프랑스어, 독일어를 잘했다. 예르몰리예바의 라틴어 실력은 그녀가 의대 입학시험을 치를 때 특히 도움이 되었다.[3]

제1차 세계대전이 그녀 인생의 전환점이 되었다. 유럽에서 전쟁이 일어나면서 바르샤바대학교가 이전되었다. 교수진을 포함해 대학 전체가 예르몰리예바가 살고 있던 로스토프나도누로 옮겨왔다. 세계적인 대학이 갑자기 집 근처에 들어선 셈이었다. 게다가 그녀가 대학생이 될 무렵 마침 러시아 의회에서 여성에게도 의과대학 진학을 허용하는 법안이 가결되었다. 지나이다 예르몰리예바와 그녀의 평생 친구 니나 클리우예바Nina Kliueva는 1세대에 속했다.

예르몰리예바가 대학을 졸업한 후에는 격동의 시기가 뒤따랐다. 외국 세력 및 국내 반정부 세력과의 전쟁이 수차례 벌어졌고, 이는 예르몰리예바의 커리어에 지대한 영향을 미쳤다. 그녀는 제1차 세계대전, 러시아혁명, 공산주의자와 군주주의자 간의 내전, 기근과 콜레라 창궐의 참상을 차례로 목격했다. 바로 그런 혼란기에 예르몰리예바는 세균학 연구를 시작했다.

예르몰리예바는 곧 학계에 이름을 떨쳤다. 그녀는 첫 논문을 1922년에 발표했다. 겨우 스물세 살이었다. 그녀는 콜레라 병원체와 유사콜레라 병원체를 구별해낸 선구적인 러시아 과학자 중 한 명이었다. 소설 주인공의 모델답게 극적인 시연을 준비한 예르몰리예바는 두 병원체를 구별할 필요성을 보여주려고 유사콜레라 병원체가 든 액체를 마셨다. 그녀는 생명에 지장이 없었고 자신의 판단이 옳았음을 입증하면서 명성을 확고히 다졌다.

지나이다 예르몰리예바는 더욱더 유명해졌다. 스물일곱 살 무렵에 그녀는 존경받는 연구자로 실험실과 현장을 오가며 일했다. 1920년대 과학계 동향에 발맞춰 그녀의 초기 연구는 박테리오파지에 초점을 맞췄다. 세균을 죽이는 그 바이러스는 세계 곳곳에서 갖가지 감염증 치료에 쓰이면서 펠릭스 데렐을 유명하게 만든 터였다. 예르몰리예바의 연구는 1939년 이란과 아프가니스탄의 콜레라 유행 사태로 고통받던 사람들에게도 도움이 되었다.

하지만 예르몰리예바에게 가장 큰 기회가 찾아온 때는 1942년 히틀러 명령에 따라 독일군이 스탈린그라드를 거의 포위했을 때였다. 그녀는 밤사이에 모스크바에서 스탈린그라드로 이동했다. 그곳 상황은 급속히 악화되고 있었다. 송수관이 오염되어 콜레라가 무섭게 창궐할 위험이 있었다. 그런 일이 벌어진다면 나치는 손쉽게 스탈린그라드를 항복시킬 터였다.

예르몰리예바 연구팀은 소련 보건인민위원회의 지시에 따라 스탈린그라드에 비밀 지하 연구소를 차렸다.[4] 그곳에서 그녀는 연구하고, 예방 조치를 강구하고, 진료소를 마련하고, 상수 염소 소독을 추진했다. 전쟁이 한창일 때는 매일 약 5만 명의 설사병 환자가 그녀의 파지 요법으로 치료받았다.

1942년 말에 예르몰리예바는 전화를 한 통 받았다. 상대방은 그루지야 말씨를 많이 쓰는 남자였는데, 그녀는 곧바로 그가 누군지 알아차렸다. 바로 중앙위원회 서기장 이오시프 스탈린이었다. 그는 그녀에게 짧게 물었다. 콜레라가 창궐할 가능성이 있는데 백만 명 넘는 사람을 스탈린그라드에 계속 있게 해도 괜찮은가? 그녀는 모든 일이 순조롭게 통제되고 있다고 자신 있게 답했다. 그녀는 콜레라와의 싸움에서 이겼고, 적군(赤軍)의 승패는 바로 그들 자신에게 달려 있었다. 예르몰리예바는 콜레라를 제압한 공로로 스탈린상을

받았고, 투철한 애국심으로 상금을 군부에 기부했다.[5]

소련은 스탈린그라드를 지켰지만, 전쟁에서는 이기지 못한 상태였다. 소련 지도부는 이제 페니실린으로 병사를 치료하고 시민을 구할 가능성을 알아보고 있었다. 플레밍의 최초 발견 내용과 플로리, 체인, 히틀리의 추후 성과를 인식한 소련은 자기들 나름대로 과감하게 노력하고 있었다. 소련은 제2차 세계대전에서 연합국임에도 불구하고 미국과 영국으로부터 의심을 받았는데 이를 똑같이 대갚음하고 싶었다. 전쟁에서 이기고 소련 체제의 우월성을 세상에 보여주려면 페니실린을 제대로 생산해내야 했다.

그 임무를 부여받은 예르몰리예바는 기대에 부응해 소련 페니실린을 제대로 만들어낼 뻔했다. 그녀는 페니실륨 크루스토숨*Penicillium crustosum*을 발견했는데, 이는 영국인과 미국인들이 사용한 푸른곰팡이와 다른 종이다. 그 후 일이 일사천리로 진행되어 1943년 초에 임상 시험을 했다(1944년에는 플로리가 러시아에 와서 예르몰리예바를 만났다).[6] 소련 관계자들은 플로리에게 자기네 페니실린이 역대 최고 효능을 지녔다고 말했다. 이는 소련 성공의 또 다른 증표라고 불렸는데, 1948년 3월 17일 자『프라우다』는 페니실린이 소련의 발견물이라고 공표하기도 했다. 하지만 효능에 대한 소련 정부의 주장을 뒷받침하는 실제 자료는 거의 없었다. 소련의 선전에 동요하지 않은 플로리는 소련의 허풍을 간파하고 소련의 생산 방법과 결과를 대수롭지 않게 여겼다.

시간이 제법 흘렀는데도 연구팀에서 원하는 결과가 나오지 않자, 소련 정부는 인내심을 잃기 시작했다. 페니실린 사업 확장에 힘썼던 소련 과학자 중 상당수는 아직도 행방이 묘연하다. 하지만 페니실린 사업 확장 책임자 빌 제이프만Vil Zeifman의 행방은 알려져 있다. 그는 스탈린 정권에 체포되어 취조를 받고 시베리아로 유배되었다.[7]

예르몰리예바는 계속 성공 가도를 달렸지만, 사적으로는 소련에서 흔하디흔하던 비극과 온갖 고난을 겪으면서 만신창이가 되었다. 그녀는 첫 번째 남편 레프 질베르Lev Zilber가 숙청당하지 않도록 여러 번 막아주었다. 질베르는 유명한 종양학자였으나 간첩 혐의로 수차례 체포되어 강제노동 수용소로 보내졌다. 예르몰리예바는 1930, 1937, 1940년에 직접 개입해 질베르 목숨을 구했다.[8] 두 번째 남편 알렉세이 알렉산드로비치 자하로프Alexey Alexandrovich Zakharov도 과학자였는데 대숙청 기간에 고발당해 감옥에서 죽었다.

소련에서 정치적으로 이용한 거짓선동은 그 나라의 매우 유능한 과학자 상당수를 앗아갔을 뿐 아니라 그들이 거둔 성과를 잘못 전했다. 결국 소련 과학자들이 만든 페니실린은 순도가 매우 미심쩍으며 효능도 불확실하다는 사실이 백일하에 드러났다. 그리고 소련이 페니실린을 처음 발견했다는 주장은 물론이고, 제국주의 국가들이 소련의 과학 발전을 저해하려고 음모를 꾸몄다는 비난 역시 먹혀들지 않았다. 시민들의 목숨을 구하기 위해 소련은 유럽인들에게서 페니실린 라이선스를 구입해야 했다.[9]

# 새로운
# 팬데믹

**12**

세균은 국가의 정치나 과학자의 자존심에 조금도 신경 쓰지 않는다. 어떻게든 악착같이 버티기만 할 뿐 인간의 시간표에도 전혀 신경 쓰지 않는다. 1945년에 플레밍이 스톡홀름에서 노벨상 수상 기념 강연을 했을 때 그는 자신의 예언이 그렇게 빨리 실현될 줄은 몰랐으리라. 그 강연 후 1년도 채 지나지 않아 뛰어난 세균학자 메리 바버Mary Barber 박사가 새로운 팬데믹pandemic을 알리는 첫 경종을 울렸다. 그 일은 런던의 해머스미스 병원에서 시작되었다.[1]

제2차 세계대전 때 바버는 교차 감염이란 난제, 즉 환자끼리 서로 감염시키는 문제를 연구했다. 해머스미스 병원은 연쇄구균패혈증 집단 발병 사태를 겪고 있었다. 영국 전역의 다른 의료인과 마찬가지로 바버는 감염증 치료에 페니실린을 썼으나 그 약은 한계를 보이고 있었다.

1946년에 바버는 전쟁 기간에 알지 못했던 점을 조금씩 알아차렸다. 그녀는 다양한 감염증 환자들에게서 채취한 샘플을 연구하다가 환자들이 더 이상 페니실린에 반응하지 않는다는 사실을 깨달았다. 조사해보니 문제가 생각보다 훨씬 심각했다. 내성이 실재할 뿐 아니라 증가하고 있었다. 바버의 데이터는 당황스럽고 곤혹스럽고 걱정스러웠다. 화농성포도알균 *Staphylococcus pyogenes* 감염증 환자 100명 중 38명이 페니실린에 내성이 있었다.[2]

엄격한 기준을 적용하는 꼼꼼한 연구자로 유명한 바버는 데이터를 분석하고 또 분석했다. 그녀의 결론은 대담했고 시대를 앞서 있었다. 1947년 논문에 그녀는 이렇게 썼다. "페니실린 내성 화농성포도알균이 증가하는 주된 원인은 분명히 페니실린을 널리 사용하기 때문이다."[3] 플레밍의 경고를 메리 바버가 소리 높여 되풀이한 셈이다. 이제 세상이 이에 부응해 적절한 경보를 울려야 했다.

영국의 공중보건연구소 PHL: Public Health Lab 는 1946년에 생물전(生物戰)에 대한 국내의 우려 때문에 설립되었다. 전쟁에 따른 전염병 유행으로부터 대중을 보호하는 상설 기관에 대한 논의는 1930년대 중반에 시작되었다. 영국은 그때까지 여러 대학의 연구 활동에 의존해왔으나, 이제 그 신설 기관을 정부 산하에 두고자 했다. 결국은 보건부가 PHL을 의학연구위원회 MRC: Medical Research Council 의 감독 아래 두면서 정부의 바람이 실현되었다.

전쟁 후에 PHL의 주된 임무는 영국 및 영연방 회원국에게 역학 서비스를 무료로 제공하는 일이었다. PHL은 원래 런던 북서부 콜린데일에 본부를 두고[4] 옥스퍼드, 케임브리지, 카디프, 뉴캐슬에 걸쳐 지점망을 구축할 예정이었는데, 그 계획은 스물다섯 개 소규모 지역 연구소를 포함하는 형태로 확장되었다.[5]

창립된 지 얼마 안 되어 콜린데일 연구소는 감염증 연구의 중심지가 되었다. 그 연구소는 대체로 해외에서 시작되는 전염병 유행을 식별 · 이해 · 극복하기 위해 국제적으로 노력을 결집하는 일도 맡았다.[6] 창립 후 10년쯤 지난 1950년대 중엽에는 약 1,000명이 콜린데일에서 일했고, 세계 곳곳의 연구자가 콜린데일의 연구원들과 소통하며 그들에게 도움을 청했다. 수많은 과학자가 실험 결과를 콜린데일로 보내며 특정 병원체 종류를 그곳에 보관된 샘플과 비교해달라고 부탁했다. 콜린데일 연구원 중 필리스 라운트리Phyllis Rountree는 감염증 발생 시 병원에서 지켜야 할 현대적 위생 수칙을 정하는 데 큰 역할을 하게 되었다.[7]

라운트리는 자랄 때 주위 남자아이들보다 훨씬 똑똑한 여자아이였다. 의사, 간호사, 약사가 몇 명씩 있을 만큼 교육 수준이 높은 일가친척의 다른 남자아이들보다 그녀는 우수했다. 그녀는 열여섯 살 때 대학에 들어갔다. 1927년에 오스트레일리아에서는 대단한 일이었다. 그럼에도 불구하고 라운트리의 첫 상사는 그녀에게 이렇게 말했다. "네가 여기 와서 정말 좋았지만, 우리는 여자를 정규직으로 고용하진 않는단다(하지만 그의 연구소는 전문 인력이 부족한 실정이었다)."[8]

라운트리에게 처음 제대로 된 일자리를 준 사람은 바로 프랭크

맥팔레인 버넷Frank MacFarlane Burnet 경이었다. 그의 이름은 지금 멜버른의 명망 높은 연구소를 장식하고 있다. 라운트리는 오스트레일리아에서 훈련을 쌓고 런던에서 일한 다음 전쟁 지원 활동에 참여했는데, 그런 일들은 모두 그녀가 실력을 갈고닦는 데 도움이 되었다. 멜버른대학교에서 박사 학위를 받은 1950년경에 라운트리는 박테리오파지 전문가로 인정받으며 시드니의 프린스 앨프리드 병원에서 일하고 있었다.[9]

1952년에 시드니 로열 노스쇼어 병원의 의사들은 신생아가 특이한 감염증에 걸리는 현상을 목격하기 시작했다. 그 포도알균 감염증은 모유를 먹는 아기에게서 어머니에게로 옮아가기도 했다.[10] 아기와 엄마 간의 감염증도 문제였으나, 가장 우려스러운 문제는 따로 있었다. 당시 포도알균 감염증은 공격적인 페니실린 투여 요법으로 치료했는데, 이번에는 그 특효약이 들질 않았다.

소아과 병동의 당직 의사 중에는 소아과장 클레어 이스비스터Clair Isbister도 있었다. 이스비스터는 나중에 오스트레일리아에서 가장 유명한 소아과 의사가 되었는데, 어느 정도는 그녀가 나온 라디오 프로그램 〈방송국 여의사Woman Doctor of the Air〉의 엄청난 인기 덕분이었다.[11] 위기에 직면한 이스비스터와 동료 비어트릭스 듀리Beatrix Durie는 라운트리에게 도움을 구했다. 소아과 병동에서 포도알균 감염증이 통상적인 페니실린 투여 요법에 갈수록 둔하게 반응하고 있었다. 도대체 왜 페니실린이 포도알균 감염증을 치료하는 데 무용지물이 됐을까? 라운트리는 조사에 착수했다. 머지않아 그녀는 신종 포도알균 감염증을 발견했는데, 이는 항생물질 내성으로 인한 첫 번째 팬데믹의 예고였다.

라운트리는 파지를 이용해 병원균의 종류를 식별하려 했다. 전문가답게 라운트리는 세균주(株)* 분류에 국제적으로 쓰이는 유명한 표준파지들을 보유하고 있었다. 그녀는 먼저 표준파지 중에 해당 포도알균과 맞아떨어지는 종류가 있는지 알아보았다. 그중에는 하나도 없었다. 이번 포도알균은 전혀 다른 종류였다. 그래서 라운트리는 사용하던 파지를 변형했는데, 그 변종 파지는 병원균과 맞아떨어졌다. 하지만 결과적으로 새로운 문제가 생겼다. 이제 라운트리는 세계에서 그 세균을 식별하는 데 쓸 만한 파지를 가진 유일한 사람이 되었다.

라운트리는 로버트 윌리엄스Robert Williams에게 편지를 썼다. 윌리엄스는 영국 콜린데일 연구소의 세균학자로 표준파지의 관리인 역할을 하고 있었다. 라운트리는 윌리엄스에게 변종 파지와 세균을 보냈고, 윌리엄스는 둘을 검사하고 라운트리의 변종 파지를 표준파지들과 비교해보았다. 그는 라운트리가 보낸 파지와 세균 둘 다 확실히 독특하다고 인정했다.[12] 하지만 머나먼 오스트레일리아의 한 소아과 병동에서 일어난 감염증 발병 사태가 세계적으로 중요하다는 점은 납득하지 못했다. 윌리엄스는 라운트리의 파지에 '80'이라는 특징 없는 명칭을 붙였다(80이란 숫자로 명명된 이유는 그 파

---

* 주(株, strain)는 세균 분류 체계에서 종(種, species) 아래의 단위다.

지가 콜린데일 연구소의 파지 목록에 여든 번째로 추가된 종류이기 때문일 듯하다).

바로 그 무렵에 캐나다에서도 비슷한 발병 사태가 일어났다. 라운트리와 거의 같은 방식으로 대응한 캐나다 과학자들은 자기 나름대로 독특한 파지를 만들어 해당 세균을 연구했다. 그러고는 마찬가지로 그 파지를 콜린데일로 보냈다. 이번에도 윌리엄스는 신종 파지를 대수롭지 않게 여기며 81이라 명명했다. 추후 연구에서 밝혀낸 바에 따르면, 80과 81은 서로 다른 종류지만 동일한 감염증을 일으킨다.[13]

1956년경에는 그런 종류의 내성 포도알균이 캐나다와 오스트레일리아뿐 아니라 뉴질랜드, 잉글랜드, 미국에서도 나타났다. 팬데믹이 일선 항생제 내성 때문에 발생한 적은 그때가 처음이었다. 그 사태는 각종 신문과 『레이디스 홈 저널Ladies' Home Journal』 같은 잡지에 대서특필되었다.[14]

팬데믹 때문에 세계 곳곳의 병원, 그중에서도 감염증 병동의 운영 방식이 바뀌었다. 윌리엄스는 시큰둥하게 반응하며 늑장을 부렸지만, 이스비스터는 신속하게 대응했다. 그녀는 페니실린 내성이 발병 사태의 원인임을 제대로 파악했고, 의료진이 내성 감염증 확산 억제책에 더 집중하도록 조치했다. 담당 병동에서 그리고 전국 방송에서 이스비스터는 감염된 아기를 어머니에게서 격리해야 한다고 주장하며, 산모가 병원 산후조리실에서 보내는 시간을 최소화하기 위한 규칙을 내놓았다. 내성균 감염증 발병 사태는 병원의 감염관리 · 위생 수칙에 곧바로 영향을 미쳤다. 그런 변화는 전염을 억제했지만 기존 환자들을 치료하진 못했다. 그들을 치료하려면 차세대 항생제가 필요했다.

내성 포도알균 소식이 전 세계로 퍼지면서 사람들이 겁먹기 시작했다. 다행히 메티실린이란 항생제가 1959년에 영국에서 출시되었다.[15] 출시 시기는 더없이 시의적절했다. 페니실린과 비슷한 반합성 약인 메티실린은 페니실린으로는 할 수 없는 일을 해냈다. 그 약은 페니실린 내성균 감염증에 매우 잘 들었다.

영국 공중보건연구소의 퍼트리샤 제번스Patricia Jevons 박사는 영국 곳곳에서 연구소로 보내온 포도알균을 배양하고 연구하는 일을 했다. 샘플은 수천 개에 이르렀다. 그런데 1960년 10월에 제번스는 특이한 샘플을 접했다. 잉글랜드 남동부의 한 병원에서 검사를 부탁하며 보내온 환자의 샘플 세 개가 나머지 샘플과 달랐다. 세 가지 샘플은 페니실린, 테트라사이클린tetracycline, 스트렙토마이신 등의 제1세대 항생제뿐 아니라 메티실린에도 내성을 보였다.[16]

첫 번째 환자는 그 병원의 신장내과 병동에 있었다. 그는 신장 제거 수술을 받으려고 입원한 터였다. 두 번째 환자는 그를 돌본 간호사였다. 세 번째 환자는 2주 후 같은 병원을 방문한 사람이었다. 세 번째 환자는 외래에서 진찰만 받았을 뿐 입원은 하지 않았다. 제번스는 샘플을 신중히 검사하고 또 검사한 후 결론에 도달했다. 그녀는 결과를 발표한 논문에서 다음과 같은 불길한 경고를 언급했다. "피부가 감염된 환자가 병원에서 위험한 감염원이 될 수 있다는 점은 잘 알려져 있다. 바로 그런 환자가 메티실린 내성균에 감염된 사례가 발견되었으니 더욱더 조심해야 한다."[17]

퍼트리샤 제번스가 덧붙인 경고는 처음엔 경시되고 간과되었다. 영국 과학자 중 상당수는 제번스가 신종 내성균을 발견했다는 사실을 의심했다. 그들은 여전히 페니실린 내성 포도알균의 위험에 집중할 뿐 메티실린 내성에는 거의 신경 쓰지 않았다. 동유럽과 인도에서도 메티실린 내성이 몇 차례 보고됐으나 이들 역시 대부분 무시되었다. 하지만 상황은 곧 바뀔 터였다.

제번스가 일하는 연구소에서 남쪽으로 30킬로미터쯤 떨어진 곳에는 잉글랜드 최초의 대형 아동병원 퀸 메리 어린이병원이 있다. 그 병원은 제2차 세계대전 때 런던에서 폭격을 가장 많이 당한 병원이란 불명예를 안았으며, 독일 폭격기의 표적이 된 크로이던 공항과 가까웠다.[18] 병원 구조가 군 막사와 비슷하다는 점은 전쟁 중 도움이 되지 않았다. 그 병원은 폭격 위협이 계속된 수년간 대피했다가 전후에 다시 문을 열었고, 곧 감염증 환자를 치료하고 격리하는 병원으로 예전의 명성을 되찾았다.

1959년에 퀸 메리 병원은 영국에서 메티실린을 사용하는 단 두 곳의 병원 중 하나였다. 그리고 1961년 퍼트리샤 제번스의 경고가 나온 지 불과 몇 개월 후, 퀸 메리 병원 의사들은 아기가 메티실린 내성 포도알균에 감염된 사례를 처음 발견했다.[19] 그 내성균 감염증은 이후 몇 개월에 걸쳐 다른 병동으로 퍼졌고, 새로운 격리 수칙을 채택했지만, 치료는커녕 억제도 어려웠다. 1962년에 퀸 메리 병원 의사들은 메티실린 내성 포도알균 감염증에 의한 사망 사례를 처음 보고했다. 그리고 얼마 지나지 않아 그 감염증은 유럽의 다른 지역으로 퍼져나갔다.

미국 의사들은 대서양 건너편에서 들려오는 소식을 익히 알고 있었다. 하지만 무슨 이유에선지 미국은 피해를 면했다. 잉글랜드에서 메티실린 내성균이 처음 보고된 뒤 7년 가까이 지나도록 미국에서는 같은 내성이 보고되지 않았다.

이는 오래가지 못했다. 처음에 보스턴의 의사 맥스 핀란드Max Finland는 팀원들과 함께 수천 가지 포도알균 감염증을 온갖 기존 치료법으로 시험해보았다. 페니실린 내성은 존재하나, 메티실린은 아무 문제가 없는 듯했다. 1967년 초에 조심성 많은 핀란드는 또 다른 연구를 시작했는데, 이번 연구는 1년간 계속되었다. 연구팀은 연구가 완전히 끝난 후에 1968년 논문을 제출했다. 논문 첫 부분에는 다음과 같은 불길한 경고가 담겨 있었다. 환자 열여덟 명에게서 분리한 세균주 22종에 메티실린 내성이 있음이 밝혀졌다.[20] 메티실린 내성 황색포도알균MRSA이 보스턴에 상륙했고, 그 내성균은 곧 미국 곳곳의 병원에서 발견될 터였다.

# 13 —

# 파란 머스탱을
# 탄 남자

"그 친구(맥스 핀란드)는 키가 하도 작아서 번쩍이는 파란 머스탱을 몰 때면 눈밖에 안 보였죠." 핀란드의 전 동료 론 아키Ron Arky는 이렇게 회고하며 웃었다.[1] 핀란드는 아키의 멘토이자 평생 친구였으며 1950년대와 1960년대에 항생제 내성 분야의 대표 주자였다. 핀란드의 명성과 업적은 그 후에도 오래도록 미국 과학계에 영향을 미쳤다. 1987년에 핀란드가 죽었을 무렵 미국의 여러 감염증 관련 부서 책임자 중 60퍼센트 이상이 그의 직계 제자였다.

핀란드는 키는 작았지만 그 분야의 거목으로 항생제에 관한 과학 담론과 국가 정책을 형성하는 데 중요한 역할을 했다. 그는 글―800여 편의 학술 논문과 (자기 이름을 써넣지 않은) 무수한 『뉴잉글랜드 저널 오브 메디슨The New England Journal of Medicine』 사설― 을 통해 항생제 내성 분야에 지대한 영향을 미쳤고, 교육을 통해 감염증 전문가 한 세대 전체를 키워냈다. 1962년에 미국감염병학회

**내성 전쟁**

Infectious Disease Society of America가 창립됐을 때 핀란드는 당연히 그리고 자연스럽게 초대 회장으로 지명되었다.[2]

핀란드는 1902년에 우크라이나 수도 키예프 근처의 작은 마을에서 태어났다. 핀란드의 증조할아버지는 크라쿠프Kraków시의 랍비 장(長)이었는데, 그 가족은 당시 러시아의 정착구역Pale에서 살고 있었다. 1791년에 러시아 황제 예카테리나 2세가 만든 정착구역은 러시아의 유대인을 가둬놓기 위한 곳이었다. 유대인이 정착구역을 떠나려면 러시아 정교회로 개종해야만 했다. 정착구역에는 빈곤이 만연했다. 설상가상으로 음모에 대한 두려움과 반유대주의 때문에 폭동이 거듭 발생했는데, 19세기 후반에는 그 정도가 특히 심했다. 당시 러시아 황실은 유대인이 황제를 비롯한 몇몇 러시아 유명 인사의 암살에 연루됐다고 믿고 있었다. 1903~1906년에 그런 끔찍한 반유대 폭동으로 크나큰 타격을 입은 마을 중 한 곳에서 핀란드가 태어났다.

핀란드 아버지는 대단한 자산가는 아니었지만 최선을 다해 재물을 모아 가족을 안전한 곳으로 데려갔다. 핀란드 가족이 미국에 도착했을 무렵 핀란드는 네 살이었다. 그들의 새 거주지는 보스턴 웨스트엔드 지역의 빈민가였는데, 그곳은 핀란드에게 평생의 고향이 되었다. 핀란드는 하버드대학교에 들어가서 1922년에 졸업했다. 이어 하버드 의학대학원에 입학했고 1926년에 졸업했다. 그가 장학금을 받았다는 사실은 놀라운 일이었다. 당시 장학금을 받을 정도로 인정받은 유대인은 거의 없었다. 핀란드는 하버드대학교와의 관계를 평생 유지하며 일찍이 자기 재능을 믿어준 하버드대학교에 톡톡히 보답했다. 직업을 가진 내내 그는 모금한 돈과 알뜰히 저축한 돈을 하버드대학교의 여러 석좌 교수직 기금으로 기부했다.

핀란드가 감염증 분야로 처음 진출한 때는 1920년대 후반 보스턴 시립병원과 손다이크 메모리얼 연구소에서* 레지던트로 수련하던 시절이었다. 그곳은 반세기 가까이 그의 본거지가 되었다. 1923년에 설립된 손다이크 연구소는 미국 최초의 임상 연구소로 연구와 수련의 중심지였다. 손다이크 연구소에서 핀란드는 당시 '사람들을 죽음으로 이끄는 대장Captain of the Men of Death'[3]이라 불리던 폐렴을 연구했다. 폐렴은 그 병원에서 사망 원인의 절반 정도를 차지했다. 또한 손다이크 연구소에서 핀란드는 의사 윌리엄 보즈워스 캐슬William Bosworth Castle도 만났다. 캐슬은 키와 성격이 핀란드와 정반대인 사람이었다. 핀란드는 강의를 재미없게 하는 사람이었지만, 캐슬은 열정이 넘쳐났다. 핀란드는 작달막했지만, 캐슬은 훤칠했다.

손다이크 연구소는 당대의 난다 긴다 하는 의사들이 일하기에 완벽한 곳이었다. 핀란드는 원래 감염증에 흥미가 많았는데, 1930년대부터는 폐렴과 설폰아마이드로 관심을 돌렸다. 설폰아마이드는 1930년대의 블록버스터 항생제로 프랭클린 델러노 루스벨트의 아들을 비롯해 수많은 사람을 구했으나 제2차 세계대전 무렵 효능을 잃었다.

---

* 손다이크 메모리얼 연구소는 보스턴 시립병원에 있는 하버드대학교 산하 기관.

핀란드는 페니실린이 인체에 미치는 영향을 철저히 조사하는 일에 앞장섰다. 제2차 세계대전이 한창일 때는 민간인에게 투여할 페니실린이 부족했다. 체스터 키퍼Chester Keefer란 의사가 '페니실린 총책임자'로 임명되어 페니실린 사용을 제한하는 일을 맡았는데,[4] 핀란드에게 많이 의지했다. 키퍼는 페니실린이 어떻게 작용하는지, 어떤 경우에 약효가 있는지, 사용 시 어떻게 우선순위를 매겨야 가장 좋을지에 대해 핀란드에게 조언을 구했다.

핀란드는 무엇보다 임상의로서 다른 일부 동료 임상의들의 행동이 심히 걱정스러웠다. 그는 1950년대에 감염증을 항생제로 치료할 때 주의해야 한다고 소리 높여 주장한 저명인사 중 한 명이었다. 세계보건기구에서 핀란드와 함께 미국을 대표한 사람으로는 셀먼 왁스먼Selman Waksman 박사가 있었다. 두 사람은 서로 완전히 다른 관점을 지녔다. 왁스먼은 세상의 천연자원이 항생물질을 무한정 제공하리라 주장했지만, 핀란드는 그 귀중한 약을 조심스럽게 다루고 너무 자주 사용하지 말아야 한다고 주장했다.[5]

1951년에 핀란드는 이렇게 썼다.

산업계에서 일하는 사람들과 마찬가지로, 의료계에서 우리는 더없이 소중한 자원을 너무 빨리 고갈시키진 않는가? 우리는 그런 고갈에 끊임없이 대비하려고 과학자와 기업가들의 독창성에 너무 많이 의존하진 않는가? 이는 시간이 지나야만 알게 되리라. 그동안 이 귀중한 항생물질을 최대한 널리 사용하기보다 좀 더 효과적으로 사용할 방법을 모색함이 신중한 처사 아니겠는가?[6]

핀란드는 외과의들을 규합해, 항생제를 예방 차원에서 쓰는 일을 막으려고 최선을 다했다. 그는 의사 말고도 새로운 대상에 관심을 가지기 시작했다. 핀란드는 제약회사들의 자문 요청에 자주 응했지만(제약회사들은 보스턴 시립병원에서 핀란드가 감독한 임상 시험이 전문적이며 효율적이란 사실을 인정했다), 제약업계가 공격적 마케팅을 벌이면서 의사들과 불투명한 관계를 맺는다는 점을 비판하는 데 주저하는 법이 없었다.

하지만 1950년대 중반에 미심쩍은 곳은 제약회사뿐이 아니었다. 항생제와 깊이 연관되어 비리 스캔들의 중심에 있던 또 다른 기관도 있었다. 바로 FDA였다.

아서 플레밍Arthur Flemming은 아이젠하워 행정부의 보건·교육·복지부 장관으로 워싱턴이 어떻게 돌아가는지 알고 있었다. 거의 20년 전인 1939년부터 정부에서 일하면서 그는 초당적 지지를 폭넓게 받았다. 소속 정당을 불문하고 여러 정치인에게 존경받았다. 그런데 1960년 6월 6일에 플레밍은 상원 청문회에 출석해 호된 질책을 받았다.

당시 플레밍 맞은편에 앉은 사람은 테네시주 민주당 상원의원 케리 에스티스 키포버Carey Estes Kefauver였다. 키포버 상원의원은 아서 플레밍이 쌓아온 화려한 경력이나 동료들에게서 받는 평판에는 개의치 않았다. 당면 문제는 FDA 항생제 분과의 스캔들이었고, 키포버는 몹시 화가 나 있었다. 플레밍과 부서원들은 어쩌다가 그토록 보기 좋게 실패했을까?

스캔들의 중심에 있던 사람은 헨리 웰치Henry Welch였다.[7] 웰치는 1939년부터 FDA에서 일했다. 플레밍이 공직 생활을 시작한 무렵부터 그곳에 있던 셈이다. 1943년에 미국의 전쟁 지원 활동은 페니실린 대량 생산에 주력했는데, 군은 그 약이 언제나 높은 품질 기준을 충족하길 원했다. 군은 FDA에 요청했고 FDA는 품질 유지 업무를 맡았다. 페니실린을 관리하고 면역학을 연구하는 새로운 분과가 FDA 내부에 생겼고, 웰치가 과장으로 승진했다. 스트렙토마이신(결핵 치료제)과 테트라사이클린(콜레라, 피부 감염증 등 갖가지 병의 치료제)을 비롯해 여러 신약이 차차 출시되면서, 새로운 분과는 권한이 커져 모든 항생제의 품질을 보증하는 일을 맡게 되었다. 1951년에는 그곳에 '항생제과'란 공식 명칭이 붙었고, 웰치는 과장직을 유지했다.

항생제 분야가 성장하면서, 적절하고 가치 있는 연구 결과를 의료·과학계에 확실히 전달할 필요성도 커졌다. 1950년에 헨리 클론버그Henry Klaunberg는 웰치에게 최신 항생제 연구를 싣는 새 학술지의 편집장이 되어달라고 부탁했다. 편집 위원회에는 그 분야에서 내로라하는 유명 인사였던 셀먼 왁스먼, 알렉산더 플레밍, 하워드 플로리가 있었다. 학술지 편집은 웰치가 정부에서 맡은 책무의 범위 밖이므로, 그는 제안을 수락하기 전에 상관에게 허락을 구했다. 또한 웰치는 워싱턴 의학연구소로부터 항생제에 관해 책을 써달라는 청탁도 받았다. FDA 수뇌부는 두 가지 일 모두 문제없다고 판단하고 선뜻 허락했다. 그리고 웰치가 일의 대가로 적당한 사례금을 받으리라는 점도 양해해주었다.

1952년에 웰치가 편집장을 맡은 학술지의 모회사와 그의 책을 낸 출판사가 파산하면서 판권을 웰치와 펠릭스 마르티이바녜스<sup>Félix Martí-Ibáñez</sup> 박사에게 되팔았다. 마르티이바녜스는 얼마 전 스페인에서 온 이민자로 웰치와 편집 일을 함께하고 있었다. 두 사람은 MD 출판사와 의학백과사전사란 두 개의 회사를 세우고 새로운 브랜드를 만든 뒤 웰치의 책을 재간행하면서 공격적 마케팅을 벌였다. 원래 워싱턴 의학연구소에서 냈던 『항생제 저널<sub>The Journal of Antibiotics</sub>』도 마르티이바녜스의 소관이 되었는데, 웰치가 학술지의 소유주는 아니었지만 그가 받는 사례금은 그 학술지의 성공 정도에 크게 좌우되었다.<sup>8</sup>

웰치와 마르티이바녜스는 새로운 사업 계획이 있었다. 제약회사들과 긴밀히 협력한다는 계획이었다. 그들은 논문을 게재하기 전에 제약회사와 공유하기로 타협을 보았고, 제약회사들은 해당 논문이 자기네에게 이로우면 중판본을 상당히 많이 사들이기로 했다. 또 제약회사들은 광고로 그 학술지를 추가 후원하겠다고도 약속했다. 반대로 제약사를 비판하는 논문도 게재에 앞서 제약회사의 검열을 받았는데, 그중 상당수는 퇴짜를 맞거나 논조가 부드럽게 수정되었다. 시간이 지나면서 같은 사업모델인 또 다른 학술지들이 창간되어 사업 영역에 추가되었다.

웰치가 명성이 높은 데다 FDA 내부에서 제약업을 규제하는 최고 책임자 위치에 있다 보니 첫 학술지는 위신과 객관성을 모두 갖춘 것으로 평가받았다. 1958년경에 의학백과사전사는 해마다 10여 종의 책을 발행했다. 출판사와 제약회사들의 유착 관계는 심화되었다. 웰치는 제약회사로부터 출판 기획안을 직접 받기 시작했다. 일례로 화이자는 웰치에게 자기네가 개발한 테라마이신 Terramycin이란 약의 장점을 소개하는 원고와 논문을 사고 싶다고 말했다. 바로 이듬해에 그 주제를 다룬 책이 MD출판사에서 나왔다.

MD출판사와 해당 학술지는 1953~1959년에 크게 번창했다. 그 기간의 광고 수익만 해도 30만 달러가 넘었다. 중판본 판매 수익은 70만 달러에 이르렀다. 그리고 웰치의 수익은 30만 달러에 달했다. 그러는 내내 웰치는 FDA에서 직위를 유지했는데, 거기서 받는 연봉보다 학술지로 벌어들이는 수익이 훨씬 많았다.

1950년대 중엽 임상의들은 그 학술지의 친제약회사 편향에 우려를 제기했다. 웰치가 편집장인 출판물에 객관성이 부족하다는 불평이 여기저기서 일었다. 저자 가운데 일부는 자기 논문의 내용이 제약회사에 유리하도록 변조되었다고 항의했다. 과학 연구의 질과 FDA의 공정한 역할에 대해 의심이 커지는 가운데 위기는 정점을 향해 치닫고 있었다.

1950년대 중반에 마케팅 전략의 일환으로 화이자는 '항생제 요법의 제3시대third era of antibiotic therapy'란 표현을 쓰면서 새 제형을 홍보하기 시작했다. 웰치는 1956년에 항생제 심포지엄 준비 위원장으로서 동일한 표현을 사용했다. '항생제 요법의 제3시대'란 말은 웰치의 심포지엄 개회사에도 들어갔고 명망 높은 학술지『항생제 연감Antibiotics Annual』*에도 실렸다. 나중에 알고 보니 화이자 직원이 그 문구를 만들어서 웰치의 연설문에 집어넣었고, 덕분에 그 말이 연감에까지 실리게 된 것이었다.

FDA와 해당 학술지의 청렴성도 의심스러웠고, 의료 행위의 효력과 윤리성도 의심스러웠다. (페니실린을 비롯한 몇몇 약에서 드러났듯) 항생제 내성이 존재한다는 증거가 증가하자 웰치는 고정 용량 복합제fixed-dose combination, 즉 여러 약을 섞어 한 알로 만든 약제라는 개념을 널리 알리기 시작했다. 이는 화이자를 비롯한 제약회사들이 '제3시대'라 부르는 홍보활동과 부합했다.

보스턴에서 맥스 핀란드는 진노했다. 그는 고정 용량 복합제 사용의 정당성을 뒷받침하는 과학·임상적 증거가 전혀 없다고 힘주어 주장했다. 심지어 웰치의 발언 내용은 의견일 뿐 결코 과학적 증거가 아니라고도 말했다.[9]

웰치에 대한 우려는 점차 커졌다. 하지만 그에 관한 이야기는 대체로 감염증 임상의들 사이에서만 화제가 되고 있었다. 1959년 2

---

* 『항생제 연감』은 연례 항생제 심포지엄에서 발표된 논문을 모아 엮은 책이다.

월에 『새터데이 리뷰Saturday Review』의 기자이자 편집장인 존 리어John Lear가 그 이야기를 일반 대중에게 알렸다. 리어는 기사를 쓰려고 웰치와 인터뷰했는데, 웰치는 비리 혐의를 전면 부인했다. 그리고 이해 충돌은 조금도 없었다고 주장했다. 웰치는 지금까지 FDA가 승인한 사례금만 받아왔다고 말했다. 하지만 자신이 받는 돈의 액수나 MD출판사 및 의학백과사전사의 본인 지분에 대해서는 언급하지 않았다.

리어가 웰치와 FDA에 관해 의문을 제기하며 쓴 기사는 항생제 효능 보증을 맡은 조직과 과학자들의 공신력을 떨어뜨리면서 파문을 일으켰다. 대중과 국회의원들이 보낸 편지가 아서 플레밍의 집무실에 쇄도하기 시작했다. 플레밍의 명령으로 정식 수사가 시작되었으나 일은 지지부진하게 진행되었다. 이는 웰치의 건강이 나빠졌기 때문이고 FDA가 그 문제를 제대로 처리할 생각이 별로 없었기 때문이다. 압박이 점점 커지자 아서 플레밍은 조치를 취했다. 그는 웰치의 사례를 반면교사로 삼아 FDA 직원의 행동 지침을 새로 마련했다.

웰치의 스캔들은 윤리적 행동 및 이해 충돌과 관련하여 FDA가 새로운 정책을 세우는 계기가 되었다. 세균은 다윈주의적 법칙에 좌우될지 몰라도, 과학자와 제약회사들은 갖가지 동인에 이끌리는데 그중 하나는 탐욕이다. FDA는 약품 사용뿐 아니라 인간 행동도 단호하게 규제해야 한다는 점을 힘들게 깨달았다.

# 14 — 항생물질 개발의
## 황금기

　수십 년간 토양학자들은 식수에서 흙 맛과 쿰쿰한 곰팡내를 내게 한다고 알려진 특정 부류의 세균을 연구해왔다. 그 세균은 방선균(放線菌)목actinomycetes, ray fungus에 속하는데, 'actinomycetes'는 각각 광선ray과 균류fungus를 뜻하는 그리스어 'ἀκτίς'와 'μύκης'에서 유래한다.[1] 그런 이름이 붙은 까닭은 이들이 광선 모양이며 균류와 공통점이 있기 때문이다.

　방선균은 흙 속에서도 쿰쿰한 냄새를 유발한다.[2] 그리고 흙 속에서 다른 어떤 세균보다 토양의 부와 자원을 잘 활용한다고 알려졌다. 방선균은 유기물을 분해해 퇴비를 만드는 데 도움이 되며, 다른 세균보다 곤충과 식물의 중합체를 잘 분해한다. 1930년대와 1940년대의 토양학자들이 보기에 이는 방선균이 경쟁자를 죽일 수 있다는 뜻이었다.[3] 미생물학자들은 오래전부터 알고 싶었다. 세균이 지닌 무기를 이용해 다른 병원균을 죽이는 일도 가능할까?

**내성 전쟁**

방선균의 잠재력을 발견하는 데 가장 큰 역할을 한 사람은 셀먼 왁스먼이다. 그는 매사추세츠주 우즈홀의 크롬웰 묘지Cromwell Cemetery에 묻혔는데, 왁스먼의 묘비에는 이사야서 45장 8절의 한 구절이 적절히 새겨져 있다. "땅이 열려 구원을 싹틔우리라."[4] 이 말은 성경에 담긴 통찰을 전해준다. 하지만 한편으로는 어떤 과학 원리를 반영하는데, 그 원리는 묘지 주인의 업적과 관련 있다. 평생에 걸쳐 왁스먼은 토양이 항생물질을 가장 많이 품고 있는 원천이라고 설파했다. 그의 말이 맞았다. 아직도 토양에서는 비범한 항생 능력을 띤 새로운 물질들이 계속 발견되고 있다. 왁스먼은 한 가지 목적에만 전념하며 자기 신념을 좇았고, 인류의 생명을 구할 발견을 해냈고, 엄청난 명성을 얻었다. 심지어 노벨상도 받았다. 하지만 바로 그 발견에 동등하게 기여한 한 과학자의 공로는 인정하지 않았다.

맥스 핀란드와 마찬가지로 왁스먼도 우크라이나의 유대인 가정에서 태어났다. 그는 끝없는 초원 지대의 한낱 점에 불과한 음산한 마을에서 자란 시절을 기억했다.[5] 핀란드 가족과 마찬가지로 왁스먼 가족 역시 러시아의 정착구역에서 쫓겨났는데, 어느 정도는 19세기 말과 20세기 초의 반유대 폭동 때문이었다. 왁스먼은 스물두 살 때 미국에 도착해서 1911년에 럿거스대학교에서 공부를 시작했고, 졸업한 후에도 평생 가까이 그곳에 적을 두었다. 연구자 생활을 시작한 무렵부터 왁스먼은 방선균의 질병 치료 가능성에 관심이 있었다.

1930년대와 1940년대 초에 럿거스대학의 왁스먼 교수 연구팀은 다양한 방선균의 효능과 관련하여 중대한 발견을 했다. 과학적 재능뿐 아니라 사업 수완도 뛰어났던 왁스먼은 대형 제약회사 머크를 설득해 새로운 화학요법제 연구 자금을 대폭 지원받았다. 그 자금은 연구소가 계속 굴러가는 데 매우 중요했다. 흙을 샅샅이 뒤지는 실제 작업은 고되고 짜증 나는 일이었고, 종종 막다른 길에 부딪혔기 때문이다.[6]

연구소 운명은 1940년대에 바뀌었다. 대학원생 앨버트 샤츠 Albert Schatz가 들어왔을 때였다. 샤츠는 일벌레로, 위험할 정도로 기진맥진할 때까지 종종 자신을 몰아붙였다. 제2차 세계대전이 한창일 때도 샤츠는 계속해서 왁스먼을 위해 일했다. 심지어 1942년 말 징집되어 공군 의무대에 들어간 후에도 변함없이 일했다. 그는 임금 삭감에도 굴하지 않고 시급 1달러 정도에 해당하는 돈을 받고 일했다. 온갖 어려운 상황에서도 그는 여전히 의욕이 넘쳤다.[7]

왁스먼은 샤츠에게 토양 샘플을 검사해서 결핵균Mycobacterium tuberculosis을 공격할 항생물질을 찾아보라고 시켰다. 로베르트 코흐가 반세기 전에 시도했던 바로 그 일이었다. 만만찮은 일이었고, 위험했다. 실제로 결핵에 걸릴 위험도 있었다. 왁스먼은 그런 위험이 존재하며 자기 연구소가 위험해질 수도 있다는 사실을 잘 알고 있었기에, 샤츠에게 지하실에서 실험하도록 했다. 발병 사태가 일어나거나 자신이 감염원을 접할 위험을 최소화하기 위해서였다. 지하실은 말 그대로 샤츠의 집이 되었다. 샤츠는 바로 그 지하 실험실에서 일하고 자고 먹었다.

샤츠가 밤낮없이 일한 보람이 있었다. 1943년 10월 19일 오후에 샤츠는 결핵균을 죽일 만한 물질을 용케 찾아냈다. 사실 샤츠가 발견한 대상은 약이 아니라 세균이었다. 샤츠는 액티노마이세스 그리세우스 *Actinomyces griseus*란 세균과의 연관성을 고려해, 그 세균을 스트렙토미세스 그리세우스 *Streptomyces griseus*라고 명명했다.[*] 샤츠와 왁스먼은 자기들이 새로운 항생물질을 아직 발견하지 못했다는 걸 알았지만, 곧 발견하리라고 확신했다. 할 일이 더 많아졌고, 샤츠는 그 일에 더욱더 매진했다. 결국 샤츠는 그 세균의 핵심물질을 추출해냈다. 왁스먼은 그 물질을 스트렙토마이신이라 일컬었다.

먼저 왁스먼의 연구소에서 샤츠가 스트렙토마이신을 순수 배양 결핵균에 시험해본 다음, 다른 기관의 연구원들이 실험동물에게 스트렙토마이신을 시험해보았다. 1943년 11월에 메이오 의료원 과학자들이 왁스먼을 찾아왔다. 그들은 스트렙토마이신에 관심이 아주 많았다. 그래서 1944년 2월경부터 왁스먼의 연구소와 메이오 의료원이 공동 연구를 활발히 하게 되었다. 그리고 샤츠는 그 일이 뉴저지주 럿거스에서 미네소타주 로체스터로 넘어가는 과정을

---

[*] 생물 학명은 라틴어로 되어 있으므로 라틴어 발음으로 읽고 표기함이 원칙이다. 예컨대 '*Actino-myces*'는 '악티노미체스'로, '*Streptomyces*'는 '스트렙토미체스'로 표기해야 한다. 하지만 소릿값이 사라진 라틴어 발음을 정확히 재현하기가 어렵다 보니 영어식 발음도 많이 쓰이고 있는 실정이다. 심지어 표준국어대사전에도 '스트렙토미세스○/스트렙토마이세스×', '액티노마이세스○/액티노메스×' 등 일관성 없고 부정확해 보이는 표기 용례가 더러 올라가 있다. 이런 용례들은 잘 못되었다기보다는 원칙과 통용되는 표기 방식을 두루 고려해 내놓은 타협안이라고 봐야 할 듯하다. 이 책에서는 표준국어대사전에 표기 용례가 없는 경우에만 되도록 원칙대로 표기했다.

옆에서 지켜보기만 했다. 메이오 의료원의 윌리엄 펠드먼William Feldman과 코윈 힌쇼Corwin Hinshaw를 비롯한 과학자들은 먼저 기니피그에게 결핵균을 주입한 다음 스트렙토마이신을 투여했다. 기니피그 네 마리는 모두 살아났다. 스트렙토마이신이 차세대 마법 탄환이 될 가능성이 입증되고 있었다. 대박이 날 약이었다. 그리고 셀먼 왁스먼은 이를 알고 있었다.

처음에 머크는 새로운 약의 개발에 대해 확신하지 못했으나, 언변 좋은 왁스먼에게 설득당해 그 일에 동참하게 되었다. 결과는 왁스먼이 예상했던 그대로였다. 이후 5년에 걸쳐 추가 검사와 시험으로 스트렙토마이신의 효능이 확증되면서 왁스먼은 국민 영웅 나아가 국제적 영웅이 되었다. 그는 뒷마당 흙에서 결핵 치료제를 찾아낸 셈이었다. 왁스먼은 평범한 사람들도 공감할 만한 천재였다. 그의 사연은 무척 흥미진진했다. 초라하게 시작했으나 출세한 과학자가 거기 있었다. 기회의 땅에서 피난처를 찾은 이민자. 그는 흙속에서 최고의 과학적 보물이자 인류를 구할 보물을 찾아냈다.

반면에 샤츠는 열외로 취급받으며 잊혔다. 이제 졸업한 그는 왁스먼이 세상 사람들에게서 찬사를 받을 때 씩씩대고 있었다. 그 선배 과학자는 스트렙토마이신 발견 과정에서 샤츠가 수행한 역할을 언급하지 않았다. 샤츠가 왁스먼에게 불평했더니 충격적인 답변이 돌아왔다. 1949년 1월 28일에 왁스먼은 이렇게 썼다. "자네도 잘 알다시피 자네는 그 발견과 아무 관련이 없지 않은가." 불과 한 달

뒤인 1949년 2월에 보낸 편지에서는 더욱더 격한 어조로 샤츠를 꾸짖었다. "그러니 자네는 스트렙토마이신을 발견하는 데 자신이 기여한 바가 미약했다는 사실을 잘 알고 있어야 하네. 자네는 이 연구소의 항생물질 연구에서 거대한 톱니바퀴의 여러 톱니 중 하나에 불과했어. 이 연구에서 나를 도와준 대학원생과 조교가 많이 있지. 그들은 내 도구요 일꾼이란 말일세."[8] 샤츠가 왁스먼의 연구소 지하실에서 몸소 위험을 무릅쓰고 열심히 일하며 보냈던 시간이 완전히 부정되진 않았지만 과소평가되었다.

샤츠의 좌절감은 격분에 가까운 감정으로 변하고 있었다. 아마도 왁스먼이 보낸 편지의 어조와 날로 높아지는 왁스먼의 명성 때문에 약이 올라서 그랬으리라. 샤츠는 멘토를 상대로 연방 법원에 소송을 제기했다. 그때까지는 스트렙토마이신 라이선스 계약에 따른 로열티를 왁스먼만 받고 있었다(왁스먼 몫은 20퍼센트였고, 80퍼센트는 럿거스 재단에 돌아갔다). 소송 결과 왁스먼의 로열티가 10퍼센트로 줄면서 3퍼센트는 샤츠에게 돌아가고 7퍼센트는 스트렙토마이신 발견 기간에 연구소에서 일했던 나머지 사람 모두에게 분배되었다. 샤츠는 법원 판결에 따라 약간의 보상금을 받았지만, 스트렙토마이신 발견에 기여한 공로를 대중에게 인정받지 못했다. 왁스먼이 그렇게 되도록 손을 썼기 때문이었다.[9]

1952년에 셀먼 왁스먼은 노벨상을 단독으로 수상했다. 그는 과학 분야의 가장 큰 상을 당당하게 받았을 뿐 아니라, 수상 소감을 밝힐 때 샤츠를 단 한 번도 언급하지 않았다. 왁스먼은 과학적 명성의 정점에 섰고, 샤츠는 국민 영웅을 상대로 공공연한 반대 운동을 벌인 결과로 이미지가 나빠졌다. 확실한 실력과 그간 쌓아온 실적에도 불구하고, 샤츠는 어떤 일류 연구소에서도 일자리를 얻지 못했다. 과학계는 샤츠를 냉대했지만, 샤츠는 공로를 정당히 인정받기 위한 운동을 지속했다. 그 싸움은 왁스먼이 죽은 뒤에도 오랫동안 계속되었다.

필리핀 제도는 수세기에 걸쳐 식민 지배를 받았다. 스페인 통치는 1566년에 시작되었고, 미국 통치는 1898년에 시작되어 1942년까지 계속됐다. 이어서 그곳은 일본 통치를 받게 되었다. 1945년에는 미군이 통치권을 탈환했다. 필리핀은 제2차 세계대전으로 엄청난 피해를 입었고, 공중보건, 교육, 금융 기반 시설을 재건해야 할 필요성이 절실했다.

페니실린은 제2차 세계대전 중에 기적의 약이 되었다. 페니실린이 성공을 거두면서 제약회사들은 새로운 항생물질을 발견해 상용화하는 데 관심을 기울였고 투자를 확대했다. 이후 10년은 항생물질 발견·상용화의 황금기로, 세계 곳곳에서 탐험가와 연구자들이 새로운 분자를 찾아 나섰다.

1948년에 아벨라르도 아길라르 Abelardo Aguilar 는 필리핀 중부의 일로일로에서 일하기 시작했다. 그는 현지 의사였지만, 미국 인디애나주에 본사를 둔 제약회사 일라이릴리 Eli Lilly 의 의료 정보 담당자로도 일했다. 아길라르 박사의 임무는 유망한 토양 샘플을 채취 분리해 회사 연구소로 보내는 일이었다. 일라이릴리는 전 세계로 대상을 넓히고서 유망한 항생물질을 찾고 있었다. 타 경쟁사와 마찬가지로 일라이릴리는 세계 곳곳의 흙을 갈아엎으며 항생물질을 찾고 있었다.

1949년에 아길라르는 일로일로시(市) 몰로구(區)의 묘지에서 토양을 채취하고 그 토양 속의 방선균에서 약성 물질을 추출했다. 그 세균은 왁스먼과 샤츠가 연구했던 방선균과 비슷한 종류였다.[10] 새로운 발견으로 신이 난 아길라르는 곧바로 추출물을 마닐라에 있는 회사 연락 담당자에게 가져갔다. 아길라르의 추출물은 세계 곳곳에서 일라이릴리 본사로 보낸 수많은 샘플 중 하나였다. 하지만 아길라르의 샘플은 특별했다. 그 추출물은 페니실린에 내성이 있다고 입증된 세균을 죽이는 데 효능을 나타냈다.

일라이릴리는 결과를 확인한 후 곧바로 특허를 신청했다. 본부는 아길라르에게 편지를 보내, 그의 놀라운 발견에 대해 감사를 표했다. 신약은 발견 장소를 기념하는 뜻에서 일로손Ilosone이란 이름으로 상품화됐으나 얼마 지나지 않아 에리트로마이신erythromycin이라 불리게 되었다. 이제 세상에는 페니실린 대신 쓸 만한 약이 하나 더 생겼고, 일라이릴리는 대박이 터졌다. 시기적절하게 에리트로마이신은 전 세계에서 쓰이는 주요 항생제가 되었다. 1950년대 중반에 아길라르는 자신이 공로를 정당히 인정받지 못했다고 생각했다. 그는 로열티를 요구하며 자기주장을 내세웠고, 그러면서 시작된 싸움은 그가 죽을 때까지 거의 40년 동안 계속되었다. 아길라르

는 완전히 실패했다.[11]

2006년 오하이오주 털리도에서 88세의 나이로 죽은 윌리엄 M. 바우William M. Bouw 목사는 아길라르에게 추가 보상을 하지 않은 일라이릴리의 결정에 충분히 동의했다. 평생 성직자였던 바우는 일라이릴리가 소유하고 시판한 또 다른 블록버스터 항생물질의 발견 과정에서 중요한 역할을 했다.

윌리엄 바우는 32세에 아내와 어린 딸과 함께 배를 타고 태평양을 건너 보르네오섬에 갔다. 바우 목사는 그 섬의 깊은 밀림 속에 다약Dayak족이라는 사람들이 살고 있다는 이야기를 들은 터였다. 다약족은 카하링안Kaharingan이란 원시 종교를 믿었고, 바우 목사는 그들을 기독교로 개종시키는 일이 자신의 소명이라고 생각했다.[12]

이 무렵 일라이릴리는 세계적인 프로젝트를 시작하고 있었다. 바로 동남아시아 등지의 먼 곳에서 새로운 항생물질을 발견하는 일이었다. 필리핀에서 온 샘플로 성공을 거둔 일라이릴리는 더 많은 보물이 어딘가 숨어서 발견되길 기다리고 있으리라 강하게 확신했다. 그들에게는 기꺼이 샘플을 찾아서 보내줄 사람이 필요했다.

바우는 교회를 찾아온 심부름꾼에게서 일라이릴리의 프로젝트를 전해 들었다. 목숨을 구하는 약을 더 찾으려는 일라이릴리의 시도가 자신의 선교 활동과 부합한다고 생각한 바우는 밀림 속 깊숙이 들어가보기로 했다. 이는 다약족을 개종시키는 선교활동이자 그 제약회사를 돕는 일이기도 했다. 바우는 길잡이 역할을 기꺼이 해줄 다약족 친구가 몇 명 있었다. 그들의 도움으로 그는 숲이 울창하게 우거져 햇빛이 거의 들어오지 않는 곳, 흙에 유기물이 풍부한 곳을 몇 군데 찾아갔다. 그리고 토양 샘플을 몇 가지 채취해 인디애나폴리스로 보냈다. 그런 다음 바우는 그 일을 잊고 선교 활동으로 돌아갔다.[13]

보르네오섬에서 채취한 샘플이 일라이릴리 본부에 도착하자, 얼마 전 하버드대학교 화학과를 졸업한 에드먼드 콘펠드Edmund Kornfeld가 샘플 분석을 맡게 되었다. 초기 결과는 놀라웠다. 토양 샘플에는 페니실린에 내성이 있는 종류를 포함해 모든 포도알균을 죽일 만한 세균—스트렙토미세스 오리엔탈리스Streptomyces orientalis—이 들어 있었다. 토양 샘플에서 핵심물질을 추출하는 일은 만만치 않았다. 시간이 오래 걸렸으며 위험한 화학물질을 신중히 사용해야 했다. 하지만 콘펠드는 끝까지 물고 늘어져 약성 물질을 추출해냈다. 그 물질을 용해시키면 갈색 액체가 만들어졌는데, 연구팀은 이를 '미시시피강 진흙Mississippi Mud'이라 불렀다. 이는 발견물의 중요성에 걸맞지 않은 이름이었다. 그 약은 'vanquish(완파하다)'란 단어에서 유래한 반코마이신vancomycin으로 명명되었고 1958년에 FDA 승인을 받았다.[14] 반코마이신은 효능이 뛰어났지만, 제조사가 기대했던 만큼 시장을 장악하진 못했다. 반코마이신은 근소한 차이로 또 다른 특효약에 뒤졌는데, 그 약은 바로 맥스 핀란드가 1968년 논문에서 다루었던 메티실린이었다.

메티실린은 록스타 같은 항생제로, 출시되자마자 가치를 입증했다. 그 약은 당대의 최고 유명 할리우드 배우였던 엘리자베스 테일러Elizabeth Taylor의 목숨을 구했다.[15] 〈클레오파트라Cleopatra〉는 1963년에 최고 수익을 올린 영화였지만, 하마터면 완성되지 못할 뻔했다. 그 이유는 애초에 책정된 예산이 200만 달러였으나 실제 제작비가 4,400만 달러 넘게 들었기 때문은 아니다. 주연 배우인 테일러가 유난히 심각한 종류의 포도알균 폐렴에 걸려 생사를 오갔기 때문이다. 테일러를 간병하던 보호자들은 그녀가 한 시간을 더 버티기 어렵다는 이야기도 들었다. 테일러의 건강은 손쓸 도리 없이 나빠지고 있었다. 그녀는 호흡 보조 수단으로 기관 절개술을 받아야 했다. 그때 그녀를 구한 약은 바로 메티실린이었다. 그 사실만으로도 메티실린은 인지도가 급상승하게 되었다.

메티실린은 초창기 반합성 항생제 중 하나였다. 이는 천연 항생물질(이 경우에는 페니실린)을 실험실에서 변형해 만든 물질로, 자연적 요소와 자연에 존재하지 않는 인공적 요소를 겸비한 물질이라는 뜻이다. 메티실린은 최초의 반합성 항생제는 아니었지만, 1959년에 영국 비첨제약Beecham Pharmaceuticals에서 나온 상품 가운데 단연코 가장 성공적이었다.[16]

메티실린은 당시 제약회사들이 과학적 가능성에 대해 품고 있던 낙관론과 대담한 실험이 낳은 산물이었다. 제약회사들이 상당한 투자를 하는 가운데 회사 소속 과학자들은 새로운 아이디어를 내놓으면서 자연의 구성 요소를 이용해 갖가지 약을 만들어내고 있

내성 전쟁

었다. 비첨제약 과학자들이 보배라고 부른 메티실린은 병원에서 큰 문제가 된 페니실린 내성 포도알균 감염증에 효과가 있었다. 비첨제약의 초기 시험 결과가 워낙 좋아서 그 약은 이례적으로 빨리 출시되었다. 발견에서 유통까지 일이 진행되는 데 18개월밖에 안 걸렸다. 요즘 같으면 10년 가까이 걸릴 과정이었다.

1961년 3월 12일 자 『뉴욕 타임스』는 다음과 같이 밝혔다.

지난주 머리기사로 다룬, 배우 엘리자베스 테일러의 포도알균 폐렴 투병기 이면에는 생화학계와 미생물학계의 몇몇 전문가에게만 알려진 극적인 이야기가 숨어 있다. 포도알균 폐렴의 잠재적 환자는 유명한 젊은 여성 단 한 명이 아니다. 수백만의 남성, 여성, 어린이가 페니실린과 최근 나온 온갖 '특효약'에 저항하는 치명적 신종 미생물로부터 위협받고 있다.

1970년대 중엽이 되자 신약 파이프라인이 마르기 시작했다. 특효약이 자주 발견되는 시대는 끝났다. 1980년대에 제약회사들은 항생제가 아니라 약에서 기회를 찾았다. 하지만 중요한 예외가 단 하나 있었다.

바이엘이 매우 수익성 높은 어떤 약을 발견한 일은 이탈리아계 독일인 과학자 요한 안데르자크 Johan Andersag의 업적까지 거슬러 올라간다. 안데르자크는 1930년대에 바이엘에서 일하던 중에 클로로퀸chloroquine을 발견했다. 동물 실험 결과에 따르면 클로로퀸은 인

간이 사용하기엔 너무 유독했다. 그래서 그 약은 버려졌다.[17]

10년이 지난 뒤에 과학자들이 다시 클로로퀸을 연구하고 철저히 시험한 끝에 그 약이 말라리아 치료에 특효가 있음을 알아냈다.[18] 그 사이 10년 동안, 무수한 환자가 말라리아로 쓰러졌다. 1940년대에 연합군이 클로로퀸을 재도입하면서 클로로퀸의 말라리아 치료 효능이 확인되었고, 이를 계기로 연구자들은 그 약의 효력에 더욱 관심을 기울이게 되었다.

1962년에 몇몇 과학자는 좀 더 효율적인 클로로퀸 합성법을 모색하다가 퀴놀론계quinolones 항생제에 해당하는 날리딕스산nalidixic acid이란 부산물을 발견했다. 새 화합물은 항균성을 띠었고 1967년에 요로 감염증 치료제로 시판되었다. 1930년대 안데르자크의 발견물에서 유래한 그 약은 효과적이었으나, 10년이 더 지난 후에 더 발전된 기술로 개선될 터였다.

1979년에 일본의 교린제약杏林製薬연구부에서 퀴놀론계 항생제에 대한 특허를 신청했다. 특허가 승인된 새로운 분자는 불소 원자 하나가 중심부에 붙어 있었으며 노르플록사신norfloxacin으로 명명되었다.[19] 노르플록사신은 메티실린 내성균 감염증에 아주 잘 들었는데, 1981년에 머크로 라이선스가 넘어갔다. 다른 회사들도 저마다 퀴놀론계 항생제를 만들려 애썼고, 실제로 여러 퀴놀론계 항생제가 만들어졌으나 노르플록사신만큼 강력한 약은 없었다. 불소가 추가되면서 새로운 부류의 항생제들이 연달아 출시되었다. 퀴닌quinine, 퀴놀론계quinolones, 불소fluorine와 관련이 있다는 의미에서 그

부류는 플루오로퀴놀론계fluoroquinolones라고 불렸다.[20]

플루오로퀴놀론계 항생제는 날리딕스산보다 효능이 훨씬 좋았다. 고수익 기회를 엿보던 대형 제약회사들은 플루오로퀴놀론계 항생제의 또 다른 활용 방안을 모색하는 데 거액을 투자하기 시작했다. 경쟁사 연구원들과 마찬가지로 바이엘 과학자들도 그 분자를 바탕으로 온갖 조합과 원자단을 시험해보고 있었다.

1983년에 바이엘 과학자들은 마침내 그때까지 개발된 다른 무엇보다도 나은 항생물질을 찾아냈다. 그리고 데이터를 발표했다. 새 분자 Bay 09867*은 여느 플루오로퀴놀론계 항생제보다 열 배 가까이 강력했다.[21] 더 중요한 사실은 그 물질이 슈도모나스pseudomonas란 그람 음성 간균류를 죽이는 데 효과를 보였다는 점이다. 슈도모나스는 보통 물, 흙, 습한 곳에서 살며 인체 내에서 요로 감염증을 비롯한 감염증을 일으킨다.

Bay 09867을 바탕으로 만든 약은 시프로플록사신ciprofloxacin이라 명명됐는데, 얼마 지나지 않아 시프로cipro란 약칭으로 널리 알려졌다. 노르플록사신이 나온 지 겨우 1년 만에 출시된 시프로플록사신은 곧 다른 경쟁 상품보다 월등히 많이 팔렸다. 2001년경에 바이엘은 그 약으로 해마다 전 세계에서 25억 달러 넘게 벌어들였다.[22]

하지만 가장 중요한 교훈, 알렉산더 플레밍 경이 경고한 그 교훈은 잊혀졌다. 시프로에 대한 세상의 반응은 전에 나왔던 약 중 상당

---

* 'Bay'는 'Bayer AG(바이엘)'의 약자다.

수에 대한 반응과 같았다. 곳곳에서 수많은 사람이 열광했다. 어떤 사람들은 심지어 내성의 시대가 끝날지도 모른다고 주장하기까지 했다. 그들의 생각은 물론 틀렸다. 10년도 채 지나지 않아 시프로 내성이 거의 모든 나라의 동물과 사람에게서 발견되었다. 이미 1990년에 시프로플록사신과 그 밖의 같은 종류 물질에 대한 내성이 의학 논문에서 널리 보고되었다.[23]

과학 기업들은 1940년대와 1950년대부터 놀랍게 급발전하면서, 갖가지 내성 감염증에 효과 있는 새롭고 강력한 항생제를 줄줄이 내놓았다. 하지만 황금기는 끝나가고 있었다. 이제 신약을 만들기가 어려웠고, 최상급 약들도 얼마 지나지 않아 효능을 잃었다. 과학계는 다른 해결책을 내놓아야 했다. 하지만 그러기 전에 또 다른 문제가 나타났다. 세균은 내성을 앞 세대에게서 물려받을 뿐 아니라 완전히 다른 세균 종으로부터 얻기도 했다. 일반 세균이 슈퍼버그가 되고 있었다. 그들은 한꺼번에 여러 가지 약에 내성이 생겼다. 그런 변화를 조절하는 메커니즘은 조슈아 레더버그Joshua Lederberg란 미국인이 등장한 후에야 비로소 알려졌다.

내성 전쟁

# 짝짓기 하는
# 세균

조슈아 레더버그는 유서 깊은 랍비 집안 출신으로, 가풍을 따르리라 기대되었으나 관심사가 따로 있었다.[1] 열 살 때 그는 아버지에게 자기 마음은 경전이 아니라 과학에 있다고 말했다. 아버지는 아들의 힘을 북돋우려고 진리를 좇아 행한 일은 모두 신의 뜻에 부합하는 일이라고 말해주었다.[2]

레더버그는 평생에 걸쳐 세균학 분야에서 획기적인 발견을 몇 차례나 했다. 그중 첫 번째 발견은 연구자 생활 초기에 이뤄졌는데, 나중에 그에게 노벨상을 안겨주었다. 당시 대학원생이던 레더버그는 지도 교수 에드워드 테이텀Edward Tatum과 함께 세균끼리 물질을 교환하는 방법을 알아냈다.

정밀하나 간단한 몇 가지 실험으로 레더버그는 세균 세포가 고등 생물의 유성 생식과 비슷한 일을 한다는 사실을 입증했다. 접합conjugation이라는 그 현상은 두 세균이 접촉한 후 한 쪽 세균(공여균)

의 DNA가 다른 쪽 세균(수용균)에게 옮아갈 때 일어난다. 세균 접합이 발견되면서 세균학의 지평이 넓어졌다. 이제 세균학에서는 유전 정보가 모세포에서 딸세포로 전해 내려올 뿐 아니라, 한 세균에게서 다른 세균에게 수평적으로 옮아가기도 한다고 보았다. 이는 세균이 항생제 내성을 자손뿐 아니라 항생제 감수성을 지닌 다른 세균에게도 전달한다는 뜻이다.[3]

레더버그의 세균 유전학 혁신은 계속되었다. 여러 대학원생 및 공동 연구자와 함께 그는 1950년대 초에 일련의 발견을 통해 세균이 유전 정보를 교환하는 또 다른 방법을 밝혀냈다. 이번에는 직접 접촉을 통해서가 아니라 박테리오파지를 통해서였다. 이러한 유전 정보 이동 방법은 형질도입transduction이라고 명명됐다.[4]

비슷한 시기인 1952년에 레더버그는 '플라스미드plasmid'란 용어를 만들었고, 한 세포에서 다른 세포로 쉽게 옮아가는 DNA를 플라스미드라 불렀다. 플라스미드는 핵양체의 일부가 아니며 염색체 위에 있지 않다. 그래서 수직적으로(모세포에서 딸세포로) 이동하기도 하고 수평적으로(한 세균 세포에서 다른 세균 세포로) 이동하기도 한다.

플라스미드는 내성 현상을 근본적으로 변화시켰고 더 복잡하게 만들었다. 하지만 그 원리까지 알아내는 일은 유별나게 생산적인 레더버그에게도 너무 버거웠다. 플라스미드와 내성의 연관성은 1950년대 말에 태평양 반대편의 연구자들이 밝혀낼 터였다.

후카사와 토시오深沢俊雄는 1945년 7월 7일을 잊지 못한다.[5] 그는 겨우 열여섯 살이었고, 그의 집에 미군 폭격기 B-29가 투하한 소이탄이 떨어졌다. 그 굉음은 후카사와의 가슴속에 아로새겨졌다. 집은 불과 몇 분 만에 잿더미가 되어버렸다. 후카사와 가슴속에는 누이가 입은 상처도 아로새겨졌다. 누이는 화상을 입은 후 감염증에 걸려 병원에 입원해야 했다. 후카사와는 지바千葉 국군 병원 지하실에서 생산된 페니실린 덕분에 누이가 목숨을 건졌다고 기억한다.

그 이후로 줄곧 후카사와와 항생제는 개인적이면서도 직업적으로 관계를 이어갔다. 사랑하는 조국 일본이 입은 엄청난 피해를 곰곰이 생각하던 후카사와는 처음에 핵물리학자가 되고자 했다. 왜 그리고 어떻게 폭탄 한 발로 히로시마에서 그토록 많은 사람이 죽었는지 알아내고 싶었다. 하지만 대학의 핵물리학과 입학시험에서 떨어진 그는 관심 분야에 대해 다시 고민했다. 그다음으로 관심 가는 분야는 의학이었는데, 이번에는 그 관문에 해당하는 시험을 통과했다. 의대를 마치자마자 그는 와타나베 츠토무渡邊力란 조용하고 상냥한 사람 밑에서 무급 인턴으로 일하게 되었다.

전후 일본에서는 감염증이 큰 문제였다. 특히 전쟁 때문에 사회 기반 시설이 붕괴되면서 발생한 이질이 골칫거리였다. 거듭되는 이질 발병 사태에서 특히 우려스러운 부분은 설폰아마이드 내성이었다. 1957년에 일본 과학자들은 이질균이 설폰아마이드뿐 아니라 여러 1차 항생제에 내성을 보인다는 사실을 알고 있었다. 예컨대 홍콩에서 살다 1955년에 귀국한 한 일본인이 이질 증상을 보였는데, 일반 항생제 치료를 받고도 차도가 없었다.

약제 내성이 점증한다는 사실을 잘 알고 있던 담당 의사들은 병원균을 환자에게서 분리해 배양해보기로 했다. 알고 보니 놀랍게도 그 세균은 네 가지 약에 내성이 있었다. 스트렙토마이신, 테트라사이클린, 클로람페니콜, 설폰아마이드. 1955년 이전에 일본에서는 세균이 네 가지 항생제에 내성을 보인 사례가 보고된 적이 없었다. 하지만 그러한 내성 사례는 이후 몇 년간 늘어났고, 1957년과 1958년 사이에는 도쿄에서만도 네 배로 증가했다.

레더버그가 세균 접합을 연구하긴 했지만, 그 현상을 충분히 잘 아는 과학자는 드물었고, 따라서 내성이 한 세균에게서 다른 세균에게로 옮아간다고 추측하는 과학자는 극히 드물었다. 곧 상황은 바뀌었다. 후카사와는 변화가 일어난 시점을 정확히 기억한다. 1959년 일본세균학회 연례 회의가 열렸을 때였다. 기무라 사다오木村貞夫란 동료 과학자가 최근 연구 결과를 발표했는데 그 내용은 정말 놀라웠다. 사실 참석자 가운데 상당수는 못 믿겠다는 반응이었다.

기무라의 실험은 간단했다. 그는 두 가지 세균을 혼합했다. 한 가지는 테트라사이클린, 클로람페니콜, 스트렙토마이신, 설폰아마이드에 내성을 보인 이질균주Shigella였고, 나머지 한 가지는 그런 약 모두에 감수성을 지닌 대장균주였다. 기무라는 혼합 배양물을 하룻밤 재워두었다. 다음 날 아침에 대장균주는 이질균주와 마찬가지로 그 네 가지 약에 내성을 띠었다.

기무라의 실험 전에는 전 세계 과학자들은 세균 대부분이 무작위 돌연변이의 결과로 내성을 띠게 되며, 그 돌연변이주가 항생물질의 공격을 이겨내고 돌연변이 형질을 자손에게 물려준다고 생각했다. 내성이 없는 세균주는 도태되고, 내성이 있는 세균주는 살아남는다. 결국 내성균주만 남지만, 이 과정은 느리며 무작위적이라고 여겨졌다. 하룻밤 사이에 내성이 한 세균 종에서 다른 세균 종으로 옮아간다는 생각은 믿기지 않았다.

처음에 기무라는 일종의 형질도입, 즉 박테리오파지를 매개로 진행되는 현상(레더버그가 발견했던 현상)이 일어난다고 가정했다. 가설을 검증하려고 기무라는 또 다른 실험을 수행했다. 그 실험의 목적은 대장균이 이질균의 내성을 얻는 과정이 세균주 때문이 아니라 오로지 바이러스 때문인지 확인하는 데 있었다. 결과는 부정적이었다. 파지는 관련이 없었다. 좀 더 직접적인 일이 두 세균 사이에서 일어나고 있었다.

기무라는 호기심과 함께 우려심도 느꼈다. 그는 두 세균주 간의 현상이 단발성인지 아니면 다른 경우에도 일어나는지 알아보기로 했다. 그래서 먼저 소속 대학의 다른 직원들에게서 다른 세균주를 받았다. 직원 중 일부는 약제 내성 대장균을 보유했고, 일부는 약제 감수성 대장균을 보유했다. 기무라는 두 세균주를 혼합했다. 이튿날 결과를 확인해보니 모든 세균주가 내성을 띠었다.

기무라는 실험 결과에 근거해 기존 정설에 이의를 제기했다. 하지만 무슨 일이 벌어지는지 명쾌하게 설명하지는 못했다. 그래도 후카사와는 큰 충격을 받았고 나머지 청중도 마찬가지였다. 그 결과에는 두 가지 의미가 있었다. 첫째, 한 세균주가 다른 세균주를 감염시킬 가능성이 있다. 둘째, 더 걱정스럽게도 세균이 아직 접한 적조차 없는 항생제에 내성을 띨 가능성도 있다. 결론적으로 말하면 세균은 항생제보다 한발 앞서가는 메커니즘을 갖추고 있었다.

후카사와는 상사인 와타나베 츠토무에게 갔다. 와타나베는 호기심이 생겼다. 먼저 두 과학자는 기무라 실험을 재현해보기로 했다. 그래서 일본 국립 감염증연구소에 갔다. 그곳에는 다양한 다제 내성 이질균주가 보관되어 있었다. 두 사람은 그곳의 다양한 내성 이질균주와 자기들의 비내성 대장균주 및 쥐티푸스균 *Salmonella typhimurium* 주를 혼합했다. 그들이 얻은 결과는 기무라의 실험 결과와 똑같았다. 정말로 내성이 한 세균주에서 다른 세균주로 옮아가고 있었다.

이듬해에 와타나베와 후카사와는 정확히 어떤 일이 일어나는지 알아내려고 몇 가지 실험에 착수했다. 이는 10여 년 전 레더버그가 보았듯 세포와 세포의 접합으로 유전자가 옮아가는 현상일까? 답은 명백했다. 원인은 플라스미드였다. 즉 자율적으로 증식하며 한 세균 세포에서 다른 세균 세포로 넘어가기도 하는 DNA 분자 때문이었다. 그들은 그 플라스미드를 R(resistance, 내성) 인자라고 일컬었다.

그들의 연구 결과는 일본어로만 발표되고 대체로 일본에서만 읽히다 보니 서양 독자들에게 곧바로 알려지진 않았다. 그런 문제를 바로잡으려고 1960년대에 와타나베는 논문을 몇 편 써서 처음으로 서양 독자들에게 R 인자가 다제 내성을 유발하는 원리를 제시했다.[6]

와타나베와 후카사와의 연구 결과는 전 세계 연구계에 충격을 주었다. 이제 내성 획득이 오로지 유전이나 무작위 돌연변이에만 의존하지 않음이 밝혀졌다. 내성이 생기기 위한 실제 조건은 기존 정설과 달랐다. 특정 세균이 항생물질과 접촉할 필요조차 없었다. 세균은 한 가지 혹은 여러 가지 항생물질에 이미 내성이 있는 다른 세균과 접촉만 해도 내성이 생길 가능성이 있었다. 이제 다윈주의적 진화가 세균이 내성을 얻는 유일한 과정은 아니었다. 실제 과정은 그보다 복잡했다. 병원체와 독한 약의 싸움에서 새로운 전선이 펼쳐진 셈이다. 내성과 씨름하는 일은 더 이상 단순히 신약 개발로 해결될 일이 아니었다. 내성에 맞서려면 생물학의 또 다른 분야인 유전학을 더 깊이 이해해야 했다.

# 16

## 과학과
## 정치의 충돌

1948년 9월이었다. 제2차 세계대전의 여파로 냉전이 시작되었다. 세계는 곧 둘로 갈릴 터였다. 하나는 미국을 중심으로 하는 서양 세력권이었고, 나머지 하나는 소련 세력권이었다. 당시 소련 과학계는 소란스러웠다. 유전학은 부르주아 학문일 뿐 아니라 사실상 소련 사회에 위협이 된다는 부정적 평가를 받았다. 유전학에 대한 그런 비판을 주도한 사람은 바로 트로핌 리센코였다.[1]

리센코는 유전학은커녕 어떤 과학도 정식으로 배운 적이 없었지만, 어찌어찌하여 독특한 소련식 유전학 이론을 내놓았다. 그는 감염증이나 인체가 아니라 농업에 집중했고, 그의 주된 주장은 극히 험난한 환경 속의 곡물일지라도 적당한 조건에 노출시키면 수확량이 극대화된다는 이야기였다. 그야말로 소련의 이념에 부합하는 주장이었다.

리센코는 무엇보다도 소련 농업을 말아먹은 스탈린의 강제 집단

농업 정책을 지지한 덕분에 소련에서 높은 위상을 차지했다. 또 리센코는 서양 과학자를 돕는 사람들을 제국주의 선전 동조 혐의로 가차 없이 고발할 만큼 무자비하고 야심만만해서 공포의 대상이 되었다.

마르크스주의는 유전학 분야의 주요 연구 결과와 맞지 않았다. 적어도 서양에서 유전학을 연구해 이해한 바와는 맞지 않았다. 유전학에서는 유익한 형질이 대대로 전해 내려온다는 점을 강조했는데, 이는 다음과 같은 뜻으로 해석될 소지가 있었다. 프롤레타리아는 부르주아보다 유전적으로 열등하기 마련이다. 부르주아는 더 바람직한 유전자를 물려받았기 때문이다. 유전학에서는 과학적 정확성이 정치적 함의보다 중요했다. 그러나 리센코는 유전학을 반박하며 그런 유전 현상은 자연의 작동 원리가 아니라고 말했고, 이는 소련 마르크스주의자들을 만족시켰다. 오히려 그는 적당한 조건에서라면 자연을 훈련시킬 수 있다고 언명했다. 정치적 함의 또한 마찬가지로 명백했다. 리센코와 리센코의 이론을 지지한 사람들은 다음과 같이 주장했다. 식물이 전에 아무리 험하고 부적당한 조건하에 있었더라도 적당한 조건에 노출되면 최적의 결실을 맺듯이, 사람도 적당한 이념을 접하면 최선의 결과를 내게 된다.

리센코의 급진적 이론은 스탈린과 측근들의 마음을 끌었는데, 그들은 리센코가 과학을 정식으로 배우지 않았다는 점엔 별로 개의치 않았다. 사실 그 이론은 서민이 제안했다는 점에서 이념적으로 완벽하며 전적으로 건전하다고 여겨졌다. 당 강경파 사이에서 리센코 위상은 오히려 더욱더 확고해졌는데, 그 이유인즉 과학적 정밀성보다 서양이 그의 이론에 반대했다는 사실을 더 중요시했기 때문이다.

서양 과학자들이 리센코를 가리켜 사이비 과학자라고 주장하면 할수록 소련은 리센코를 더 굳건히 지지했다. 1930년대 말에 스탈린의 전폭적 지지를 등에 업은 리센코는 자신의 연구 결과에 대한 거센 과학적 반론을 모조리 쓸어버렸다. 또한 그는 유명한 생물학자이자 소련 유전학의 아버지이며 한때 리센코의 멘토였던 니콜라이 바빌로프Nikolai Vavilov의 평판을 추락시켰다. 바빌로프는 국제사회에서 존경받았으나 리센코 이론에 집요하게 반대하다 소련 정부의 불신을 얻고 말았다. 그는 1940년에 체포되었고, 참 얄궂게도 (무엇보다 소련 농업 혁명에 이바지한 인물로 평가받았음에도 불구하고) 1943년에 감옥에서 굶어 죽었다.

아마도 리센코의 영향력이 정점에 이른 때는 1948년 9월 그가 의학회Academy of Medical Sciences 상임간부회 특별 회의를 주재한 무렵인 듯하다.[2] 리센코 학설에 동의하지 않는 사람은 모두 학회에서 제명돼야 한다는 결의안이 나왔다. 그 결의안은 회의에 참석하지도 않은 특정인을 노린 안이었다. 모스크바의 항생제연구소 소장이자 소비에트연방 과학아카데미 회원인 게오르기 프란체비치 가우제 Georgii Frantsevich Gause는 이미 의심을 받으며 일하고 있었다.[3] 그는 영국 간첩이란 혐의로 소련 신문『프라우다』로부터 고발당했다. 수많은 사람이 그보다 가벼운 죄로도 체포되고 처형되고 있었다.

가우제는 1940년대에 소련 과학계에서 유명했다. 무엇보다 생태학 및 진화생물학 연구로 높이 평가받고 있었다. 1930년대 중반에 그는 종간 경쟁에 대한 이론을 주창하며 이를 생존 투쟁이라 일컬었다. 가우제 주장은 다음과 같았다. 한정된 동일 자원을 놓고 경쟁하는 두 종이 개체군 규모를 영원히 유지하기란 불가능하다. 때가 되면 조금이나마 더 유리한 종이 다른 종을 이기게 마련이다.

1930년대 말 제2차 세계대전 발발 직전에 가우제는 항생물질로 관심을 돌렸다. 그리고 1942년에 아내 마리아 브라즈니코바Maria Brazhnikova와 함께 일하다가 새로운 항생물질을 발견했다. 브레비바실러스 브레비스Brevibacillus brevis란 세균으로 만든 그 신약은 황색포도알균Staphylococcus aureus을 죽이는 데 매우 효과적이었다. 가우제는 자신의 발견물을 '그라미시딘SGramicidinS'라 명명했는데, S는 그 약이 소련Soviet의 작품임을 인정하며 이를 잊지 않는다는 의미였다. 1946년에 그는 시민 최고의 영예인 스탈린상을 받았다.[4]

페니실린과 더불어 그라미시딘은 전쟁 중에 소련의 주요 자원이었다. 효과적인 감염증 치료법이 절실히 필요했던 만큼 그 약은 신속히 생산되어 소련 곳곳의 병원에서 쓰였다. 그리고 1944년에는 적십자사를 거쳐 영국으로 보내졌다. 발송의 명분은 전쟁의 긴급성이었다. 소련은 약을 정제된 형태로 더 많이 생산하려면 약의 분자 구조를 결정해야 했다. 그런데 4년 후 영국에 그라미시딘을 보낸 일 때문에 가우제는 제국주의 열강 및 반역자들과 결탁했다는 의심을 받게 되었다.

가우제를 제명하자는 소련 의학회 결의안이 통과된 바로 그날 가우제는 전화를 한 통 받았다. 전화 건 사람은 신분을 밝히지 않았고, 가우제 역시 그가 누구인지 굳이 물어보지 않았다. 메시지가 메신저보다 중요했다. 메시지는 간단했다. "계속 출근하시오. 안심해도 좋소."[5] 가우제는 이튿날 연구실에 나타났고 이후 40년간 변함없이 연구했다. 사상적인 의혹의 그림자가 늘 그에게 드리워져 있었지만, 그라미시딘S가 소련의 국가 안보에 워낙 중요하다 보니, 가우제는 방해받지 않고 자기 일을 계속하게 되었다.

가우제는 한사코 공산당에 들어가지 않았기에 소련 과학계에서 출셋길이 막혔으나, 1950년대, 60년대, 70년대 내내 꾸준히 항생물질을 연구했다. 가우제 연구는 국제적 관심을 계속 끌었지만, 리센코 이론은 점점 잊혀졌다. 그리고 1986년 5월 2일에 가우제가 죽었을 때 그라미시딘S는 소련에서 가장 많이 생산되는 항생제로 꼽혔다.

서양에서는 탐욕이 과학계에 영향을 미쳤다면, 소련에서는 정치계와 과학계의 다툼이 일상이었다. 가우제는 중요한 발견으로 명성을 얻은 덕분에 당대 정치계로부터 좀 덜 시달린 편이었다. 정부가 과학자를 의심하고 과학·의학 연구에 간섭하는 경향은 소련뿐아니라 동유럽의 여러 소련 위성국에서도 한동안 나타났다. 특히 과학계와 정치계의 갈등이 심했던 곳은 독일 민주공화국, 즉 동독

**내성 전쟁**

이었다. 하지만 정치적 억압이 극심한 사회에서도 뜻밖의 희망이 발견되곤 했다.

1978년에 무시무시한 동독 국가보안부—일명 슈타지Stasi—의 한 젊은 장교가 볼프강 비테Wolfgang Witte를 심문하려고 그의 연구소를 찾아왔다.[6] 그런 방문을 예상한 비테는 본능적으로 경계 태세를 취했다. 방문자는 비테가 얼마 전 몽골(당시 소련의 위성국)에 갔다 온 일에 관해 물었다.

당시 소련은 몽골에서 황색포도알균 감염증 백신을 접종 중이었고, 장교는 비테가 이에 대해 어떻게 생각하는지 구체적으로 알고 싶어했다. 그는 비테에게 몽골 곳곳의 병원이 소련의 권고 사항을 바탕으로 감염증을 관리한다는 점을 상기시켰다. 그리고 본론으로 들어갔다. 왜 비테 당신은 그런 정책을 비판했는가? 당시 동독의 공식 슬로건은 이러했다. "소련을 본받으면 승리하는 법을 배울 수 있다." 당신은 이를 몰랐는가?

비테는 잘 알고 있었다. 하지만 백신 효능에 대한 데이터가 위조됐다는 사실 그리고 백신 부작용이 거의 없다는 소련의 주장이 날조됐다는 사실도 알고 있었다. 비테와 직속상관은 '우수한' 소련제 백신을 접종받고 부작용—고열과 지속적인 오한—의 끔찍함을 체감한 바 있었다.

또 비테는 소련이 여러 고아원과 교도소에서 비윤리적인 백신 임상시험을 실시했다는 사실도 알고 있었다. 그런 곳에서는 결핵 약에 대한 내성이 특히 강했다. 하지만 그는 슈타지 요원을 상대할

땐 입을 조심해야 한다는 점도 알고 있었다.

비테는 얼마 전 몽골에서 동독으로 장시간 비행기를 타고 돌아오면서 옆자리 승객과 대화한 일을 후회했다. 비테는 그와 점잖게 대화를 나누다 긴장이 풀려서 일 얘기를 하게 됐다. 그래서 자신이 소련의 백신 정책을 어떻게 생각하는지 이야기했었다. 아무래도 그 승객이 슈타지의 정보원이었나 싶었다.

슈타지 장교의 심문은 짧았고, 비테는 침착했다. 비테는 말 한마디 한마디가 다 녹음되고 있다는 사실을 알았다. 장교 재킷의 안감과 겉감 사이에 녹음기가 숨겨진 것도 눈치챘다. 비테는 과감하게 나가기로 결심하고, 장교에게 착실한 사회주의자로서 자신은 정직해야 하며 비효율적인 정책을 비판하지 않는 자세는 참된 마르크스주의에 어긋난다고 말했다. 도박이었다. 동독에서는 언성을 높이면 보통 끝이 좋지 않았다. 하지만 이번에는 그 방법이 통했다.

장교는 떠났고 그 후로는 아무도 비테를 찾지 않았다. 비테가 영리하게 대응했기 때문인지, 아니면 그의 소견이 정확했기 때문인지, 그도 아니면 그의 위상이 높았기 때문인지 분명하지 않다. 하지만 다음은 분명하다. 비테는 이 무렵 유명한 과학자로 항생제 내성 문제를 연구하고 있었다. 그리고 그가 밝혀내는 사실은 무척이나 중요했다.

1945년에 태어난 비테는 하르츠 산지의 한 마을에서 아버지 없이 자랐다. 근처의 김나지움 영재학교에 다녔고 할레대학교에 진학해서 생물학을 공부했다. 그는 과학 과목에 주력했지만, 마르크스 · 레닌주의와 관련된 몇몇 필수 과목도 수강했다. 비테 말에 따르면 선생은 두 부류였다. 한 부류는 교양을 갖췄으며 전문적인 내용을 잘 알았지만, 나머지 한 부류는 마르크스 사상을 이해도 못하면서 그저 되뇌기만 했다. 후자와 토론을 벌이는 일은 위험했다. 그들 중에는 밀고자와 정보원이 있었기 때문이다. 그런 앞잡이들은 정책을 반대하거나 비판하는 행위를 무조건 반국가 활동으로 몰면서 선동하는 데 늘 혈안이 되어 있었다.

1940년대에 부르주아 학문으로 여겨져 탄압받았던 유전학 분야가 1960년대 중엽 동구권에서 활기를 되찾았다. 이제는 수많은 학자가 유전학을 생물학계의 활기찬 연구 분야로 보았다. 그리고 1969년 비테가 할레대학교로부터 유전학과 조교수로 남아달라는 요청을 받았을 무렵, 동독에서는 미생물 유전학이 큰 인기를 얻고 있었다.

하지만 공산당의 영향력과 통제력이 더 막강해지고 있었다. 1968년 프라하의 봄(체코슬로바키아의 자유화 운동)이 진압되자 발터 울브리히트 동독 정부는 심기가 언짢아졌고 학생 운동에 대해 엄청난 불안감을 가지게 되었다. 1968년에 서독에서 학생 시위가 전국의 캠퍼스를 휩쓸 무렵 동독 정부 당국은 엄중 단속에 나섰다. 비테가 할레대학교에서 학생일 때 경험했던 비교적 자유로운 분위기는 이제 존재하지 않았다. 규제가 지적 자유를 대체했다. 그리고 공산당 지도부의 지시에 따라 과학 강의는 되도록 마르크스

철학을 반영해야 했다.

비테는 새로운 분위기의 대학에서 자신이 오래 버티지 못하리라 생각했다. 정교수로 진급해 안정되게 일하려면 당원이 되거나 적어도 노동계급 출신이어야 했다. 비테는 둘 중 어디에도 해당하지 않았다. 그는 당에 가입하기 싫어서, 지부장으로부터 가입을 권유받았을 때 딱 잘라 거절했다.

비테는 할레대학교에서 자신의 기회가 줄어들고 있으므로 어딘가로 옮가야 한다는 걸 알았다. 운 좋게도 비테 제자 중 한 명이 실험역학 연구소IEE: Institut für Experimentelle Epidemiologie 소장 헬무트 리셰 Helmut Rische의 아들이었다. 1973년에 실험역학 연구소에 빈자리가 났다. 연구소는 비테가 자란 곳에서 멀지 않은 소도시 베르니게로데에 있었다. 비테는 거기 지원해서 일자리를 얻었다.

동독 공중보건 체계에 속한 실험역학 연구소는 원래 공중위생에 주력했었다. 그런데 세월이 흐르면서 국내 전염병학 연구와 항생제 내성 분석의 중심지가 되었다. 동독은 나머지 소련권 국가들에 비하면 경제적인 면을 비롯해 여러 면에서 우수했으나, 서독보다는 한참 뒤처져 있었다. 뒤처진 분야는 한둘이 아니었고 과학도 거기 포함되었다. 서독의 제약 산업은 번창했지만, 동독의 제약 산업은 빈약했다. 서독은 의약품 공장이 몇십 곳 있었지만, 동독은 단 두 곳—예나Jena 공장과 드레스덴Dresden 공장—에서만 몇 가지 항생제를 생산했다. 트리메토프림trimethoprim을 비롯해 서독에 이미 도입된 몇몇 약이 동독으로 들어가려면 몇 년이 걸렸다. 동독은 약 대부분을 다른 곳에서 들여왔다. 에리트로마이신은 폴란드에서, 옥사실린oxacillin은 러시아에서, 겐타마이신gentamicin은 불가리아에서 들여왔다. 1980년대 말에는 세포티암cefotiam이 일본에서 왔고 시프로플록사신이 서독에서 왔다. 동독과 서독의 격차는 강력한 필수 항생제의 보유 여부에서 뚜렷이 드러났다. 이를테면 영국, 미국, 서독에서 구하기 쉬웠던 글리코펩티드계glycopeptides 항생제는 동독에서 구하기 힘들었고 이는 환자 치료 방식에 영향을 미쳤다.

동독 보건 당국은 약이 부족하다는 사실을 인식하고서 엄격한 처방 제도를 마련했다. 항생제는 세 등급으로 분류되었다. A급 항생제는 언제든 쉽게 처방 가능했고, 처방전이 있으면 가까운 약국에서 바로 구입 가능했다. B급 항생제는 내과장이 처방전을 승인해야 처방 가능했고, 처방전을 쓴 의사가 상당량의 서류를 작성해야했다. C급 항생제는 병원 고위직 의사가 처방전을 써야 했고, 대부분 수입품이었다. 결과적으로 그런 2차 항생제가 필요한 환자들은 약을 받지 못할 때가 많았다(물론 환자가 공산당 지도부의 일원이라면 이야기가 달라졌지만).

비테는 항생제 부족이 심각한 문제라는 사실뿐 아니라, 항생제 내성 문제가 갈수록 심각해진다는 사실도 알고 있었다. 1950년대 초부터 연구자들은 황색포도알균의 항생제 내성이 점점 커지고 있음을 알았다.[7] 얼마 전부터는 동독 곳곳의 조산 시설에서 감염증이 점점 흔해지고 있었다. 전후 몇 년째 감소한 출산율을 걱정한 동독은 출산 장려 정책을 내놓았다. 장려 정책의 효과로 임신율은 증가했다. 하지만 동독 정부는 자금이 부족해서, 산모들로 북적대는 조산 시설의 위생 상태를 개선하진 못했다. 그 결과 유방염 발생률이 높아졌다. 유방염은 유방 조직에 염증이 생기는 감염증이다. 자금 부족으로 사회 기반 시설이 붕괴되는 와중에 위생 불량과 과잉 수용의 결과로 감염증이 급속히 확산되었다. 초기 조사 결과에 따르면 그 감염증의 병원체는 다제 내성 황색포도알균주였다.

실험역학 연구소는 세균주를 분류하고 발병 사태를 조사하는 일을 맡았다. 비테는 발병 원인을 연구하는 일을 맡았는데, 동독 각지 병원의 환자에게서 채취한 임상 샘플을 살펴보며 많은 시간을 보냈다. 그의 연구소는 동독에서 포도알균 연구의 중심지가 되었다. 비테의 주 업무는 여러 병원에서 불쑥불쑥 출현하는 항생제 내성 황색포도알균주의 원천을 추적하는 일이었다. 그의 연구팀은 그런 세균주가 여러 병원에서 지역 사회로 퍼지고 있다는 우려스러운 증거도 조사하고 있었다.

비테 연구팀은 곧 동독 곳곳의 검사소를 잇는 연계망을 구축해 세균성 병원체의 항생제 내성을 지속적으로 감시하고자 했다. 하지만 반복되는 문제가 있었다. 재원이 부족하다 보니 동독은 세균의 항생제 감수성을 측정하는 진단 기구를 신뢰할 만한 국제 공급자의 제품으로 수입하지 못하고 직접 제조해야 했다. 국산 진단 기구들은 품질이 들쭉날쭉해서 측정 결과에 일관성이 없었다.

비테 연구팀이 넘어야 할 또 다른 난관도 있었다. 그들은 자기네 연구 결과를 서양 과학 학술지에 실으면 제대로 검증받으리라는 점을 알았다. 하지만 서양 학술지에 게재 요청하기 전에 비슷한 논문이 동독 학술지나 이왕이면 소련 학술지에 이미 실렸음을 입증해야 했다. 정치적 상황 때문에 새로운 연구 결과는 소련 학술지에 먼저 실려야 했다. 그런 부담에도 불구하고 실험역학 연구소는 계속 나아갔다.

비테는 인간과 동물 체내의 내성 황색포도알균에 관심을 기울이다 보니 동독에서 연구 활동의 선봉에 서게 되었다. 바로 그런 이유로 1978년에 소련의 외딴 공산 위성국가 몽골인민공화국에 갈 기회를 얻었다. 그곳은 자원이 얼마 없는 가난한 나라였다. 몽골은 다른 소련 위성국보다 약을 구하기가 훨씬 힘들었다.

비테는 몽골의 약제 내성 정도를 알아내려고 그 나라를 종횡무진 누비며 샘플을 채취했다. 샘플을 채취하려면 현지 안보기관의 허가를 받아야 했는데, 그 과정은 관료적이고 번거로웠으며 대체로 불투명했다. 하지만 비테는 몽골 경찰청장이 써준 허가서를 가지고 있었다. 허가서를 낡은 가죽 재킷 주머니에 집어넣고 비테는 귀국길에 올랐다. 그가 동독행 항공편에 탑승하려고 대기 중일 때, 보안요원들이 샘플 반출 허가증을 보여달라고 했다. 비테는 허가서를 꺼내 보였다. 보안 요원은 그 문서를 읽어보더니 비테에게 기다리라고 하곤 사라졌다. 잠시 후 칼라시니코프(러시아제 경기관총 AK-47의 통칭)를 소지한 보안요원 두 명이 오더니 비테에게 따라오라고 했다.

비테는 곧 나쁜 일이 닥치리라 확신했다. 하지만 몽골 보안 담당자들은 자기네 경찰청장의 허가서를 보고 깊이 탄복하여 비테를 엄청난 거물로 대우했다. 비테는 고위 인사 전용 좌석에 앉아 비행기를 기다리게 되었다. 걱정이 사라진 비테는 비행기에 탔을 무렵엔 긴장이 풀리기 시작했다. 바로 그때 그는 옆자리 승객, 즉 정보원에게 마음을 터놓았다. 정보원과 편하게 나눈 바로 그 대화가 슈타지 장교의 방문을 초래한 것이다.

비테는 몽골에서 채취한 샘플의 항생제 내성이 비교적 약한 편이라는 점을 알아냈다. 나라가 가난하다 보니 항생제를 구하기도 어렵고 널리 사용하기도 어려워서 몽골의 세균은 내성이 생길 가능성이 작았다. 또 몽골은 외딴곳이어서 주변국과 교류할 일이 별로 없었는데, 그렇게 고립돼 있다 보니 내성 감염증이 유입될 가능성도 작았다.

동독은 서독보다야 가난했지만 공산권에서는 매우 부유한 나라여서[8] 몽골보다 훨씬 여유로웠다. 동독에서 번창한 몇몇 농업 분야 중에서는 양돈업이 최고였다. 동독은 돼지고기를 공산권뿐 아니라 철의 장막 반대편의 서독, 프랑스, 영국 등지로도 수출해 외화를 벌어들였다.

비테는 그런 현상에서 문제를 포착했다. 동독의 양돈업계는 항생제 옥시테트라사이클린oxytetracycline이 함유된 사료만 돼지에게 먹였다. 사료에 옥시테트라사이클린을 첨가한 이유는 동물의 성장을 촉진하여 더 짧은 시간에 고기를 더 많이 얻기 위해서였다. 옥시테트라사이클린은 환자를 치료하는 데도 쓰였다. 비테는 항생제를 그렇게 광범위하게 사용한 결과로 인간과 동물에 약제 내성이 만연하게 됐다고 확신했다. 비테 연구팀은 그런 이론을 제시해 업계의 거센 반발에 부딪혔지만, 자기들이 지닌 우려를 널리 알렸다. 결국 비테 연구팀은 성공했다. 실험역학 연구소는 정부를 설득해 돼지 성장촉진제로 쓰이는 항생제가 인간 치료에 쓰이지 않게 했다. 이후 옥시테트라사이클린을 돼지에게만 투여하고 인간에게는 쓰지 않았더니 비슷한 항생제에 대한 교차 내성cross-resistance*은 나타나지 않았다.

궁핍한 형편 때문에 동독에서는 부득이하게 의사들이 가용 항생제를 신중히 합리적으로 사용하며 내성이 전파되지 않도록 감염 관리 조치를 취하게 되었다. 실험역학 연구소는 의학, 수의학, 농업에서 항생제를 어떻게 사용할지 결정하는 단일 정부 기구를 설립하는 데도 일조했다.

동독에서는 제대로 돌아가는 일이 거의 없었다. 동독 정권은 잔혹하고 억압적이며 권위적이었다. 하지만 몇몇 공중보건 정책은 성공했다. 넉넉지 못한 자원 때문에 동독인들은 '원 헬스One Health'—동물, 인간, 환경의 건강을 바라보는 하나의 틀—정책을 마련해 시행했다. 원 헬스 개념은 동독인들이 내놓은 지 30년 만에 서양에서 널리 알려졌다. 정책 중 일부는 효과가 명백했다. 독일이 통일될 무렵 동독은 훨씬 부유한 서독보다 내성률이 훨씬 낮았다.

---

* 한 약물을 접하고 내성이 생긴 세균이 비슷한 약물에 대해서도 내성을 보이는 현상이다.

# 역학 조사관 홈스 중위

냉전이 가른 지구의 반대편에서 젊은 군의관 킹 K. 홈스King K. Holmes 중위도 약제 내성균 감염증 증가라는 문제에 직면하고 있었다. 연구를 통해 홈스는 새로운 감염증 확산 방지책을 찾는 일이 새로운 종류의 항생제를 찾는 일 못지않게 중요하다는 걸 깨달았다.

홈스는 얼마 전 해군에 입대한 터였다. 하버드를 졸업한 그는 웨일 코넬 의대에 진학해 의학 박사 학위를 받은 후 명문 밴더빌트대학교에서 인턴 과정을 밟았다.[1] 당시 해군 신병을 모집하던 허버트 스테클린Herbert Stoeckline 대령이 인턴 홈스에게 전화해 그가 곧 징집되어 베트남전쟁에 참전하게 되리라고 알려주었다. 홈스는 공중보건 서비스단Public Health Service Commissioned Corps 소속으로 모하비사막에 파견될 예정이었다. 하지만 홈스는 공중보건 서비스단에 관심이 없어 대안을 제시했다. 그는 스테클린에게 자기를 하와이나 필리핀에 배치해 거기서 감염증을 연구하게 해주면 의무 복무 기간인 2년 말고 3년 동안 복무하겠다고 말했다. 스테클린은 그러자고 했다.

그래서 전쟁 중에 홈스는 유서 깊은 미 해군 전함 엔터프라이즈 호에 배치되었다. 그 이름은 미국 역사에서 특별한 배, 미 해군 전함 여덟 척에만 명명되었다. 1775년에 미국인들이 나포한 영국 배에도, 또 베트남전이 한창일 때 미 함대의 자랑이던, 태평양에 배치된 최초의 원자력 항공 모함에도 그 이름이 붙었다. 홈스는 엔터프라이즈호의 예방 의무 부대로 배정되었고, 그곳 군의관들은 병사들 사이에서 되풀이되는 감염 문제를 마주하고 있었다.

홈스는 얼마간은 진주만에서 얼마간은 선상에서 지내야 했다. 진주만에 있을 때 그는 예전에 하버드대학교 강사였던 클레어 폴섬Claire Folsome을 찾아갔다. 당시 폴섬은 하와이대학교에서 미생물학 연구실을 운영하고 있었다. 홈스가 연구실에 합류해도 되겠냐고 묻자 폴섬 박사는 흔쾌히 허락했다. 그곳에 있는 동안 홈스는 하와이대학교 연구원들에게서 역학을 배웠다.

얼마 후 엔터프라이즈호는 필리핀 수비크만에 정박했다. 수비크만은 마닐라에서 북서쪽으로 100킬로미터쯤 떨어진 곳에 있으며 크기가 싱가포르만 하다. 홈스가 도착했을 무렵 베트남에서는 전쟁이 한창이었고 수비크만은 완전히 다른 곳이 되어 있었다. 그곳은 미군이 건설한 해군 기지이자 그 자체로 하나의 세계였다.[2] 역대 최대급 병참 기지인 그곳은 전시 수송과 군사 협력의 중심지였다. 그러다 보니 군인들로 바글거렸다. 한 번에 40여 척이 정박하기도

했는데, 1967년 한 해 동안 400만여 명의 수병이 출정길이나 귀향길에 그곳을 들렀다.[3]

그 지역은 군인이 많은 덕분에 무역과 상업이 흥했다. 비번인 해군 병사들은 시내에 가서 술집, 나이트클럽, 매음굴을 찾았는데 주말 내내 그러는 경우도 더러 있었다. 다시 승선한 병사 중 상당수는 요도 분비물과 통증을 호소하다 해군 군의관에게서 임질 진단을 받았다. 홈스가 엔터프라이즈호에 도착했을 무렵에는 감염된 군인의 수가 점점 증가하면서 큰 골칫거리가 되고 있었다.

통증을 호소하는 환자가 모두 임질에 걸렸으리라 가정한 군의관들은 당시의 일반 치료 방침대로 페니실린을 처방했다. 하지만 홈스가 부임했을 때는 군인 중 절반 정도가 약을 투여받고도 차도를 보이지 않았다.

홈스는 치료 실패율이 몹시 걱정스러웠다. 그래서 요도 분비물을 채취해 전에 있던 하와이대학교 연구실로 가져갔다. 그는 페니실린이 듣지 않은 이유를 알아보려고 분비물을 배양해 연구했다. 놀랍게도 감염 사례 중 절반 정도는 임질이 아니라 비임균 요도염이었다. 비임균 요도염은 임균(임질균)*Neisseria gonorrhoeae*이 아닌 병원체가 일으키는 감염증이다. 그리고 임질에 해당한 나머지 절반은 심각한 수준의 약제 내성을 보였다. 수비크만에서 페니실린을 이용한 치료가 실패한 원인은 어느 정도는 오진 때문이었고 어느 정도는 약제 내성 때문이었다.[4]

홈스는 문제의 실마리를 쉽게 찾았다. 환자 중 일부는 임질과 비

**내성 전쟁**

숫한 증상을 보였지만, 실은 페니실린이 안 통한다고 이미 알려진 감염증을 앓고 있었다. 그런 환자들은 다른 약을 투여받기만 하면 되었다. 더 큰 문제는 임질에 걸린 군인들이 페니실린을 투여받고도 낫지 않은 이유였다. 홈스는 예방 의무대 군의관 이상의 존재, 심지어 미생물학자 이상의 존재가 되어야 했다. 그는 현장 역학 조사관, 다시 말해 질병 탐정이 되어야 했다. 홈스는 이후 수비크만의 미 해군 지침뿐 아니라 전 세계의 약제 내성 임질 치료 지침도 변화시킬 터였다.

홈스는 수비크만의 주요 정착지 중 한 곳에서 현장 조사를 시작했다. 올롱가포에는 성노동자가 5,000명 가까이 살고 있었는데, 날마다 그중 250명 정도가 시내의 한 진료소에 가서 월례 건강 검진을 받았다. 그들은 진료소를 운영하는 여의사 한 명에게 진찰받으려고 줄을 섰다. 홈스는 임질이 해군 병사들 사이에서 확산되는 이유를 알아내려면 성노동자들이 검진받는 바로 그 진료소에서 조사를 시작해야겠다고 생각했다.

현지 의사는 검진 내내 질 검사 기구인 질경을 하나만 사용했다. 효율성을 위해 그녀는 큼직한 양동이 하나에 물을 받아 곁에 두고서 검사를 마친 후 질경을 거기다 헹구었다. 그리고 그다음에도 계속 그런 식으로 환자를 한 명씩 진찰하고 질경을 같은 물에 헹궜다. 진료소를 살펴보던 홈스는 첫 번째 단서를 발견했다. 바로 그 의사의 검사 방식이었다. 그중에서도 양동이에 담긴 물이 성노동자와 수병들 사이에서 확산되던 감염증의 주된 원천이었다.

이로써 감염증의 확산은 설명 가능했지만 세균의 내성은 설명하기 어려웠다. 홈스는 의사가 성노동자들에게 투여한 약으로 관심을 돌렸다. 임질 증상을 보이는 사람에게 일반적으로 투여한 약은 프로카인 페니실린procaine penicillin이 아니라 벤자틴 페니실린benzathine penicillin이었다. 두 가지 약의 차이는 이러하다. 벤자틴 페니실린은 천천히 활성화되어 환자 몸속에 오래 머무르지만, 프로카인 페니실린은 빨리 활성화되어 환자 몸에서 일찍 빠져나간다. 벤자틴 페니실린은 내성 발생 가능성이 낮은 매독을 치료하는 데 안성맞춤이었다. 매독을 치료하려면 몸에서 빨리 빠져나가는 약(속효성 약제) 말고 몸속에 오래 머무르는 약(지효성 약제)을 써야 했다. 반면에 임질은 약제 내성이 증가하고 있었기에, 임질을 치료하려면 몸속에 오래 머무르지 않는 속효성 약제를 써서 내성균이 선택될 가능성을 미리 차단해야 한다. 홈스는 두 가지 약이 체내에서 어떻게 작용하는지 알고 있었기에, 임질 환자가 프로카인 페니실린 말고 벤자틴 페니실린을 투여받는다는 사실이 염려스러웠다.

이제 홈스는 두 번째 단서를 발견했다. 그는 성노동자들이 엉뚱한 종류의 페니실린을 처방받았다는 사실 그리고 그러한 일이 눈덩이 굴리듯 불어나면서 수비크만에 임균을 널리 퍼뜨렸다는 사실을 알았다. 그 임균은 약제 내성이 있으므로 소량의 처방제는 이겨낼 터였다.[5] 홈스는 내성의 원인을 확신하기 전에 한 가지 사항을 더 확인해야 했다. 그는 여러 동네 약국에 가서, 성노동자들이 와서

내성 전쟁

처방전 없이 (벤자틴 페니실린 같은) 항생제를 달라는 경우가 있냐고 물어보았다. 그의 예감은 맞았다. 약국은 성노동자들에게 벤자틴 페니실린을 주저없이 공급하고 있었다. 감염증이 확산될 뿐 아니라, 성노동자들이 엉뚱한 약을 처방받으면서 내성도 커지고 있었다. 게다가 환자가 스스로 처방을 내리고 똑같이 엉뚱한 약을 남용하는 경우가 많다 보니 문제는 더욱더 악화되었다.

수수께끼를 풀었으니, 엔터프라이즈호에 가서 조사 결과를 보고해야 했다. 홈스는 세 가지 권고 사항을 내놓았다. 우선 해군으로 하여금 질경을 250개 구입하게 했다. 의사의 일일 진찰 환자 한 명당 한 개꼴이었다. 그리고 고압 멸균기 한 대도 구입하게 했다. 그 기계는 모든 기구를 밤사이에 살균해 다음 날 바로 사용하게 해줄 터였다. 세 번째로 그람 염색법을 선상 진료에 도입해 군의관이 감염증의 원인균을 정확히 알아내도록 했다. 그렇게 하면 정확한 진단과 올바른 치료가 빠르게 이루어질 터였다.

비임균 요도염에 걸린 환자는 테트라사이클린을 투여받았다. 임질에 걸린 환자는 프로카인 페니실린과 프로베네시드probenecid, 혹은 테트라사이클린과 프로베네시드를 함께 투여받았다. 홈스가 프로베네시드를 추가하라고 권고한 이유는 페니실린이 효과적이긴 해도 빨리 배설될 때가 많았기 때문이다. 프로베네시드가 있으면 다량의 페니실린이 감염증을 완치할 만큼 충분히 오랫동안 몸속에 머무르게 되었다. 새로운 진료 체계를 도입하자 수병들의 병세가 호전되기 시작했다. 약제 내성 임질 환자의 수도 급감했고, 진찰실

내부 교차 감염률도 뚝 떨어졌다.[6]

전쟁과 분쟁은 늘 부상과 감염의 전조였고, 최전선에서 싸우는 병사들의 목숨을 구하려는 욕구는 종종 의학 발전의 촉매가 되었다. 홈스가 했던 조사 활동은 인간이 세균과 싸우는 데 꼭 필요했다. 1967년경에 홈스는 자신이 발견한 결과에 대해 성취감을 느꼈다. 홈스의 연구 결과는 지금까지도 쓰이는 감염증 검사 수칙과 특정 약제 조합을 낳았다. 그럼에도 불구하고 세균은 계속 진화했고 약제 내성은 여전히 주요 난제로 남아 있었다.

홈스는 1960년대에 필리핀에서 지내는 동안 그곳과 현지인들에게 각별히 정이 들었다. 1990년대에 홈스가 그 섬나라에 다시 갔을 무렵 베트남전은 끝났지만 전쟁의 여파는 끝나지 않았다. 홈스와 동료들은 필리핀에 가서 성노동자들의 항생제 내성을 더 조사해보았다. 홈스는 질병의 확산 패턴과 1990년대 성노동자들의 의료 서비스 접근성이 1960년대와 비교해 어떻게 달라졌는지 알고 싶었다. 연구팀은 1994년부터 1996년까지 2년간 당시 매우 강력한 항생제였던 (그람 양성균 감염증과 그람 음성균 감염증 모두에 효과적이던) 시프로플록사신에 대한 필리핀 성노동자들의 내성률이 9퍼센트에서 49퍼센트로 증가했다는 사실을 알아냈다.[7] 바이엘이 내성 문제의 해결책이라고 선전했던 그 약은 이제 약효가 점점 떨어지고 있었다.

# 동물에서
# 인간에게로

파라나강은 남아메리카에서 아마존강에 이어 두 번째로 큰 강이다. 그 강은 브라질의 파라나이바강과 히우그란지강이 만나는 곳에서부터 남서쪽으로 흐르며 브라질과 파라과이 그리고 아르헨티나와 파라과이의 자연적 경계를 이룬다. 이어서 지그재그를 그리며 아르헨티나 중부로 흘러든 다음 로사리오란 도시를 거쳐 수도인 부에노스아이레스까지 흘러간다.

반세기 넘게 로사리오의 시민과 기업들은 파라나강을 교통로이자 쓰레기장으로 이용했다. 1964년에는 사람 대변 약 66톤과 소변 약 25만 톤이 날마다 강으로 흘러들었다.[1] 그래서 로사리오는 장티푸스가 거듭 발생되는 곳으로 악명 높았다.

로사리오는 아르헨티나에서 세 번째로 큰 도시였고, 그곳에는 대규모 육가공·통조림 공장들도 있었다.[2] 로사리오에서 생산된 통조림 제품은 유럽으로 보내졌고, 소고기 통조림은 영국 곳곳의 식료품점으로 보내졌다. 통조림 공장에서는 제조 공정 중 캔을 가열했고, 뜨거워진 캔을 식히기 위해 강물을 사용했다. 안전을 위해 공장들은 오염된 강물을 염소로 소독해서 사용해야 했지만, 염소 처리장은 1년 넘게 가동되지 않고 있었다.

물론 냉각 단계의 캔은 방수가 되어야 했다. 오염 물질이 내용물에 닿아서는 절대 안 되었다. 한동안 대체로 문제가 없었으나, 어느 날 3킬로그램짜리 캔 하나가 윗부분에 작은 구멍이 난 채로 냉각 공정을 거쳤다. 염소 처리되지 않은 물이 캔에 들어갔다. 프라이벤토스 Fray Bentos 회사가 만든 오염된 대형 통조림은 대서양을 건너 1964년 5월 스코틀랜드 애버딘에 도착했다.[3] 그리고 유니언 스트리트 중심가의 한 식료품점으로 운송되었다. 그 캔에 들어 있던 고기 중 절반은 진열창에, 나머지 절반은 냉육 판매대에 놓였다.

애버딘에서는 사람들이 장티푸스에 걸리기 시작했고, 감염자 수가 늘면서 공포감도 커져갔다. 선정적인 헤드라인이 난무하는 가운데 기자들은 사람들이 길거리에서 죽어간다고 잘못 보도했다. 실제 그 발병 사태로 죽은 사람은 한 명도 없었지만, 500여 명이 감염되면서 도시 전역이 심각한 공중보건 위기에 직면했다. 결국 감염원이 오염된 소고기라는 사실이 밝혀졌다. 오염된 소고기는 식료품점의 육절기를 거쳤고, 육절기는 거기서 팔던 다른 여러 식육 제품과 접촉했다. 그 수수께끼를 푸는 데 앞장선 세균학자는 이프레임 '앤디' 앤더슨 Ephraim "Andy" Anderson 박사였다.

내성 전쟁

장티푸스 집단 발병 사태의 원인을 찾아낸 덕분에 앤더슨은 곧바로 명성을 얻고 인정을 받았다.[4] 1965년에 그는 영국 콜린데일 공중보건연구소PHL의 장 질환 연구실 실장이었다. 그해에 앤더슨은 놀라운 발표를 했다. 그는 송아지의 다양한 세균 감염증을 연구하면서 두 가지 주요 항생제 암피실린ampicillin과 클로람페니콜에 내성이 있는 살모넬라균Salmonella을 발견했다. 앤더슨에 따르면 그 살모넬라균은 인체에서 살모넬라 식중독을 일으키는 세균주와 같은 종류였다. 앤더슨은 또다시 중요한 연구 결과를 내놓았고, 이는 농업 로비 단체와 제약회사들을 초조하게 만들었다.

앤더슨은 가축의 내성 증가가 식용 동물 생산업계의 항생제 남용 때문이며, 그 결과로 인간의 항생제 내성도 커질 가능성이 있다고 주장했다.[5] 제약회사들은 농장주에게 항생제를 팔아 거액을 벌었고, 농장주들은 공장식 축산에서 항생제에 의지해 동물의 질병을 관리하고 있었다.

대중의 압력은 더욱 거세졌다. 1967년 미들즈브러의 웨스트레인 병원에서 대장균성 위장염이 발생한 후에 그러한 압력은 더 커졌다. 그 세균 감염증은 암피실린, 스트렙토마이신, 테트라사이클린, 클로람페니콜, 카나마이신kanamycin, 설폰아마이드에 내성을 보였다. 어린이 열 명이 죽었고, 그 뉴스는 온 나라를 뒤흔들었다.[6] BBC는 그 병을 동물 사료에 함유된 항생제와 관련지어 보도했다. 항생제 내성의 위험에 관한 앤더슨의 공개 보고서는 비판적이었으나, 아이들을 죽인 병과 일부 동물에게서 나타나는 병의 연관성을 확실히 도출하진 않았다. 대중 사이에서도 정부 내부에서도 항생제 내성에 대한 우려가 커졌지만, 정부는 항생제의 공신력을 지키고 싶었다. 대중의 압력에 대응해 정부는 농축산업계의 약제 내성을 조사하려고 위원회를 신속히 조직했다.

그러나 당면 문제가 하나 있었다. 바로 앤더슨을 위원회에 포함시키느냐 하는 문제였다. 앤더슨은 유명하지만 까칠한 인물이었다. 농무부는 앤더슨이 농업계의 항생제 사용에 대해 강경한 태도를 취하며 농장주들을 책망했다는 사실을 알고 있었다. 분명 농축산업계는 앤더슨이 위원회에서 배제되길 바라고 있었다. 결국 그가 정말로 배제되자 과학계는 격분했다. 비판자들을 달래려고 위원회는 유명하면서도 비교적 무난한 다른 과학자 마이클 스완Michael Swann이 자기들과 합류할 예정이라고 발표했다.[7]

스완은 에든버러대학교의 세포 생물학자이자 부총장이었는데, 그의 이름은 위원회의 명칭으로도 쓰이게 되었다. 1968년 여름에 발족된 스완 위원회는 농축산업계의 항생제 사용에 중점을 두었다. 위원들은 항생제를 두 범주로 나누었다. 하나는 감염증의 치료제로 쓰는 고용량 항생제였고, 나머지 하나는 성장촉진제(고기 생산량을 늘리려고 사용하는 약)로 쓰는 저용량 항생제였다. 위원회가 보기에 첫째 범주의 항생제 사용 방식에는 딱히 걱정할 만한 부분이 없었다. 위원회는 (감염증 관리 · 치료용 고용량 항생제가 아니라) 성장촉진용 저용량 항생제에 주목했는데, 그중에서도 인간의 건강에 중요한 약에만 집중했다. 동물 치료용이나 농업용으로만 쓰이는 약에는 신경 쓰지 않았다. 위원회가 내놓은 권고 사항은 앤더슨의 기대에 미치지 못했다. 안타깝게도 위원회는 항생제를 예방약으로 사용하는 경우(발생 가능성이 있는 병을 '예방'하는 수단으로 사용하는 경우)는 건드리지 않았다. 그래도 위원회는 대담한 권고 사항을 하나 내놓았다. 바로 페니실린과 테트라사이클린을 성장촉진제로 사용하지 못하게 하라는 내용이었다.[8]

그런 권고 사항이 담긴 이른바 스완 보고서 Swan report는 1969년 11월에 나왔다. 그리고 6개월 후 에드워드 히스 Edward Heath가 이끄는 새 정부가 들어섰다. 새 정권은 권고 사항을 시행하여, 페니실린과 테트라사이클린을 성장촉진제로 사용하지 못하게 했다.

새 규정에는 큰 허점이 있었다. 산업 농가를 펀드는 친농업계 수의사들이 페니실린과 테트라사이클린을 처방할 가능성은 여전히 남아 있었다. 농장주들은 그런 약을 감염증 예방제란 명목으로 처방받았으나 실은 성장촉진제로 사용하고 있었다. 영국 정부는 몇몇 위원회를 새로 설립해 규제를 강화하려 했지만, 이런저런 허점이 있다 보니 규정의 효과는 정부의 기대 이하였다. 게다가 축산업계는 내성이 존재한다는 증거와 관련된 정보를 정부와 공유할 의무도 없었다.


그런 허점에도 불구하고 스완 보고서는 특정 항생제가 동물 성장촉진제로 쓰이는 일을 정부가 막으려고 유의미하게 시도한 첫 사례였다. 세계가 이에 주목했다. 네덜란드, 독일, 체코슬로바키아는 곧 이를 본받아 저마다 법을 마련했다.[9] 이후 10년간 영국에서는 가축에게 투여한 항생제의 총량이 절반으로 줄었다. 하지만 시간이 지나면서 예전 관습이 서서히 되살아났고, 1978년경에는 공장식 축산에 쓰인 항생제의 양이 10년 전 앤더슨이 연구에서 지적한 양을 넘어섰다.[10]

세계 곳곳의 당국이 비슷한 규제 정책을 시행하려 했으나 정치적 지지를 얻지 못했는데, 그중 미국에서 가장 반발이 컸다. 미국 FDA는 국내 공장식 축산농장의 테트라사이클린·페니실린 사용만이라도 통제하기 위해 스완 보고서의 내용과 비슷한 전략을 채택했다. FDA 전략은 거센 반발에 부딪혔다.[11] 반대자 중에는 과학자와 힘 있는 로비스트도 더러 있었다. 하지만 가장 강하게 반발한 곳은 동물보건연구소AHI: Animal Health Institute였다. AHI는 농산업을 장려할 목적으로 1941년에 창립되었다. 축산업에 관여하는 미국 제약회사들과 밀접히 연계된 AHI는 의회에서 FDA에 맞서 로비 활동을 효과적으로 벌이는 데 필요한 온갖 자원을 갖추고 있었다.

AHI는 죽이 되든 밥이 되든 아주 결판을 내기로 작정하고서, 성장촉진용 항생제가 농업에 유용하며 경제에 필수적임을 확증할 연구를 의뢰하기로 했다. AHI는 스튜어트 레비Stuart Levy란 비교적 젊은 임상 연구자를 적임자라 보고 그에게 연구를 의뢰했다.[12]

당시 터프츠대학교에 있던 레비는 곧바로 일에 착수했다. 그는 먼저 보스턴 외곽의 농장주들에게 연구에 참여해달라고 부탁해 협조를 얻어냈다. 주된 연구 대상은 닭이었다. 닭은 돼지나 소보다 출생·성장 속도가 훨씬 빨랐기 때문이다. 레비는 일련의 대조 실험을 수행했는데, 한 무리에게는 항생제가 함유된 사료를 주었고, 다른 한 무리에게는 항생제가 함유되지 않은 사료를 주었다. 그리고 무리별로 분변을 모아 장내세균의 내성을 검사했다. 항생제가 함유된 사료를 먹은 닭들은 불과 며칠 만에 장내세균이 변화하기 시작했다. 감수성을 지닌 균은 항생제 때문에 죽었지만 내성균은 항생제에도 잘 자랐다. 몇 주 후에는 상황이 훨씬 나빠졌다. 이제 항생제를 전혀 투여받지 않은 닭들의 장 속에서도 내성균이 생기기 시작했다. 그리고 몇 주 후에는 모든 닭의 장내세균이 온갖 항생제에 내성을 보였는데, 항생제 중에는 사료에 포함되지 않은 종류도 있었다.[13]

레비는 AHI가 기대했던 바의 정반대를 입증했고, 1976년에 연구 결과를 발표했다. 이는 만국을 통틀어 가장 결정적인 연구로, 동물 사료에 항생제를 첨가하면 항생제 내성이 먹이 사슬을 따라 수직적으로 옮겨질 뿐 아니라 동물 간에 수평적으로 옮아간다는 사실을 보여주었다. 과학계는 이에 감탄하며 주목했다. 학계에서 위상이 높아져가던 레비는 후속 연구·사업에 달려들었는데, 그중 상당수는 선구적인 일이었다. 그가 창설한 항생제 적정 사용 연맹 APUA: Alliance for the Prudent Use of Antibiotics은 항생제 남용의 위험성을 보여주는 과학적 증거가 필요할 때 기댈 만한 기관이 되었다. 이후 항생제 남용이 인간 건강에 미치는 유해함을 보여주는 강력한 임상·

보건적 증거가 제시되었고, 과학계는 열광했다.

정부, 정치인, 규제 당국, 축산업계는 별로 열광하지 않았다. FDA 규정은 바뀌지 않았다. 마거릿 대처와 로널드 레이건이 각각 이끈 영국과 미국의 보수 정권은 새 규정에 관심이 없었다. AHI는 자기들이 자금을 댔던 연구의 결과를 무시하며, 인간이 해를 입을 가능성을 보여주는 과학적 증거는 거의 없다고 계속 주장했다. 간혹 예외적으로 행동하는 기업이 나타나기도 했다. 맥도날드는 인간 건강에 중요한 항생제를 사용하지 않는 공급자의 고기만 조달하겠다고 발표했다.[14] 하지만 정부는 계속 뭉그적거리며 반규제 정책과 친규제 정책 사이에서 오락가락했다.

미국에서는 타성과 상업적 이해관계가 발전의 걸림돌이었으나, 레비 같은 과학자들이 내성이 확산되는 원리를 파악해내고 홈스 같은 임상의들이 기존 항생제를 더 효과적으로 사용하는 방법을 알아냈으니 소득은 있었다. 여기저기서 신선한 아이디어가 계속 나왔고, 그중 스칸디나비아반도에서 고안한 계획은 기발했다. 그들은 방대한 데이터를 공개하면서 임상의와 수의사의 진료 방식을 개선하고자 했다. 이는 곧 세계적 변화의 본보기가 될 터였다.

# 노르웨이
# 연어

19

노르웨이가 나치 점령하에 놓였을 때 토레 미트베트Tore Midtvedt는 어린 소년에 불과했다. 토레의 아버지 카르스텐 미트베트Karsten Midtvedt는 노르웨이 해군 장교이자 발명가였다. 그는 1938년 11월에 신형 레이더 안테나 설계안을 논의하려고 베를린에 갔다. 독일은 노르웨이보다 산업 발전이 훨씬 우위였다. 카르스텐은 군부 쪽연줄을 이용해 설계안 회의 일정을 잡았다. 그런데 11월 8일에 그는 독일 전역에서 일어난 반유대 폭동, 이른바 수정의 밤Kristallnacht 사건을 목격했다. 폭력이 난무하는 무법 상태를 국가가 눈감아준 그 상황에 그는 가슴 아프고 무서웠다. 카르스텐은 독일에 더 이상 머무르거나 나치와 함께 일하면 안 되겠다고 판단했다. 그래서 이튿날 노르웨이로 돌아왔다. 얼마 후 전쟁이 벌어지자 카르스텐은 자기가 나치에게 붙잡히면 투옥되거나 살해당하리라 생각했다. 미트베트 가족은 카르스텐을 보호하려고 폭탄과 군인을 피해 이 마을에서 저 마을로 옮겨 다니며 필사적으로 나치를 따돌렸다. 친척 중에는 그만큼 운이 좋지 않은 사람도 있었다. 어린 토레의 숙모와 삼촌 가운데 몇 명은 강제 수용소로 보내졌다.

토레가 항생제를 처음 접한 시기는 전쟁 직후 아버지 카르스텐이 고약한 연쇄구균 감염증을 앓았을 때였다. 세균은 카르스텐의 몸 전체로 급속히 퍼졌다. 그가 살아날 가능성은 희박했다. 의사가 일주일간 날마다 페니실린을 주사한 후 카르스텐은 기적적으로 살아났지만, 그는 기적의 본질을 제대로 이해하지 못했다. 카르스텐이 해군 병원에서 퇴원하던 날에 의사들은 그가 노르웨이인 최초로 페니실린 100만 옥스퍼드 단위(약 0.5그램)를 투여받았다고 말해주었다. 옥스퍼드 단위는 페니실린 개발 초창기에 옥스퍼드대학교 던 스쿨 연구팀이 고안한 측정 단위다. 최초로 페니실린을 투여받았던 환자 앨버트 알렉산더의 경우에는 투여량이 200옥스퍼드 단위에 불과했다. 알렉산더는 처음엔 증세가 호전되었으나 결국 살아남지 못했다. 그러나 카르스텐은 일주일 만에 완쾌했다.

토레 미트베트가 의대를 졸업한 1950년대 말에 항생제 내성은 이미 알려진 현상이었지만, 그에 대응해 시행된 조치는 거의 없었다. 미트베트는 오슬로에 있는 국립병원의 세균학 연구소에서 일하기 시작했는데, 임상의들이 특정 임상 샘플의 항생제 감수성과 내성을 판별하려고 사용하는 검사 도구인 진단 디스크를 표준화하는 일을 맡게 되었다. 샘플 대부분은 여성 환자들에게서 채취한 요로 감염증 검사용 소변 샘플이었다. 미트베트의 주된 업무는 환자가 일반 항생제에 내성이 있는지, 만약 그렇다면 최선의 대안 치료법은 무엇인지 판단하는 일이었다.

1960년대 초에 미트베트는 스웨덴 제약회사 아스트라Astra의 신약 암피실린을 평가해달라는 의뢰를 받았다. 그는 세균 세포를 배양하고 표준 진단 디스크로 암피실린을 시험했는데, 예상치 못한 반응이 나타났다. 암피실린은 세균을 신속히 그리고 일관되게 죽일 거라 예상되었으나 정반대 현상이 일어났다. 그 약은 때론 효과가 있었지만 때론 아무 소용이 없었다. 미트베트는 약의 효능이 세균 샘플의 산도acid level에 좌우되는지 조사했다. 그는 그람 음성균인 대장균이 암피실린을 접하면 그 약에 내성을 띠게 되는 경우가 많다는 사실을 알아차렸다. 신약에 그런 반응이 나타나서는 안 되었다. 미트베트는 실험을 몇 번 되풀이했는데, 매번 똑같은 결과가 나왔다.

미트베트는 연구 보고서를 작성해서 노르웨이 과학 학술지와 아스트라에 한 부씩 보냈다. 곧 아스트라에서 전화가 왔고, 얼마 후 아스트라 노르웨이 지사 연구부장이 미트베트에게 저녁을 대접했다. 술을 마시면서 연구부장은 미트베트에게 아스트라에서 일해볼 생각이 있냐고 물었다. 그 회사는 미트베트에게 연구에 필요한 자원을 기꺼이 더 제공하겠다고 했다. 문제는 아스트라의 승인이 떨어질 때까지 미트베트가 연구 결과 발표를 미뤄야 한다는 거였다.

수십 년 전 독일에서 노르웨이로 돌아오기로 결심한 아버지가 그랬듯이 미트베트는 직감과 윤리 의식을 따랐다. 그는 아스트라의 제안을 받아들이지 않았고, 수년간 그 회사와 껄끄러운 관계로 지냈다. 특히 아스트라 본사가 있는 스웨덴에서 공부한 시기에는 더욱 그러했다. 그때 미트베트는 명문 카롤린스카 연구소Karolinska Institute에서 박사 과정을 밟았다.

1970년대 초에 미트베트 박사는 오슬로로 돌아와 오슬로 대학병원에 적을 두고 있었다. 또다시 그는 세균 샘플을 검사해 항생제 감수성 · 내성을 판별했다. 그 과정이 엄청나게 느리다는 점도 문제였지만, 더 큰 문제는 축적된 정보 대부분이 연구실 내부에서만 공유된다는 점이었다. 당시에는 효능을 잃어가는 약을 모니터링하고 그런 약에 대해 다른 사람들에게 경고하는 광범위한 국내 시스템이 없었다.

마침 오슬로 대학병원에는 대형 IBM 컴퓨터가 설치돼 있었다. 데이터를 저장하려면 펀치 카드를 사용해야 하는 컴퓨터였다. 미트베트는 아이디어가 떠올랐다. 그 기계를 이용해 샘플 데이터를 저장하고 시험 결과를 기록하면 어떨까? 미트베트가 전산실장에게 이야기했더니 그도 관심을 보였다. 한 젊은 제자의 도움으로 미트베트는 병원 곳곳에서 채취한 임상 샘플을 모아 각각을 당시 입수 가능했던 13가지 항생제로 시험했다. 그는 항생제에 대한 반응을 기준으로 임상샘플을 감수성균, 상대적 감수성균, 상대적 내성균, 내성균으로 분류했다. 또한 미트베트는 최소 억제 농도MIC: minimum inhibitory concentration도 기록했는데, 이는 감염증 유발 세균을 죽이는 데 필요한 최소 투여량에 해당한다.[2] 미트베트는 얻은 실험 데이터를 제자에게 보냈고, 제자는 데이터를 컴퓨터에 입력했다. 날마다 수십 가지 기록이 컴퓨터에 입력되었다. 연구팀은 쉼 없이 일하며 약제 내성 감염증의 확산을 최소화하는 데 헌신했고 그 데이터를 오슬로 대학병원의 모든 사람에게 공개했다. 그럼으로써 그들은 내성균 감염증의 동향도 파악했고, 약효가 나타나는 데 필요한 투여량도 알아냈다. 1980년경에는 무려 5만 5,000개의 샘플이 컴퓨터에 기록되었다.

미트베트가 프로젝트를 시작하고 몇 년이 지나 정보의 보고(寶庫)가 마련됐을 때 전산실장에게서 전화가 왔다. 컴퓨터에 문제가 생겨서 데이터가 모두 날아가 버렸다는 소식이었다.

미트베트는 망연자실했다. 그가 심혈을 기울였던 프로젝트는 시대를 한참 앞서 있었다. 다른 나라의 데이터 수집·정리 실태는 미트베트가 한 일에 비하면 새 발의 피였다. 프로젝트의 효용이 직접적인 만큼 데이터 손실에 따르는 결과는 엄청날 터였다.

절망에 빠진 미트베트는 전산실장에게 자기가 수년간 모아온 펀치 카드는 어떻게 해야 하냐고 물었다. 그는 컴퓨터의 작동 원리는 잘 몰랐지만, 꼼꼼한 연구자였던 만큼 데이터는 잘 간수하고 있었다. "펀치 카드요?" 실장이 물었다. "펀치 카드 원본을 가지고 계시다고요?" 미트베트는 물론이라고, 하나도 빠짐없이 다 가지고 있다고 말했다. 전산실장은 흥분을 억누르지 못했다. 정말 미트베트가 펀치 카드를 모두 갖고 있다면, 데이터 세트 전체를 복구할 방법이 있었다. 단 전산실에 그 일을 할 인력이 있어야 했다.

미트베트는 복구가 가능하다는 말이 믿기지 않았다. 물론 인력은 문제없었다. 전에 데이터를 모았을 때처럼 과감하게 밀어붙이면 컴퓨터 기록을 복구하는 일도 가능할 터였다. 몇 달에 걸쳐 미트베트와 제자들은 데이터베이스를 전부 재구축하고 기록을 대부분 복구했다.

1980년대 초에 미트베트의 데이터 수집, 분석, 정보 공유 체계는 오슬로 대학병원뿐 아니라 노르웨이 곳곳의 여러 기관에서 사용되었다. 그 결과로 국내 항생제 내성 지도가 만들어졌는데, 이는 이후 수십 년간 항생제 처방 관리 정책을 수립하는 데 중요한 역할을 할 터였다.

미트베트의 조국 노르웨이는 고급 연어 산지의 대명사다.[3] 전 세계에서 유통되는 연어 중 상당수는 노르웨이 양식장에서 나온다. 보스턴 교외에 있는 우리 집 근처의 식료품점에서도 노르웨이산 연어를 1년 내내 판다. 사실 미트베트는 연어 산업 발전에 일조한 인물이기도 하다. 미국 전역과 세계 곳곳의 식료품점에서 연어를 팔 수 있는 까닭은 산업용 항생제 때문에 커져가던 내성의 위협으로부터 연어를 보호하기 위해 개발한 백신 덕분이다.

노르웨이 연어 산업은 1980년대에 현대식 양어장이 등장하면서 급성장하기 시작했다. 현대식 양어장은 대부분 둥근 대형 어장cage 몇 개를 바다에 나란히 설치해놓은 형태다. 어떤 어장은 지름이

10미터밖에 안 되지만, 어떤 어장은 축구장 절반만 하다. 경우에 따라서는 깊이도 너비 못지않게 상당하다. 그런 어장에 들어 있는 그물망 대부분은 연어를 10만 마리까지 수용한다. 일부 초대형 어장은 25만 마리 가까이 수용할 수 있다.

양어업이 발전하면서 수출이 증가했지만 절창병furunculosis이란 치명적인 어류 질병도 확산되었다. 생계를 유지하고 연어를 보호하기 위해 노르웨이 양어장주들은 항생제를 사료에 직접 첨가해 예방약으로 사용하기 시작했다.

양어업 규모가 커지면서 항생제 사용량도 많아졌다. 1980년대 말에는 사용량이 하도 많아서 양어장주들이 항생제를 사료에 섞을 때 콘크리트 혼합기를 사용했다. 미트베트는 걱정이 커졌다. 그가 다년간 연구해온 바와 점점 정교해지던 그의 데이터베이스에 따르면, 그런 양어 방식은 수로, 환경, 일반 대중에게 지대한 영향을 미칠 터였다.

1980년대 중반에 미트베트는 그 문제에 관해 글을 써서 발표하기 시작했다. 그리고 정부 당국으로부터 얻은 데이터를 통해, 노르웨이 사람들이 해마다 24톤씩 항생제를 처방받는다는 사실을 알아냈다. 연어는 48톤을 복용했다. 노르웨이 연어에게 투여하는 항생제 양이 노르웨이 사람 모두에게 투여하는 항생제 양의 두 배라는 사실은 우려할 만했다. '항생제 강화' 사료를 바로 양어장에 처넣는다는 사실 그리고 그런 사료가 주변 수역으로 유입될 가능성이 있다는 사실은 더욱더 우려할 만한 점이었다. 미트베트는 노르웨이 정부에 대응을 촉구하며 정부가 환경·공중위생 규정을 법제화하길 바랐지만, 양어업은 수익성 높은 사업이자 주요 세원이었다. 그는 양어업 로비 단체 및 양어장주와 긴밀한 관계인 수의사들의 거센 저항에 부딪혔다.

1989년에 미트베트는 마음 맞는 과학자들과 함께 예상치 못한 곳에서 돌파구를 찾아냈다. 그것은 바로 노르웨이 국영 방송국이었다. 한 국영 지역 방송국에서 항생제와 양어업에 대한 다큐멘터리를 만들었다. 제작진은 비디오카메라로 연어 양어장 밑바닥을 촬영하면서 과량의 항생제 때문에 양어장 바닥면이 새까맣게 변했다는 사실을 알아냈다. 그다음에 기자들은 연어 양어장에서 몇 킬로미터 떨어진 수역에서 샘플을 채취했고 그곳의 물고기 몸속에도 항생제가 많이 있다는 사실을 알아냈다. 거기서 끝이 아니었다. 그들은 물고기나 수면에 떠 있는 항생제 첨가 사료를 먹고 사는 조류의 몸속에도 항생제가 있다는 증거를 찾아냈다.

다큐멘터리는 큰 파문을 일으켰다. 그 영상은 노르웨이 공중파 방송에서 딱 한 번 방영되었다. 공장식 양어장을 운영하는 대표들은 격분했다. 자기네 사업을 위협하면 수산 경제에는 물론, 결과적으로 국가 경제에도 위협이 된다고 그들은 주장했다. 정부는 국영 방송국에 그 다큐멘터리를 다시는 방영하지 말라고 지시했다. 프로듀서는 익명의 누군가로부터 폭탄을 터뜨리겠다는 협박을 받았다. 국영 방송국은 명령에 따랐다. 그 다큐멘터리는 사실상 방영이

금지되었다.[4]

그래도 조류가 바뀌고 있었다. 다큐멘터리에 대한 뉴스가 나오고 내성과 관련된 새로운 데이터가 발표되고 대중의 의식이 높아지면서 대책을 요구하는 목소리가 커졌는데, 그런 상황은 양어업계가 감당할 수준을 넘어섰다. 양어장주들은 이미지가 나빠질까 봐 자기네 영업 관행에 대한 조사를 중단시키려 할수록 도리어 이미지가 더 나빠진다는 사실을 깨달았다.

양어장주들은 과학 덕분에 살았다. 그들이 항생제 남용에 대한 대중의 분노를 더 이상 진정시키지 못하게 됐을 즈음에 희소식이 들려왔다. 절창병을 예방해 예방용 항생제의 사용을 줄여줄 연어용 백신이 새로 개발됐다는 소식이었다. 자동화 공정으로 연어 복부에 주사하는 그 백신은 양어장주, 양어업, 국가 경제에 뜻밖의 선물이었다. 1994년경 노르웨이에서 백신 접종이 통상적인 일이 되면서 항생제 사용량이 뚝 떨어졌다.[5]

노르웨이 사례는 항생제와 고기 생산을 논할 때면 으레 나오는 이야깃거리가 되었고, 미트베트는 대중에게 그 문제를 알린 과학자로 칭송받았다. 이제 그는 방대한 데이터를 수집하고 표로 정리하고 면밀히 분석한 바를 바탕으로 감시 체계를 구축한 주요 인물로 널리 인정받는다. 또한 그는 뜻이 맞는 과학자들을 모아 연맹을 만들었다. 정부는커녕 제약회사들도 그에게 귀 기울이지 않고 그의 데이터에 주의를 기울이지 않던 시기에 그는 끈질기게 정책과 관행의 개혁을 요구했다. 미트베트는 강력한 증거를 제시했고 결국 정부는 그의 요구를 받아들였다. 그가 끈덕지게 물고 늘어진 덕분이었다. 2018년에 여든네 살의 토레 미트베트는 미생물학을 거듭 발전시키고 국가에 봉사한 공로로, 노르웨이 시민 최고의 영예인 성 올라브 왕립 노르웨이 기사단 1등급 훈장을 받았다.[6]

# 퍼스보다 시드니에 가까운 곳

1992년에 오스트레일리아에서 한 연구팀이 토요타 랜드크루저 몇 대에 나눠 타고 웨스턴오스트레일리아주wa 최북단의 외딴 원주민 마을로 향했다.[1] 연구팀의 목적지들은 출발지 퍼스에서 3,000킬로미터 훨씬 넘게 떨어진 곳이었다. 그중 몇몇 곳과 퍼스 간의 거리는, 퍼스와 대륙 반대편 동해안의 시드니 간 거리보다 멀었다. 연구팀의 책임자인 미생물학자 워런 그러브Warren Grubb는 동해안의 뉴사우스웨일스주에서 자랐으나, 1957년부터 퍼스에 거주하고 있었다. 그러브는 이제 커틴대학교 연구팀을 이끌고 중요한 돌파구를 찾아내기 직전이었다.

그러브 연구팀은 포도알균 감염증에 관심이 있었고, WA 보건국은 그들에게 연구비를 지급해 외딴 마을의 원주민들을 대상으로 메티실린 내성 황색포도알균MRSA 보균 여부를 검사하게 했다. 퍼스에 있는 병원을 찾는 사람들의 MRSA 보균율은 어느 정도 알려져 있었지만, WA 최북단과 동부에서 사는 사람들에 대해서는 알려진 바가 거의 없었다. WA 보건국은 오스트레일리아 동해안의 병원처럼 WA 지역 병원에서도 MRSA가 고질적 문제가 될까 봐 전전긍긍했다. 동해안의 병원에서는 MRSA가 계속해서 감염증을 일으키고 있었다.

지금까지 WA가 무사했던 까닭은 무엇보다 고립된 위치 덕분이었다. WA는 오스트레일리아에서 가장 큰 주다. 그 면적은 약 260만 제곱킬로미터로, 텍사스주와 알래스카주를 합친 면적과 맞먹는다. 주도(州都)인 퍼스는 세계에서 가장 고립된 도시로 꼽힌다. 그나마 면적이 비슷한 도시 중 가장 가까운 애들레이드도 퍼스에서 2,700킬로미터 넘게 떨어져 있다. 또한 WA 인구는 260만 명 정도 되는데, 그중 약 85퍼센트가 퍼스와 그 주변 지역에서 산다.

그러브의 연구실은 MRSA 검사의 중심지였다. 그 전문성은 그러브의 연구실과 왕립 퍼스 병원의 미생물학자 존 피어먼John Pearman 박사 간의 성공적인 협력에 기인했다. WA 보건국은 관련 기관에 모든 MRSA 세균주를 그러브 연구실로 보내라고 지시했다. 그래서 왕립 퍼스 병원은 MRSA 샘플을 그러브 연구팀에게 계속 보냈고, 연구팀은 입수한 샘플을 검사하고 분류하면서 감염 관리 정보를 종합해왔다. 취지는 MRSA 데이터베이스 구축을 통해 각종 세균주를 식별하고 추적해 이들이 WA 소재 병원으로 퍼지지 않게 하기 위함이었다.

그러브 연구팀은 수년간 오스트레일리아 최고의 MRSA 데이터베이스를 구축한 덕분에, 갖가지 MRSA의 식별을 도와달라는 요청을 수시로 받게 되었다. 그들은 심지어 오스트레일리아에서 본 적 없던 세균주도 발견했는데, 그 종류는 지구 반대편인 텍사스주 휴스턴에서 보낸 세균주와 일치했다. 연구팀은 그 특정 세균주가 휴스턴의 두 선원에게서 나왔다는 사실을 밝혀냈다. 두 선원은 WA 남부에 배를 정박했다가 미국으로 돌아가서 MRSA 감염증 진단을 받았다.

그런데 이상한 일이 벌어지기 시작했다. 연구팀은 WA 최북단 외딴 킴벌리 지역의 환자들에게서 채취한 MRSA 샘플을 받았다. 그 세균주는 데이터베이스의 어느 세균주와도 달랐다. 이는 연구팀이 풀어내기 힘든 수수께끼였다. 적어도 퍼스에서는 해결이 어려웠다. 연구팀은 WA 내륙으로 깊이 들어가서 고립된 마을을 방문해 그 세균주에 대해 더 알아보기로 했다.

그러브는 외딴 마을 사람들이 충분히 협조해주지 않아 연구팀이 확실한 결론에 이르지 못할까 봐 염려했다. 환자 병력 정보를 수집하는 일은 수수께끼를 푸는 데 매우 중요한 요소였고, 그런 일을 하려면 전적인 협조와 신뢰가 필요했다. 다행히도 그러브는 오스트레일리아 원주민 보건 분야의 거물 마이클 그레이시Michael Gracey 박사에게서 결정적인 도움을 받았다.

그레이시는 존경받는 임상의로, WA 원주민을 연구하는 데 일생을 바쳤다. 1971년에 그레이시는 외딴 마을의 건강 문제를 이해하려고 킴벌리를 한 달간 돌아다녔다. 그가 거기서 본 상황은 절망적이었다. 그곳에는 유아 설사병과 영양실조증이 만연했다. 그래서 이후 20년간 그레이시는 광범위한 연구를 수행하며 오스트레일리아 백인과 원주민의 건강 격차를 유발하는 사회 경제 요인과 임상 문제를 이해하려 애썼다.[2]

그레이시는 그러브보다 먼저 킴벌리에 가서, 현지인 두어 명에게 현장 연구를 도와달라 부탁해 협조를 얻어내고, 그러브가 샘플을 채취하고 환자 병력을 기록할 만한 여건을 마련해주었다. 그레이시의 도움이 없었다면 그러브 연구팀은 원주민들에게 접근하지 못했을 테고, 제때 성과를 거두지도 못했을 터였다.

연구팀은 면봉으로 원주민들의 비강, 목구멍, 피부에서 샘플을 채취했다. 하지만 샘플 채취는 시작에 불과했다. 연구팀은 샘플을 퍼스까지 안전하게 수송할 뾰족한 방법조차 없었다. 다행히 오스트레일리아에 특화된 해결책이 한 가지 있었다. 연구팀은 오스트레일리아에서 높이 평가받는 로열 플라잉 닥터스 RFD: Royal Flying Doctors 기관의 협조를 얻었다.[3]

RFD는 100년 전쯤 퀸즐랜드주에서 존 플린 John Flynn 목사가 창설한 세계 최초의 항공 의료 서비스 기관이다. RFD가 도입될 당시 항공 여행은 일부 특권층만의 전유물이었다. 그런데 무전기와 비행기란 두 가지 획기적 기기가 합쳐지면서, 오스트레일리아의 지형과 외딴 마을 때문에 더욱 해결하기 어려웠던 보건 위기의 첨단 해결책이 마련됐다. 그러브 연구팀이 도움을 요청한 때를 기점으로, RFD는 명망 높은 중요한 서비스 기관으로서 오스트레일리아 사람들의 건강을 증진하는 데 또 다른 핵심 역할을 하게 되었다.

퍼스로 돌아가 샘플을 분석한 연구팀은 그 샘플이 전에 킴벌리 곳곳에서 연구실로 왔던 MRSA 세균주와 일치하나 퍼스의 병원 세균주hospital strain와는 다르다는 사실을 알아냈다. 그러브 연구팀이 검사한 킴벌리 등지의 세균주는 세계 어디에서도 보고된 바가 없었으며, 전에 보고됐던 모든 MRSA와 유전적으로 달랐다. 이들의 플라스미드와 내성 패턴은 전에 그러브가 봤던 다른 지역의 세균주와는 전혀 달랐다. 더 특이한 점은 킴벌리 등지의 신종 MRSA 보균자들이 병원에 입원한 적이 한 번도 없다는 사실이었다. MRSA는 그때까지 병원에서 옮는 세균으로 알려져 있었다. 병원에 입원한 적 없는 사람들에게도 MRSA가 있다는 사실은 보고된 바 없었다.

신종 MRSA는 또 다른 의문을 제기했다. 다른 고립된 원주민 마을에서도 같은 일이 벌어지고 있었을까? 답을 얻으려면 WA에서 사상 최대 규모로 검사를 실시해야 했다. 그러브는 연구 기획안을 작성해 오스트레일리아 국립보건의료연구위원회National Health and Medical Research Council로부터 연구비를 받았다. 이후 7년간 WA 보건국과 RFD의 도움을 받아, 그러브 연구팀은 WA를 종횡무진 누비며 킴벌리에서 멀리 떨어진 다른 외딴 마을의 원주민들을 검사하고 간간이 퍼스에 들러 결과를 분석했다. 연구팀은 WA 동부의 바르부르턴과 중부의 필바라 등지를 여행하며 여러 크고 작은 마을에서 샘플을 채취했다. 그중에는 주민이 40명뿐인 마을도 있었고 몇백 명인 마을도 있었다. 어떤 사람들은 몇 년에 걸쳐 여러 차례 검사를 받았는데, 이는 그들의 주변 환경에서 MRSA가 출현하는 양상을 알아보기 위해서였다. 그 과정에서 그러브 연구팀은 오랫동안 원주민과 협력해온 그레이시 같은 의사들의 도움을 여러 번 받았다.

어디를 가든 그러브 연구팀은 피검사자가 이제까지 어떤 병을 앓았는지 그리고 마을에서 사용하는 항생물질이 있는지를 기록했다. 시간이 흐르며 그림이 조금씩 완성되었는데, 완성된 그림은 MRSA에 대한 이전의 통념을 뒤집었다. 연구팀은 신중히 세균주를 분류하고 세균주와 환자 병력을 관련지으면서 내성이 생기는 원리에 대한 기존 통념을 근본적으로 바꿔놓았다.

그러브 연구팀의 연구 결과는 불길했다. 그들은 병원 획득성 hospital acquired MRSA에 대응하는 '지역사회 획득성 CA: community acquired' MRSA를 발견했다. 이는 전 세계의 과학자와 공중보건 전문가들을 두려움에 빠뜨렸다. 그러브의 확증에 따르면 MRSA는 반드시 병원에서만 생기진 않았다.[4]

그 세균은 지역사회에서 발생 가능했다.

**내성 전쟁**

# 계층이나 빈부와
무관한 문제

셉트랜Septran*은 두 가지 항생제 트리메토프림trimethoprim과 설파
메톡사졸sulfamethoxazole의 조합물로 내가 어렸을 때 집안의 상비약이
었다. 나는 몸에서 열이 나면 분홍색 셉트랜 시럽을 큰 스푼으로 하
나 먹었고, 목구멍이 간질간질하면 작은 스푼으로 하나 먹었다. 나
는 그 약이 싫지 않았다. 풍선껌 향미료 등의 첨가물이 들어가 있어
서 맛이 달콤했다. 게다가 그 약을 먹는 날에는 보통 학교를 쉬었
다. 나는 나이가 들면서 향미 시럽을 뗐지만, 그 약은 언제나 부엌
찬장 왼쪽에서 둘째 칸에 있었다. 알고 보니 셉트랜은 성인용 약도
있었고 정제도 있었다. 파란 블리스터 포장에 하얀 타원형 알약이
들어 있는 형태로도 나왔다.

처방전이 없어서 셉트랜을 못 사는 일은 없었다. 그 약은 돈만

---

* 한국에는 셉트린(Septrin)이란 상품명으로 알려져 있다.

있으면 누구든 약국에서 구입 가능했다. 우리 가족은 중산층이었고, 중산층의 특징 중 하나는 집에 약을 잘 갖춰둔다는 점이었다.

30년 후에도 파키스탄은 거의 변하지 않았다. 내가 살았던 동네의 약국들은 이제 여러 가지 제네릭 약과 브랜드 약*을 파는데, 그중에는 해외 브랜드도 있고 국내 브랜드도 있다. 그런 약은 가격도 품질도 천차만별이지만, 여전히 처방전 없이 구입 가능하다.[1]

항생제가 이롭기는커녕 해로울 만한 경우에도 처방된다는 문제는 우리 집안의 여러 의사를 포함한 현지 의사들에게 어느 정도 책임이 있다. 환자가 열이 나든 목감기를 앓든 치통을 앓든 가정의들은 주저 없이 항생제를 권하는데 때론 전화 통화로도 권한다. 감염증 원인이 정말 세균인지 알아보려고 검사하는 경우는 전혀 없다. 설상가상으로 환자들이 처방전 없이 약국에 가서 항생제를 직접 구입하는 일도 허다한데, 이는 홈스 박사가 필리핀에서 목격한 상황과 비슷하다. 약사들 역시 적극적으로 항생제를 판매한다.

파키스탄을 비롯한 여러 개발도상국에서 항생제가 널리 유통된 때는 1960년대부터였다. 갖가지 브랜드 약의 특허가 만료되면서 새로운 제네릭 약들이 출시된 시기였다. 당시에는 저 · 중소득 국가의 경우 약을 대부분 수입했지만, 1970년대가 되자 몇몇 개발도상국의 현지 제약회사들이 규모를 키우고 생산량을 늘렸다. 인도

---

\* 원개발사의 약을 브랜드 약(brand name drug)이라 하고, 신약 특허가 만료돼 다른 제약회사에서 복제해 내놓은 약을 제네릭 약(generic drug)이라 한다.

제약업계는 1970년에 새 특허법 덕을 톡톡히 보았다.[2] 인도 정부는 특허의 범위를 제품이 아니라 제조법과 관련해 규정함으로써 특허가 아직 유효한 약일지라도 국내 업체들이 생산 가능하게 만들었다. 다른 제조법을 사용하기만 하면 인도 회사들은 외국 회사의 제품과 똑같은 제품을 만들어도 괜찮았다.

인도 회사들은 부유한 나라의 제품과 똑같은 제품을 만들 방법을 찾기 위해 제조법을 역추적하기 시작했다.[3] 특허법이 바뀌었기 때문에 외국 회사가 인도 회사를 특허 침해 혐의로 고소하기가 매우 힘들어졌다. 인도를 포함한 여러 나라에서 제약업이 호황을 누렸고, 공급량이 늘어나면서 약은 더 저렴해지고 구입이 쉬워졌다.[4] 다른 나라에서는 국내 제약회사뿐 아니라 다국적 제약회사들도 매출을 늘리려고 처방약 관련 법에 반발하는 경우가 많았다.

항생제는 구하기가 쉽고 가격이 비교적 저렴하며 관련 법이 약한 데다 제대로 시행되지 않다 보니, 중산층 가정에서는 약장에 항생제를 늘 상비했다.[5] 언젠가부터 우리 가족은 항생제 복용량을 두 배로 늘려야 한다는 점을 알아차렸다. 나는 셉트랜을 한 스푼 말고 두 스푼 먹어야 했다. 이는 우리 가족만의 문제가 아니었다. 도시 전역의 주민들, 심지어 우리보다 형편이 나쁜 사람들도 비슷한 문제에 직면해 있었다.

이슬라마바드의 우리 집에서 멀지 않은 곳에 프랑스콜로니France Colony란 도시 빈민가가 있다. 그 빈민가의 이름은 역사적 우연의 산물이다. 예전에는 그곳에 프랑스 대사관이 있었는데, 대사관은 언젠가 더 안전한 지역으로 이전했다. 지금 프랑스콜로니에 사는 사람들 대부분은 부유한 서유럽 국가의 후손들과 영 딴판이다.[6]

주민들은 상업 중심지와 아주 가까운 도시 한복판에서 살지만 파키스탄에서 소외된 기독교인들이다 보니 이슬라마바드의 무슬림 시민 다수와 정부로부터 비난받고 구박당하고 홀대받을 때가 많다. 프랑스콜로니에서는 하수와 식수가 섞이는 일이 예사여서 갖가지 질병이 창궐했다. 가난한 부모들은 어린 자식이 위협적인 감염증에 걸리면 우리 가족이 늘 그랬듯, 민간요법과 함께 처방전 없이 구입 가능한 셉트랜 같은 약부터 써본다. 그런 방법이 통하지 않으면 아이를 데리고 동네 병원을 찾지만, 동네 병원은 환자들로 넘쳐나며 치료에 필요한 자원이 늘 부족했다.

프랑스콜로니에서 오랫동안 살아온 사히바(가명)는 이슬라마바드 최상류층 집에서 가정부로 등골이 빠지게 일한다. 내가 사히바를 만났을 때, 그녀는 동네 병원의 의사들이 어떤 항생제로도 치료 못 한 감염증 때문에 아기를 잃은 직후였다. 의사들은 왜 아기를 비위생적인 환경에 두었냐며 사히바를 넌지시 또는 대놓고 나무랐다. 사히바는 자녀를 키우는 동네 환경을 바꿀 방법이 없었고, 더 부유한 인근 동네의 약국에서는 이슬라마바드 곳곳의 약장을 채울 갖가지 항생제를 팔아댔다.

사히바의 사연은 특이한 사례가 아니다. 파키스탄의 내성률은 엄청나게 높은 편이며 결국 모든 사람에게 영향을 미치게 된다.

어렸을 적에 나는 콧물이 나올 때 셉트랜을 한 스푼 먹는 일이 문제가 될 줄은 전혀 몰랐다. 내 딴에는 상태가 악화되기 전에 병의 진행을 적극적으로 막으려 한 행동이었다. 약제 내성이란 말은 들어본 적이 없었다. 게다가 약은 구하기도 쉬웠고 효과도 있는 듯했다. 아무튼 내 생각에는 그랬다. 나는 주류 종파와 주류 민족에 속했고, 좋은 동네에서 살았으며, 깨끗한 물과 위생 시설을 이용했다. 사히바를 실망시킨 바로 그 사회체제가 나와 내 주변 사람들에게는 관대했다. 사히바와 자녀들을 위협하는 감염증은 안타까운 일이었으나, 그 지역의 심각한 빈곤 상태를 고려하면 불가피했다.

사히바를 비롯한 프랑스콜로니 주민들은 질병을 퍼뜨리는 주범으로 몰려 최상류층의 비난을 종종 받았다. 하지만 진짜 주범은 지독한 가난을 낳은 사회체제, 위생과 공공복지를 우선시하지 않은 무능한 정부였다.

당시 나는 약 복용 습관을 잘못 들인 우리 가족에게도 책임이 있음을 알아차리지 못했다. 지금은 우리 모두에게 어느 정도 책임이 있음을 안다. 전 세계에서 빈곤층을 질병 확산의 주범으로 계속 몰아갈수록, 중산층과 부유층도 항생제 내성을 유발한다는 사실을 계속 무시할수록, 문제에 대처하는 데 시간이 더 많이 걸린다. 이 문제가 환자 잘못이 아니라 제약회사들과 그들을 통제해야 하는 정부의 잘못 때문에 초래되었다는 사실을 인식해야 모두가 더 잘 살 수 있다.

파키스탄 라호르의 또 다른 빈민가에 사는 사디크(가명)는 지역 보건 당국이 발표한 보고서를 보고 모욕감을 느꼈다. 보고서에는 자기 아버지 아슬람(가명)이 본인 잘못으로 죽었다는 비난이 실려 있었기 때문이다. 아슬람은 자신과 친구들의 형편에 맞는 유일한 기분 전환 약제였던 시럽 형태의 기침약을 먹은 후에 죽었다. 그는 그 약을 수년간 먹어온 터였다. 같은 빈민가에 살던 아슬람과 친구들은 주말마다 모여 기침약을 각자 한 병씩 마셨다. 이는 그들이 일주일에 한 번씩 즐기던 특별한 활동이었다. 그들은 기름진 길거리 음식으로 간단히 식사하고, 충분히 복용하면 가벼운 환각을 일으키는 기침약을 마시고, 때때로 카드놀이를 했다. 그다음에는 각자 집으로 돌아가 잠으로 몽롱함을 깨고 이튿날 다시 일하러 갔다.

하지만 이번에는 달랐다. 사디크의 아버지는 집에 와서 저녁을 먹은 후 다시는 깨어나지 않았다. 친구들도 모두 깨어나지 않았다. 열두 명 넘게 죽었다. 모두 똑같은 기침약을 마시고 그런 운명을 맞았다. 당시는 질 낮은 심혈관계 질환 치료제를 복용한 뒤 파키스탄인 200여 명이 목숨을 잃은 스캔들이 터진 직후였다.[7] 정부 관리들은 여론이 더 나빠질까 봐 두려워서 재빨리 기침약 소비자를 비난했다. 사디크는 이에 분노했다. 정부는 아무런 책임도 지지 않고, 아슬람과 친구들이 모두 본인들 잘못으로 사망했다고 발표했다.

주(州) 보건국장은 그들이 중독자라고 말했다. 어떤 사람들은 한 술 더 떠서 그들을 노숙자보다 못한 인간쓰레기라고, 제대로 된 인간이 아닌 말종이라고 불렀다. 일주일 후 똑같은 기침약 문제가 이웃 도시에서 발생했다. 이번에는 30여 명이 목숨을 잃었다.[8] 또다시 정부는 국내 제약업계를 등에 업고 완강히 버티며, 연구 보고서에 따르면 기침약에는 아무 이상이 없다고 주장했다.

사디크는 사망 사건과 기침약이 무관하다는 증거를 제시하라고 정부에 요구했다. 몇몇 신문이 사디크의 청원에 주목했지만, 그 사건은 곧 다른 갖가지 사건에 밀려났고, 세상은 더 이상 아랑곳하지 않고 굴러갔으며, 제약회사에 대한 느슨한 통제는 계속되었다.


라호르의 빈민가에서 멀지 않은 곳에 굴랍 데비 흉부외과가 있다. 그 병원에 힌두 자선가의 이름이 붙었다는 점은 이슬람 광신도들에게 늘 눈엣가시다. 그곳은 국내 최대급 결핵 병원이다 보니 인류와 항생물질 내성균의 싸움에서 중요한 역할을 한다. 병상 수가 1,500개에 달하는 만큼 병원은 늘 아수라장이다. 거기서 의사들은 수많은 결핵 환자를 치료하는데, 그중 상당수는 다제 내성 결핵MDR-TB을 앓고 있다. 사실상 다제 내성 결핵은 1차 항생제를 써도 차도가 없는 감염증이다. 가장 많이 쓰이는 항결핵제를 둘만 꼽자면 리팜피신rifampicin과 이소니아지드isoniazid가 있다. 다제 내성 결핵과 가난 사이에는 상관관계가 존재한다. 굴랍 데비 흉부외과를 찾는 환자들 대부분은 정말 빈곤하다. 그들은 결핵에 대한 파키스탄식 정의와 부합한다. 파키스탄에서 결핵은 빈자들의 병이다.

그런 환자 중 한 명인 쿨숨 비비(가명)는 1년 넘게 굴랍 데비 흉부외과를 다니며 통원 치료를 받고 있었다. 그녀는 사디크와 같은 지역 출신이었으며 사디크와 마찬가지로 가난했다. 그리고 마찬가지로 푸대접을 받았다. 담당 의사는 종종 쿨숨을 비난하며, 자신이 처방한 약을 써도 감염증이 낫지 않는 까닭은 쿨숨 본인 탓이라고 말했다. 그는 자신이 말해준 치료법을 쿨숨이 충실히 따르지 않았으리라 확신했다.

쿨숨 비비는 절대 그렇지 않다고, 자신은 의사 지시를 충실히 따랐다고 단언했다. 그녀는 자기가 교육을 조금이나마 받았다는 사실을 무척 자랑스러워하며, 자기도 수를 셀 줄 알고 시간을 볼 줄 안다고, 분명히 약을 모두 제때 먹었다고 의사에게 말했다. 하지만 의사는 믿음도 없고 관심도 없어 이미 다음 환자에게로 관심을 돌리며, 그녀의 진료를 끝내버렸다. 의사 소견은 변함없었다. 흔하디흔한 소견이었다.

처방을 준수하라는 주장은 대략 다음과 같다. 항생제를 처방받은 환자는 정해진 기간 동안 약을 꼬박꼬박 챙겨 먹어야 한다. 그 기간은 환자가 얼마나 오랫동안 약을 복용해야 병원균이 모두 죽는지 보여준 실험·임상 연구에 근거한다. 어떤 세균은 다른 세균보다 더 오래 살아남을 수 있으므로, 정해진 기간을 꽉 채워서 약을 복용하는 일은 회복에 매우 중요하다. 정해진 기간이 다 되기 전에 약을 끊으면 일부 세균이 살아남아 내성을 띠게 될지도 모른다.

약에서 효력을 발휘하는 부분을 유효 성분API: Active Pharmaceutical Ingredient이라고 부른다. 약마다 몸속에서 유효 성분을 방출하는 속도가 다르다. 그런데 약이 유효 성분을 충분히 방출하지 않거나 충분히 함유하고 있지 않으면, 세균은 개체군 전체를 말살시키기엔 부족한 양의 항생물질에 노출된다. 그 결과 살아남는 세균은 항생제를 가장 잘 이겨낼 수 있다. 항생제가 경쟁자들을 대부분 죽여버리면, 내성균은 마음껏 증식하고 경우에 따라선 돌연변이가 더 일어나 불완전 내성에서 완전 내성으로 이행하기도 한다.

그런 식으로 내성균이 선택될 가능성이 있으므로 의사는 환자에게 일정 기간 약을 꼬박꼬박 챙겨 먹으라고 당부한다. 쿨숨의 담당 의사가 화를 냈던 이유도 그래서다. 그가 판단하기에 쿨숨은 한때 치료 가능했던 병을 매우 치료하기 힘들게 만들어버렸다. 설상가상으로 그녀 몸속의 감염균이 약제 내성균으로 바뀌면서 주변 사람들이 더 강력해진 감염균에 노출될 터였다.

하지만 이 주장을 다른 관점에서 바라볼 필요도 있다. 약의 순도가 50퍼센트에 불과했다면 어땠을까? 환자가 정해진 기간을 꽉 채워서 항생제를 복용했더라도 실은 그 기간의 절반 동안만 그렇게 한 셈이 된다. 환자는 의사 지시를 충실히 따랐지만, 도움을 제공해야 마땅한 사회 체제가 환자에게 도움이 되지 못한 셈이다. 라호르에서 가난한 사람들을 죽인 기침약처럼 해당 약과 그 약의 생산·배급자들이 진짜 주범은 아닐까?

유효 성분 함량이 포장 상자에 적힌 수치보다 적은 약, 잘못 만들어져 변질된 약, 냉장해야 하는데 고온에서 보관해 변질된 약은 여러 나라에서 계속 큰 문제가 되고 있다. 그런 나라에서 영업 중인 제약회사들은 엄격한 규제 및 시행의 부재로 품질 관리에 소홀해 불량 의약품을 만들 공산이 크다. 게다가 글로벌 공급망을 이용하다 보니, 중국산 성분으로 인도에서 제조된 약이 케냐에서 판매될 가능성이 있는데, 그 과정 중에 온갖 유해 요소가 순진한 소비자에게 해를 끼칠 가능성 또한 더욱 커진다.[9] 한편으로는 국제 정치, 빈곤국의 원조 의존성, 새로운 형태의 식민주의가 문제 은폐에 일조한다. 예를 들어 중국으로부터 상당한 자금을 받아 대규모 사회 기반 시설을 개발하는 정부는 중국의 국영 제약회사를 비난하길 꺼린다. 가난한 나라들은 보건 의료 자원이 너무 빠듯해서 국내에 공급되는 약의 품질과 안전성이 국제 표준을 충족하는지 검사할 여력이 없는 경우가 많다.

저·중소득 국가에서 판매되는 온갖 약 중 적어도 10퍼센트는 품질이 나쁘다.[10] 몇몇 나라에서는 전문 의약품과 일반 의약품을 막론하고 유통되는 모든 약 중 무려 3분의 1이 저질이다.[11] 그 결과로 해마다 전 세계에서 죽는 환자의 수가 수십만에 이른다. 그리고 항생제는 오늘날 불량품과 가짜가 매우 많은 의약 품목 중 하나로 꼽힌다. 얼마 전까지는 그런 약이 내성을 유발하는지가 분명하지 않았으나, 지금 우리는 그런 약이 내성을 유발한다고 확신한다.

보스턴대학교의 내 연구실에서 박사 과정을 열심히 밟던 조하르 와인슈타인Zohar Weinstein은 연구에 착수한 지 1년쯤 됐을 때 특이한 뭔가를 발견했다. 그녀는 기존 항생제의 새로운 조합으로 내성 극복이 가능한지 연구하면서 리팜피신이란 특정 약을 조사하고 있었

내성 전쟁

다. 리팜피신은 항생물질 연구의 전성기에 발견됐는데, 수많은 약이 그랬듯 토양 샘플에서 나왔다.

해당 토양 샘플은 1957년에 프랑스 코트다쥐르에서 채취되어 분석을 위해 밀라노의 르프티Lepetit 제약 연구소로 보내졌다. 연구소의 두 과학자 피에로 센시Piero Sensi와 마리아 테레사 팀발Maria Teresa Timbal이 샘플에서 발견한 신종 세균은 새로운 항생물질을 만들어냈고 바로 그 물질이 나중에 리팜피신으로 명명되었다. 그 약은 10년쯤 지난 후에야 시중에 나왔다. 1968년에 이탈리아에서 처음 출시되고, 1971년에 FDA 승인을 받은 후 미국에서도 출시됐다. 리팜피신은 곧 1차 항결핵제가 되었다.[12]

리팜피신을 연구하던 와인슈타인은 리팜피신이 리팜피신 퀴논rifampicin quinone이란 화합물로 쉽게 변질된다는 사실을 알아차렸다. 제약회사와 규제 기관은 리팜피신 퀴논을 불순물로 간주한다. 간단히 말하면 리팜피신에 리팜피신 퀴논이 조금이라도 섞인 약은 시판되면 안 된다. 리팜피신이 리팜피신 퀴논으로 변하는 반응은 특정 환경 조건하에서 일어나는데, 아스코르브산ascorbic acid 같은 물질을 첨가하면 이를 막을 수 있다.

리팜피신이 리팜피신 퀴논으로 쉽게 변한다는 사실을 알게 된 와인슈타인은 호기심과 걱정이 생겼다. 또한 그녀는 궁금했다. 이 사실은 세균의 내성에 어떤 영향을 미칠까? 와인슈타인은 세균을 순수한 리팜피신과 불순물에 체계적으로 노출시켰다. 또 그녀는 의사가 처방할 만한 양보다 적은 양의 항생제에 세균을 노출시켜 처방 준수를 모의 실험했다.

불순물 대부분은 세균을 죽이지 못했지만 내성을 유발하지도 않
았다. 이는 마치 세균을 가짜 약에 노출시키는 경우와 같았다. 그런
데 리팜피신 퀴논으로 실험한 와인슈타인은 충격적인 현상을 목격
했다. 그 불순물은 내성을 유발했을 뿐 아니라, 리팜피신을 아주 조
금만 썼을 때보다 내성을 훨씬 빨리 유발했다. 불순물이 섞인 약을
투여하는 일이 처방 준수보다 훨씬 심각한 문제였다. 와인슈타인
은 실험을 수십 번 되풀이했다. 매번 같은 결과가 나왔다.

그녀는 여기서 멈추지 않았다. 와인슈타인은 에릭 루빈Eric Rubin
에게 연락해 조언을 구했다. 하버드 보건대학원의 결핵 전문가 루
빈 역시 그녀의 실험 결과를 걱정스러워하며 와인슈타인에게 치구
균Mycobacterium smegmatis이란 다른 세균을 이용해 가설을 검증해보라고
권했다. 치구균은 더 현실적인 결핵 연구용 모델 생물model organism*
이었는데, 이는 결핵균이 실험실에서 매우 느리게 자라는 데다 결
핵균을 다루려면 광범위한 안전 수칙을 마련해야 했기 때문이다.
와인슈타인은 또다시 고생스러운 실험을 시작했다. 먼저 여러 배
양배지를 따로따로 준비한 뒤 항생제 투여량을 일일이 기록한 다
음, 치구균이 유효 농도의 리팜피신, 유효 농도 미만의 리팜피신,
불순물에 각각 노출됐을 때 어떻게 반응하는지 관찰했다. 이번 결
과는 더욱더 놀라웠다. 불순물에 노출된 세균은 소량의 리팜피신

---

* 대장균, 초파리, 생쥐처럼 생명 과학 연구에 널리 쓰이는 생물을 이르는 말이다.

**내성 전쟁**

에만 노출된 세균보다 내성이 훨씬 빨리 커졌다.[13]

와인슈타인은 약의 불순물과 내성이 서로 직결돼 있다는 사실을 발견했다. 그녀는 다음 단계로 넘어가, 유전자 수준에서 어떤 일이 일어나는지 알아내려고 실험을 수행했다. 새로운 돌연변이가 일어나서 즉 분자 수준에서 변화가 일어나서 세균이 내성을 띠게 됐을까? 아니나 다를까 그녀는 한 번도 보고된 적 없는 새로운 돌연변이를 발견했다.

마지막 의문은 불순한 약을 접한 세균이 순수하고 강력한 약과 맞닥뜨리면 어떻게 되는가 하는 점이었다. 와인슈타인은 불순물에 노출돼 내성이 생긴 세균을 골라냈다. 그리고 순수한 리팜피신을 배지에 추가하고 또 추가해보았는데, 세균은 변함없이 내성을 보였다. 리팜피신 양을 아무리 늘려도 세균은 죽지 않았다.

이는 또 다른 뜻밖의 사실이었다. 약제 내성이 발생하는 이유는 의사들이 항생제를 너무 많이 처방하기 때문만도 아니었고, 환자들이 복용법을 충실히 따르지 않거나 불순물이나 변질물이 섞인 불량 의약품을 복용하기 때문만도 아니었다. 이는 제약업이 식품 제조업의 일부가 된 상황과 관련된 문제만도 아니었다.

내성이 발생하는 이유는 분명 불량 의약품이 존재하지만, 불량 의약품 시판을 막는 규제가 없기 때문이었다.

# 22 — 좀처럼 아물지 않는 전쟁의 상처

2017년 11월에 나는 베이루트 아메리칸 대학교AUB에서 다른 학자들과 만나 이틀간 회의를 하기로 했다. 나는 항생제 내성 연구 지원금 500만 달러를 받고자 하는 국제 연구팀의 일원이 될 기회를 얻었다. 연구지원금을 제공하는 영국 의학연구위원회는 야심 찬 대규모 프로젝트를 제안하는 팀에게 지원금을 제공하고자 했다. 레바논인이 이끈 우리 팀은 지원금 지급 대상 최종 후보였다. 우리 팀은 다양한 기술적 전문성을 지녔고, 영국을 비롯해 프랑스, 스웨덴, 예멘, 요르단, 네덜란드 등지의 연구자로 구성되었다.

우리 팀이 연구하려던 문제는 지속적인 약제 내성 감염으로, 시리아와 이라크 등의 중동 국가에서 레바논으로 치료를 받으러 온 환자들에게서 발견되는 문제였다. 나는 문제의 심각성은 알고 있었지만, 팀원 대다수가 문제의 기원을 약 15년 전 미국이 일으킨 이라크 전쟁으로 추정하는 줄은 몰랐다.

2003년 미국이 이라크를 침공해 점령한 직후, 미군 야전병원의 군의관들은 기회감염균* 아시네토박터 바우마니_Acinetobacter baumannii_와 관련된 감염증이 많이 발생한다는 사실을 조금씩 알아차렸다. 아시네토박터 바우마니가 기회감염균으로 여겨지는 이유는 단독으론 병을 일으키지 않는데, 폐렴이나 상처 감염증 같은 감염증이 존재하면 번성하기 때문이다.[1] 아시네토박터 바우마니는 어디에나 존재한다. 개울이나 흙 속에도 있고 병원 벽에도 있고 환자 피부에도 있다.[2] 그리고 일단 자리를 잡으면 급속히 증식한다.

아시네토박터 바우마니의 잠복기가 길긴 했지만, 군의관들은 그 세균을 치료하는 일이 가능하다고 확신했다.

그러나 이번에는 그렇지 않았다. 미군 야전병원이 직면한 문제는 세균이 널리 퍼졌다는 점이 아니었다. 군의관들의 걱정거리는 그 그람 음성균이 최상급 항생제 중 상당수에 심각한 수준의 내성을 보인다는 점이었다.[3] 처음에 그들이 접한 사례는 몇 건에 불과했지만, 사례 건수는 서서히 증가했다. 2003년부터 2009년까지 6년간 3,300명에 달하는 미군이 약제 내성 아시네토박터 바우마니 감염증에 걸려 치료를 받았다. 설상가상으로 참전 용사들은 그 세균을 미국의 병원, 이를테면 월터리드 국립 군의료원 같은 곳으로 옮겨왔다. 이라크의 야전병원에 입원했던 군인들은 귀국 후 군의료원에서 치료받는 경우가 많았다.[4]

---

\* 건강한 사람에게는 감염 증상을 유발하지 않지만, 극도로 쇠약하거나 면역기능이 저하된 사람에게 감염 증상을 일으키는 세균을 말한다.

전쟁이 생각보다 길어지면서 아시네토박터는 이라크 주둔 미군에게 큰 위험 요인으로 여겨졌다. 심지어 이라키박터Iraqibacter라는 별명을 얻기도 했다. 문제가 하도 심각하다 보니 2010년에는 의회가 이와 관련해 특별 공청회를 열기도 했다.[5] 하지만 얼마 후 미군이 이라크를 떠나기 시작하자 병력이 줄면서 군사 작전도 줄었다. 오늘날 약제 내성 아시네토박터는 더 이상 미군을 위협하는 큰 걱정거리는 아니나, 현지 주민들에게는 아직도 문제로 남아 있다.[6]

미국이 이라크를 침공했기 때문에 이라키박터가 발생하고 증가하게 됐을까? 미국의 걸프 전쟁, 그중에서도 2003년 이라크 전쟁 때문에 약제 내성 아시네토박터가 세계를 공격하게 됐을까?

레바논의 가산 아부시타Ghassan Abu-Sittah와 동료들은 그렇다고 확신한다.[7] 아부시타는 현지의 일류 성형외과 의사로, 전쟁으로 외상을 입은 환자를 수없이 보아왔다. 그의 아버지는 팔레스타인인으로 캠프 데이비드 협정* 체결 이전에 수많은 팔레스타인인이 그랬듯 카이로에서 의학 박사학위를 취득했다. 아부시타는 영국에서 의학 교육을 받았는데, 처음엔 글래스고에서 그다음엔 런던에서 교육받았고 1990년대 초부터 이라크와 레바논 남부에서 일하며 중동의 여러 분쟁 지역을 돌아다녔다.

---

* 교착 상태에 빠진 이집트와 이스라엘의 단독 평화 협상을 해결하기 위하여 1978년 9월 미국 대통령 카터가 이집트 대통령 사다트와 이스라엘 수상 베긴을 캠프 데이비드 대통령 산장으로 초청하여 합의한 협정. 이에 의거하여 1979년 3월 이집트와 이스라엘의 평화 협정이 체결되었다.

2009년에 아부시타는 베이루트 아메리칸 대학교AUB 병원 성형외과장으로 채용되었다. 거기서 그는 지속 감염에 시달리는 환자가 계속 증가하는 추세를 목격했다. 감염균을 배양해 검사해보니 이라키박터 양성 반응이 나왔다.

일을 시작했을 무렵 아부시타는 같은 대학의 다른 연구자 소하 칸지Souha Kanj 박사를 만났다. AUB 병원 감염병동장인 칸지는 분쟁과 전쟁을 겪은 경험이 많았다.[8] 그녀는 레바니스 프렌치 대학교 의대를 다니던 시절 수년째 지속돼온 레바논 내전이 격화되는 바람에 학업을 계속하지 못하게 되었다. 그래서 프랑스 보르도에 가서 1년간 유학하고, 사태가 진정되었길 바라며 레바논으로 돌아왔다. 하지만 내전은 여전히 진행 중이었고(레바논 내전은 15년간 계속됐다), 칸지는 결국 안전을 위해 집에서 가까운 AUB에 입학했다. 학위를 받은 후 칸지는 미국의 듀크의료원 메디컬센터에서 수련을 쌓고 감염증과 고형 장기 이식 분야의 선구자가 되었다.

1998년에 칸지는 남편과 함께 레바논으로 돌아왔다. 귀국 후 첫 몇 년간 칸지가 목격한 감염증은 세계 다른 곳곳에서 보고된 감염증과 비슷했다. 그런데 2006년에 상황이 급변했다. 이스라엘이 레바논을 다시 침공했고, 여러 건물, 다리, 사회 기반 시설이 파괴되었다. 그와 동시에 AUB 감염병동을 찾는 환자들이 거의 모든 항생제에 심각한 수준의 내성을 보이기 시작했다. 걱정이 커지던 칸지는 담당 병동에 온 환자에게서 채취한 샘플을 하나도 빠짐없이 철저히 배양하라고 지시했다. 그리고 2007년경에 칸지 연구팀은 자기들이 전약제 내성 아시네토박터 바우마니 감염증 발병 사태와 씨름하고 있음을 깨달았다.

칸지는 더 깊이 파고들고 싶었다. 전에도 이런 일이 있었을까? 그녀는 이리저리 수소문했는데 그중에서도 AUB 미생물학 연구실 사람들에게 특히 많이 물어보았다. 연구원 대부분은 금시초문이라 답했지만, 나이 많은 몇몇 미생물학자는 달랐다. 그들은 배양물을 보고는 고개를 끄덕였다. 그들은 1975~1990년에 내전으로 레바논이 쑥대밭이 됐을 때 같은 현상을 본 적이 있었다. 그런 이야기를 몰랐던 칸지는 관련 연구 결과를 발표한 적이 있냐고 그들에게 물었다. 워낙 위기 상황이다 보니 그들은 그럴 겨를이 없었다. 칸지는 이제 촉이 왔다. 아시네토박터의 내성은 전쟁과 연관된 듯했다.

칸지는 아부시타의 외상 연구에 대해 들은 바 있고, 아부시타는 칸지가 감염증 전문가라는 사실을 익히 알고 있었다. 둘 다 진료 업무로 바빠 시간을 내기가 어려웠지만, 하루빨리 힘을 합쳐야 했다. 처음 만났을 때부터 그들은 죽이 잘 맞았으며, 둘이 서로 힘을 합쳐 약제 내성 아시네토박터와 분쟁의 연관성을 검증하기에 알맞은 사례를 찾아야 할 때라고 확신했다.

그들은 얼마 지나지 않아 그리 멀지 않은 곳에서 해당 사례를 찾아냈다. 두 의사가 진료하는 환자 가운데 상당수는 이라크인이었다. 당시에는 위중한 상태의 이라크인이 레바논, 요르단, 터키에서 치료받는 일은 예사였다. 이유는 간단했다. 이라크 의료 체계는 한때 중동에서 괜찮은 편이었으나, 1990년대 제1차 걸프 전쟁 후 받은 제재와 2003년 시작된 미국의 이라크 침공 때문에 완전히 붕괴해버렸다.[9] 스스로 비용을 부담할 만한 환자, 혹은 영향력이 커서 이라크 정부가 비용을 부담하는 환자들은 주변 국가의 의료 시설로 갔다. 아부시타가 기억하는 한 환자는 자살 폭탄 테러를 막다가 중상을 입었다. 그는 외상이 심각했고 뼈가 감염되었다. 일반 일선 항생제는 전혀 듣지 않았다. 아부시타는 혈액 배양 검사를 요청했다. 배양 결과 아시네토박터 바우마니가 발견되었다.

아부시타와 동료들은 총상 환자와 폭격·교통사고 생존자를 종종 진찰했다. 심각한 외상 때문에 그런 환자 중 상당수는 뼈가 감염되어 골수염에 걸렸다. 골수염이 발생하면 약제 내성 이라키박터가 군체를 형성하는 경우가 많았고, 그런 경우 써볼 만한 약이 얼마 없다 보니 환자 예후가 좋지 않았다.

약제 내성 이라키박터에 감염된 이라크인 환자가 증가하는 까닭을 알아내려고 아부시타는 또 다른 동료인 의료 인류학자 오마르 알데와치Omar al-Dewachi와 협력했다. 알데와치의 전문 분야 중 하나는 이라크의 공중보건 체계, 그중에서도 보건 체계의 최근 역사였다. 알데와치는 제1차 걸프 전쟁 중에 달라진 이라크 보건 체계를 몸소 겪었다.[10]

이라크 보건 체계는 1990년대 초에 미국이 이라크를 처음으로 맹공격했을 때부터 붕괴하기 시작했다. 전쟁이 끝난 다음에는 제재가 뒤따르면서 이라크에서 사업을 하려는 나라가 거의 없게 되었다. 사담 후세인의 측근들이 받은 영향은 미미했다. 부유층과 특권층은 양질의 의료 서비스를 받을 방법이 있었다. 하지만 이라크의 일반 대중과 공공 병원이 받은 피해는 심각했다[11]

오마르 알데와치는 전쟁이 시작된 해에 수련 과정을 마치고 바그다드의 주요 병원에서 의사로 일하면서 보건 체계의 붕괴를 목격했다. 의료 물자가 부족한 데다 조악해지고 있었다. 심지어 외과의가 쓰는 감염 예방용 마스크도 너덜너덜해질 때까지 재사용해야 했다. 마스크가 아예 없을 때도 많았다.

이라크의 보건 체계는 제1차 걸프 전쟁으로 난장판이 되었다. 그리고 2003년 미국의 침공으로 완전히 붕괴됐다. 의사들은 급여를 받지 못했으며 기본적인 일에 필요한 장비조차 없었다. 상당수는 이라크를 떠나거나 탈출했다. 알데와치도 그중 한 명이었다. 그는 베이루트를 거쳐 하버드로 가서 박사 과정을 밟았다. 알데와치는 학업에 매진하던 중에 캐나다에 갔다가, 이라크 여권으론 미국에 재입국하지 못한다는 말을 들었다. 후세인 집권기에 발급된 그의 여권은 이제 효력이 없었다.

발이 묶인 알데와치는 캐나다의 의료 인류학자 빈킴 응우옌Vinh-Kim Nguyen 박사를 만나 함께 일하기 시작했다.[12] 응우옌의 관심사는 유달리 국제적이었다. 베트남과 스위스 출신의 부모에게서 태어난 그는 영국에서 자라 캐나다로 이주했다. 연구와 조사를 수행하던 중에 응우옌은 에이즈 바이러스에 세계가 어떻게 대응하는지, 그런 대응이 아프리카에서 에이즈를 앓는 사람들에게 어떤 의미가

내성 전쟁

있는지에 깊은 관심을 갖게 되었다. 알데와치가 의료 접근성, 외상, 전쟁 상흔 문제에 관심이 있다는 데 공감한 응우옌은 알데와치가 미국으로 돌아갈 방법을 찾는 동안 머물 곳을 마련해주었다. 두 사람은 친구로서 그리고 같은 학자로서 가까워졌다. 응우옌과 알데와치는 이후에도 수년간 분쟁과 전쟁의 상흔을 계속 공동으로 연구할 터였다.

알데와치는 결국 미국으로 돌아갔지만 이라크 국민으로서 입국하진 못했다. 그의 조국을 폭격하고 침략하고 고립시킨 미국은 그를 난민으로 간주했다. 알데와치는 마지못해 그 신분을 받아들였다. 하버드로 돌아가 박사 과정을 마치려면 그 방법밖에 없었기 때문이다. 학위를 받은 후에는 베이루트 아메리칸 대학교로 옮겨가서 아부시타와 함께 분쟁 의료 프로그램을 시작했다. 알데와치는 이라크인이다 보니 아부시타의 수많은 이라크인 환자들과 쉽게 신뢰를 쌓았다. 그는 빠르게 데이터를 모아 나갔다.

알데와치와 아부시타는 미국의 침공이 이라크 보건 체계를 붕괴시키고 총알, 파편, 포탄, 오염된 흙과 물 같은 전쟁 쓰레기를 남겼을 뿐 아니라 지역 내 약 공급에도 간접적으로 영향을 미쳤다는 사실을 깨달았다. 병에 걸렸을 때 즉시 선택할 대안이 별로 없다 보니 병든 이라크인들은 아무 약이든 공급하는 사람에게 의지했다. 품질이 좋고 나쁘고를 떠나 유통되는 약의 종류가 너무 적었다. 얼마 지나지 않아 약사들(일부는 진짜였고 일부는 가짜였다)은 일선 항생제가 잘 듣지 않는다는 사실을 알아차렸고, 비용을 부담할 만한 사람이면 누구에게나 주사를 놓아주기 시작했다. 주사제는 약효가 빠르게 나타나고 정제는 느리게 나타난다고들 했다. 카바페넴계 항생제 같은 주요 항생제는 구하기가 쉬웠다. 하지만 품질 관리가 전무했고, 정확한 진단이 드물었으며, 의료 감독이 심각하게 부실했다. 그래서 환자 중 상당수는 요르단이나 레바논에 있는 병원으로 가게 되었다.

알데와치는 응우옌과 계속 연락하며 지냈고, 두 사람은 아부시타와 함께 이라크에서 일어난 전쟁과 아시네토박터 바우마니의 급증 사이에 어떤 연관성이 있는지 조사하기 시작했다. 확실한 증거는 없었지만, 그들의 공동 연구 결과로 몇 가지 강력한 징후가 나타났다. 1994년부터 과학자들은 중금속이 약제 내성 아시네토박터를 발생시킨다는 사실을 알았다.[13] 이라크에는 중금속이 존재하지 않으나, 전쟁에 쓰이는 현대식 무기에는 중금속이 들어 있었다. 그리고 병원에서 하수관에 이르기까지 갖가지 사회 기반 시설이 붕괴하면서 문제는 한층 심각해졌다. 하수관이 망가지면 하수가 상수도로 흘러들 가능성이 있고, 건축 자재로 쓰인 시멘트와 금속이 폭파되어 산산조각으로 부서지면 마찬가지로 물을 오염시킬 가능성이 있다. 연구팀은 그러한 오염이 내성을 유발한다고 보았다.

그런데 전쟁이 내성의 원인일까? 아니면 그저 둘 사이에는 상관관계가 있을 뿐일까? 그 답을 실험으로 확실히 알아내기란 불가능하다. 답은 불분명하며 아마 앞으로도 불분명하리라. 그리고 세균은 신경 쓰지 않는다. 인과관계든 상관관계든 간에 세균들은 이런 저런 환경을 접하는데, 그중 상당수는 환경을 이용한다. 그들은 진화한다. 내성을 향해 진화한다. 문제의 책임 소재를 밝히는 일이 아무리 중요해도(환자들에게는 답을 알아내는 일이 무척 중요하겠지만), 계속 증가하는 내성균들은 그런 일에 아무런 관심이 없다.

전쟁에는 감염이 늘 따랐다. 20세기에는 부상자들의 감염이 새로운 난제를 낳았다. 약제 내성 감염증이 환자와 위생병들에게 심각한 문제가 되었기 때문이다. 약제 내성 감염증은 제2차 세계대전 때 유럽 곳곳의 전장에서 커틀러에게 포착됐고, 베트남전 때 홈스의 조사 대상이 됐고, 걸프전 때 가장 고약한 형태로 나타났다. 사실 이는 전쟁의 목적 중 하나다. 이라크를 침공했을 때 미국은 분명 태곳적부터 수많은 침략국이 그랬듯 그 나라의 저항력을 저하시킬 작정이었다. 폭탄을 떨어뜨리고 그 밖의 온갖 무기를 사용한 까닭은 해를 끼치고 외상을 입히기 위해서였다. 그리고 점령 및 국제적인 강제 고립의 목적 또한 이라크에 피해를 충분히 입혀 이라크가 미국의 이익에 좀 더 부합하는 방식으로 행동하도록 만들기 위해서였다.

그러나 다시 말하지만 세균은 신경 쓰지 않는다. 그들은 국경도 아랑곳하지 않고 국가에 대한 충성심도 없이 언제나 자신을 보호하고 발전시키며 증식한다.

# 23

# 수인성 항생제의
# 위협

쿰Cooum강과 아디아르Adyar강은 인도 기준으로 보면 짧은 강이다. 갠지스강은 히말라야산맥의 빙하에서 발원해 인도를 가로질러 2,500여 킬로미터를 흐른 다음 벵골만으로 유입된다. 쿰강과 아디아르강은 총길이가 160킬로미터가 될까 말까 하지만 남인도의 문화 · 경제 중심지 첸나이Chennai를 삼등분한다. 라마난 락스미나라얀Ramanan Laxminarayan이 거기서 자랄 당시에 첸나이는 마드라스Madras라고 불렸다.[1]

락스미나라얀은 고등학교 시절 내내 우수한 성적을 거둔 후 공학과에 입학했다. 하지만 처음부터 그는 자신이 선택한 분야에 확신이 없었다. 공학으로는 자기가 걱정하던 문제의 해결책을 얻기 어려워 보였다. 그가 자라난 도시를 흐르는 두 강은 몹시 오염돼 있었다. 당국은 오염 원인에 대해 확신하고 있었다. 비난을 받는 쪽은 언제나 하류 지역에 사는 사람들이었다. 하류 지역은 첸나이에서

226      **내성 전쟁**

가장 오염된 지역과 가까웠고, 하류 지역 주민들은 가장 가난한 사람들이었다. 상류 지역 주민들은 하류 오염의 책임을 전적으로 하류 지역 주민들에게 돌렸다.

락스미나라얀은 납득이 가지 않았다. 그는 직접 강을 따라 상류로 올라가면서 상황을 살펴보기로 했다. 그가 알아낸 바는 아주 명백했다. 상류 지역 주민들이 버린 쓰레기와 하수가 하류 쪽으로 흘러 내려갔고, 상류의 물은 흐름이 더 원활한 덕분에 비교적 깨끗한 상태로 유지되었다. 문제의 원인은 부유한 상류 지역 사람들이었으나, 하류 지역 주민들이 오염을 겪으며 손가락질을 받고 있었다. 그런 격차를 보고 락스미나라얀은 소중한 교훈을 얻었다. 첸나이의 환경 오염 문제는 공학적으로 해결이 어려웠다. 그 문제를 해결하려면 사회과학과 지원활동이라는 도구가 필요했다.

락스미나라얀은 인도를 떠나 시애틀로 가서 워싱턴대학교의 가드너 브라운Gardner Brown 교수 밑에서 박사 과정을 밟았다. 브라운과 락스미나라얀은 두 가지 공동 관심사가 있었다. 하나는 야외 활동이었고, 나머지 하나는 공중보건을 사회과학적 관점에서 보는 일이었다(두 사람은 항상 워싱턴주의 하이킹 코스에서 회의했다). 그리고 바로 이 시기에 락스미나라얀은 항생제와 항생제 내성에 관심이 생겼다. 그때가 2000년대 초였는데, 당시는 소수의 과학자와 연구자만 커져가는 항생제 문제를 인식하고 있었다. 그중 한 명이던 락스미나라얀은 워싱턴 D.C.의 미래 자원 연구소Resources for the Future라는 기관에 취직했다. 그리고 그는 2005년에 우연히 만난 두 사람 때문에 항생제 내성에 대한 관점이 완전히 바뀌었다.

락스미나라얀은 어느 날 워싱턴 D.C.에서 택시를 타고 회의 장소로 가고 있었다. 운전사는 볼티모어 출신의 젊은 흑인이었는데, 락스미나라얀에게 직업을 물었다. 락스미나라얀이 자기가 어떤 일을 하는지, 참석할 회의의 목적이 무엇인지 설명하자 운전사는 약제 내성균 감염증과 관련된 자기 사연을 이야기하고 싶어 했다. 알고 보니 그는 내성균 감염증 때문에 병원을 드나드는 처지였다. 운전사는 가난과 절망에 점점 더 깊이 빠지고 있었다. 의사들이 그의 감염증을 치료하지 못했기 때문이다. 그의 처지는 내성균 지속 감염 때문에 몹시 절박했다.

그즈음에 락스미나라얀은 마이클 베넷이란 사람도 만났는데, 그는 락스미나라얀에게 자기 아버지 마크 베넷에 대해 이야기해주었다. 마크 베넷은 우크라이나 출신 유대인 이민자의 아들로 뉴욕시의 빈민가에서 자랐다.[2] 그리고 제2차 세계대전 때 군에 복무하며 남태평양 전투에 참가해 공을 세웠다. 그는 전쟁에서 살아남았을 뿐 아니라, 참전 중에 걸린 말라리아도 이겨냈다. 마크 베넷은 가난에도 뉴욕시에도 일상적으로 맞닥뜨린 반유대주의에도 전쟁의 참화에도 무너지지 않은 사람이었다. 그러나 그는 다른 뭔가에 완전히 무너져버렸다. 그 정체는 바로 메티실린 내성 황색포도알균 MRSA이었다.

마크는 갖가지 병으로 병원을 계속 드나들다 보니 감염균에 노출돼 서서히 생기를 잃었다. 마크를 진료한 의사들은 부주의하거나 어찌할 바 모르거나 마크의 고통에 무관심할 때가 많았다. 이제 마크의 아들 마이클은 약제 내성과 싸우는 다른 사람들이 병원에서 아버지와 같은 취급을 받지 않게 하려고 최선을 다하고 있다. 이는 국회의사당에서 열린 공청회 중에 마이클이 락스미나라얀에게 이야기한 내용이었다. 락스미나라얀은 국회의원들에게 이를 보고하며 공감을 얻었다. 인도에 있는 그의 고향 첸나이에서 가난한 사람들을 괴롭히던 문제가 전 세계 인류를 괴롭히고 있었다. 락스미나라얀은 행동에 돌입하기로 했고 MRSA에 초점을 맞추기로 했다.

락스미나라얀은 먼저 문제의 규모를 조사했다. 이 뻔해 보이는 의문점은 한 번도 공론화되지 않았다. 아무도 연간 MRSA 감염증 사망자 수를 정량화하지 않았다. 2007년에 락스미나라얀과 동료들은 1999년부터 2005년까지 6년간 MRSA 관련 입원 사례가 60퍼센트 넘게 증가했음을 보여주는 연구 결과를 발표했다.[3] 1999년에 미국의 MRSA 관련 입원 사례는 13만 건 미만이었다. 하지만 2005년경에는 28만 건에 달했다. 데이터에 근거해 락스미나라얀은 질병 관리 기관이 MRSA 문제를 국가 우선 과제로 선언해야 한다고 주장했다. 이후 10년간 락스미나라얀과 동료들이 이끈 몇몇 연구는 미국 나아가 전 세계에 지대한 영향을 미칠 터였다.

약제 내성 문제를 체계적으로 살펴보기 위해 락스미나라얀은 델리와 워싱턴 D.C.를 거점으로 삼아 질병역학 · 경제학 · 정책 연구소Center for Disease Dynamics Economics and Policy 라는 기관을 창립했다. 그 연구소는 곧 항생제 내성 부담을 추정하고 정량화하는 분야에서 세계 선두 주자가 되었다. 연구자가 사실을 단도직입적으로 발표하면, 권력자들은 진짜 원인을 지목하고 조치를 취할 터였다.

2016년에 락스미나라얀 연구팀은 상당히 도발적인 보고서를 발표했다. 그들이 알아낸 바에 따르면, 전 세계에서 해마다 내성균 감염증으로 죽는 5세 미만 어린이는 21만 4,000명에 이르렀다.[4] 이는 대체로 내성이 생긴 세균에 노출되어 감염된 결과였다. 하지만 항생제를 전혀 사용하지 못해서 죽는 어린이 수는 이 수의 약 두 배였다. 그 보고서는 사용과 과용 사이에서 사람들이 이미 느끼고 있던 고민을 드러냈다.[5] 어느 쪽이 더 나쁠까? 항생제를 처방전 없이 오용하는 경우일까, 아니면 항생제가 아예 없는 경우일까?

락스미나라얀은 사용과 과용 문제가 경제 피라미드의 밑바닥에 있는 사람들에게 특히 큰 타격을 준다고 설명했다. 내성이 증가하면, 저렴하고 빈곤층에게 구입 보조금이 많이 지급되는 1차 항생제 대부분은 약제 내성균 감염증 치료에 무용지물이 된다. 그러면 더 비싼 2차, 3차 항생제를 구입할 돈이 없는 사람들은 사정이 더 나빠지게 된다. 그들은 적절한 항생제를 아예 구입하지 못하거나 내성균 감염증에 듣지 않는 항생제만 구입 가능하다. 그들이 구입 가능한 항생제는 세균이 내성균이 아닌 경우에만 효과가 있다. 미국의 항생제 내성AMR: antimicrobial resistance 부담을 분석한 후, 락스미나라얀은 인도와 중국의 사례를 연구하는 데 주력했다. 그는 두 나라가

**내성 전쟁**

전 세계의 항생제 분야에 지대한 영향을 미치리라고 본다.

락스미나라얀이 수질 오염을 연구하기 시작한 1990년대 초에
는 수인성 항생제의 심각성에 대해 알려진 바가 거의 없었다. 그러
나 2000년대 중반이 되자 상황이 바뀌었다. 1964년 애버딘 장티
푸스 발병 사태를 야기한 남아메리카의 오염된 강과 마찬가지로,
인도의 강들은 계속해서 갖가지 병원체의 거대한 온상이 되었다.
지금은 상황이 훨씬 더 나쁘다. 오염된 강은 이제 항생제 내성균을
옮긴다. 오염된 강에는 인간과 동물의 배설물에서 나오는 항생제
잔류물은 물론이고 통째로 버린 항생제도 있었다. 물속에 있는 고
농도 항생제 문제는 2015년 첸나이 홍수 같은 물난리가 발생하면
감당하기 힘들어진다.[6] 항생제 농도가 유달리 높은 수로 중에는 쿰
강과 아디아르강은 물론이고 신성한 야무나강과 갠지스강도 있다.
이는 인도만의 문제가 아니다. 수로가 항생제로 오염되면 모두가
영향을 받게 된다. 심지어 약을 전혀 복용하지 않은 이들도 영향을
받게 된다. 과학자들은 항생제가 최종적으로 유입되는 곳이 물이
라면, 이 문제의 세계적 규모와 가장 큰 위험에 처한 곳을 알아보는
데 도움이 될 단서가 물속에 있으리라 생각했다. 그 답을 찾던 과학
자들은 큰 강이 아니라 하수를 연구 대상으로 선택했다.

**24 ─**

# 하수 속의
# 단서

프랑크 묄레르 오레스트루프Frank Møller Aarestrup는 난제와 씨름 중
이었다.[1] 코펜하겐에서 15킬로미터쯤 떨어진 곳에 위치한 덴마크
공과대학의 교수 오레스트루프는 한정된 예산으로 세계인의 배설
물을 검사하고자 했다. 방법을 궁리하던 그에게 묘안이 빤짝 떠올
랐다. 카스트루프Kastrup 공항을 이용하면 어떨까?

코펜하겐 카스트루프 공항은 1926년부터 운영되었다. 그곳은
북유럽에서 가장 큰 공항이자 스칸디나비아반도로 가는 관문이며
세계 비행기 여행의 거점이다. 인구가 밀집한 아마게르Amager섬의
소도시 카스트루프(여기서 공항 이름을 따왔다)에 위치한 그 공항은
도심부와 아주 가까웠다.

2015년에 오레스트루프는 공항 당국에 협조를 요청했다. 그는
미국과 아시아에서부터 먼 거리를 날아온 비행기에서 인간 배설물
(대소변)을 채취하고자 했다. 카스트루프 공항은 2000년부터 크게

232 내성 전쟁

확장되었는데, 지난 몇 년간 아시아·중동발 항공편으로 들어오는 승객이 일일 수백 명에 이르렀다. 그 밖에 스칸디나비아 항공의 미국·캐나다발 직항편으로 들어오는 승객도 있었다. 오레스트루프의 요청 사항이 특이하다 보니 당국은 의아해하며 다음과 같이 생각했다. 뭣 하러 그는 피곤한 승객들의 배설물에 관심을 둘까?

하지만 오레스트루프는 그럴 만한 이유가 있었다. 항생제 내성과 사회경제학과의 연관성을 찾아야 했다.


오레스트루프는 덴마크의 시골 농장에서 자랐다. 고등학교를 졸업한 후 그는 수의사가 되기로 했다. 농장에서 쓸모 있는 직업이었기 때문이다. 그런데 오레스트루프가 대학에 들어갔을 무렵 과학계는 인간 게놈 프로젝트로 떠들썩했다. 오레스트루프는 급팽창하는 유전체학 분야에 가슴이 뛰었다. 그래서 학부 과정을 마친 후 학업을 계속해서 수의미생물학 박사 학위를 받았다. 1990년대 중반에는 수의미생물학과 유전체학의 연관성이 막 밝혀지기 시작한 터라 그 분야에서 이름을 떨칠 기회가 엄청나게 많았다. 오레스트루프는 곧바로 연구에 착수했다.

1990년대 초에 동물의 항생제 내성 문제는 덴마크를 포함한 여러 나라에서 정치적으로 매우 민감한 사안이 되었다. 이웃 나라 노르웨이에서는 정부 최고위급 관료들이 연어 사료 속의 항생제에 관해 활발히 논의하고 있었다. 덴마크에는 동물 사료에 들어가는 항생제에 대한 규제가 거의 없었다. 오레스트루프의 기억에 따르면 그런 항생제는 성장 촉진용 비타민 정도로 여겨졌다. 게다가 축산업에 대한 감시감독 또한 전무하여 누가 어떤 항생제로 무엇을 하는지를 아무도 알지 못했다.

오레스트루프는 덴마크와 노르웨이 사이의 인식 차이가 흥미로우면서도 걱정스러웠다. 이후 몇 년간 그는 덴마크 축산업계의 항생제 사용 양상을 추적·관찰하는 감시체계를 개발했는데, 그 체계는 미국 FDA와 농무부를 비롯한 세계 곳곳의 여러 기관에 본보기가 되었다.

동물과 관련된 감시에 공들이는 동안 오레스트루프는 그때까지 무시되던 또 다른 문제에도 관심을 기울이게 되었다. 바로 항생제 내성에 대한 허술한 국제 감시였다. 전 세계의 항생제 사용량에 관한 문제는 단순했지만 대체로 간과되었다. 전 세계에서 연간 얼마나 많은 약이 동물과 인간에게 쓰이는지 추산된 바는 있었지만, 내성과 사용량이 어떻게 관련되어 있는지에 대한 이해는 부족했다. 게다가 정책 입안자와 과학자들은 항생제 사용 패턴이 국가의 항생제 사용 규제 정책이나 사회경제적 요인과 어떤 관련이 있는지 거의 알지 못했다. 국제기관으로 오는 데이터는 환자를 치료하는 의사들이 제출한 데이터뿐이었다. 하지만 그런 데이터는 몹시 불완전했고, 의사의 편견을 반영하는 경우가 많았으며, 의사의 주목을 끌 만한 드문 사례에 치중되었다. 그리고 특정 인구 집단에 존재할지 모르는 갖가지 내성 유전자에 대한 정보가 전혀 없었다.

오레스트루프는 자신의 연구팀과 함께 국가 간 격차를 좁히기 위해 뭔가를 하기로 마음먹었다. 하지만 그의 연구팀은 곧바로 난제에 직면했다. 데이터를 입수하려면 샘플을 채취해야 했다. 그런데 구강 상피세포를 채취하든 배설물을 채취하든 간에, 세계 곳곳에서 연구에 필요한 만큼 샘플을 충분히 많이 채취하는 일은 실현 가능성도 없고 윤리적이지도 않은 듯했다. 오레스트루프 연구팀은 이미 한데 모여 있는 대표본large sample을 분석할 방법에 대해 생각했다. 마침 그러한 샘플이 모여 있는 장소가 한 곳 있었다. 바로 화장실이었다. 대소변에는 분석 가능한 세균 유전자가 들어 있었다. 그 연구는 체계적으로 수행되어야 했다. 그리고 샘플은 세계 곳곳에서 와야 했고, 예산액 한도 내에서 채취되어야 했다.

먼 거리를 날아온 비행기에서 배설물을 채취해 분석하는 일이 가능하다면, 연구팀은 내성 유전자의 존재가 세계 각지와 어떤 연관성이 있는지 알아낼 수 있었다. 공항 당국이 오레스트루프의 요청을 승인한 후, 연구팀은 세 군데 지역의 아홉 개 도시에서 온 국제선 항공기 열여덟 대에서 배설물을 채취했다. 출발 도시는 다음과 같았다. 방콕, 베이징, 이슬라마바드, 뉴어크, 칸게를루수악, 싱가포르, 도쿄, 토론토, 워싱턴 D.C..[2] 각 비행기에는 인간 배설물이 400리터 정도 있었다. 그 정도면 충분했다. 오레스트루프 연구팀은 배설물이 엄청나게 많이 필요하진 않았다. 대표 표본representative sample만 있으면 되었다. 연구팀은 채취한 샘플을 실험실로 가져가 전장 유전체 시퀀싱whole genome sequencing으로 분석했다. 전장 유전체

시퀀싱은 연구자가 한 생물의 DNA 청사진 전체를 해독하려고 쓰는 방법이다. 오레스트루프 연구팀은 그 방법으로 오물 샘플 속 세균의 유전체를 분석해서, 그런 세균 중에 내성 돌연변이가 존재하는지 확인하고자 했다.

세계 내성 패턴이 나타나기 시작했다. 분석 결과에 따르면, 남아시아발 비행기에서 채취한 샘플에는 베타-락탐계 항생제 내성 유전자가 유달리 많았다. 베타-락탐계 항생제로는 페니실린, 카바페넴계 항생제, 세팔로스포린계 항생제 등이 꼽힌다.[3] 남아시아 샘플에는 북아메리카 샘플보다 살모넬라 엔테리카*Salmonella enterica*와 노로바이러스norovirus가 더 흔하게 들어 있었다. 그런 연구 결과에서 곧바로 한 가지 결론이 도출되었다. 미국에서 매우 효과적인 정책이 인도에서는 소용없을지도 모른다는 점이었다.

문제점도 몇 가지 있었다. 연구팀은 코펜하겐행 비행기로 여행을 마치는 사람들에게서 배설물 샘플을 채취했다. 하지만 승객들이 세계 각지에서 여행을 시작해 연결 항공편을 이용했을 가능성도 있었다. 수집된 데이터가 승객들의 고향에 만연한 문제를 암시한다고 보기는 어려웠다. 승객들의 사회경제적 지위와 관련해 단정 지을 만한 점도 역시 없었다.

오레스트루프는 이 문제의 해결책이 하나뿐이라고 확신했다. 연구팀은 코펜하겐에 도착하는 배설물만 살펴봐서는 안 되었다. 비행기가 출발한 나라의 미처리 생활 하수도 살펴봐야 했다. 카스트루프 공항뿐 아니라 여섯 대륙 곳곳의 도시 하수 처리 시설에서도 미처리 하수·오물 샘플을 채취해야 했다. 그 연구는 규모가 급격히 커지면서 비용도 많이 필요하게 되었다.

오레스트루프는 그 프로젝트를 크라우드소싱 방식으로 진행했다. 그는 동료, 공동 연구자, 친구들에게 메일을 보내 프로젝트에 참여할 생각이 있는지 물었다. 그의 연구팀은 세계 곳곳의 팀이 참여 의사를 표시할 메커니즘을 구축했다. 결국 연구팀은 참여자를 충분히 모았고, 세계 하수 감시 프로젝트Global Sewage Surveillance Project [4]에 착수할 수 있었다. 참여자들은 60개국 79곳에서 상세 지침에 따라 2016년 1월 25일과 2월 5일 사이에 연이틀간 샘플을 채취했다.[5]

참여자들은 나이지리아, 네팔, 페루, 파키스탄, 토고, 터키 등지에서 샘플을 채취하고 포장해 덴마크 공과대학의 오레스트루프 교수 연구실로 보냈다. 연구실에서는 학생과 연구원으로 구성된 팀이 전처리된 오물을 분석해 내성 유전자 유무를 확인했다.

계획했던 대로 그들은 이제 방대한 데이터를 확보했고 그 후속 연구에서 처음으로 중요한 통찰력을 얻었다. 항생제 사용은 세계 항생제 내성 부담의 주된 요인이 아니었다. 도리어 훨씬 심각한 또 다른 문제가 표면화되었다. 바로 가난이라는 문제였다.

북아메리카, 유럽, 오스트레일리아의 부유한 나라 국민은 남아시아, 라틴아메리카, 사하라 이남 아프리카의 가난한 나라 국민보다 항생제 내성 유전자가 훨씬 적었다. 대체로 위생 시설이 열악하고 영양실조율이 높은 인도, 베트남, 브라질 같은 나라에서는 항생제 내성 유전자가 훨씬 많았다. 위생 규정을 강력히 시행한 스웨덴과 뉴질랜드 같은 나라에서는 항생제 내성 부담이 훨씬 낮았다.

연구 결과는 깨우침을 주었다. 그리고 정신을 번쩍 들게 했다. 해결책을 찾으려고 이미 수천억 달러를 썼음에도 불구하고, 그 문제는 여전히 전 세계에서 미해결 상태였기 때문이다. 그리고 얼마 지나지 않아 열악한 하수·위생 문제로 파키스탄 남부의 한 도시가 세계 보건계에서 유명해질 터였다. 그 도시는 첫 번째 광범위 약제 내성 장티푸스의 진원지가 되었다. 이 질병은 1964년에 애버딘 전체를 공포에 빠뜨렸던 병과 같은 종류였으나, 이번에는 병질이 훨씬 더 나빴고 치료에 쓸 수 있는 약이 아주 적었다.

# 광범위 약제 내성
# 장티푸스

**25**

2016년 12월에 루미나 하산Rumina Hasan은 혈액 배양 작업대에서 여느 때와 다름없이 근무하고 있었다.[1] 노련한 임상 미생물학자이 자 병리학자인 그녀는 파키스탄에서 가장 유명한 병원인 아가 칸 대학병원의 담당 부서에서 수십 명의 직원과 수련의를 감독했다. 이슬람교 시아파의 한 분파인 이스마일파 교주의 칭호가 붙은 그 병원은 카라치의 드넓은 캠퍼스에서는 물론이고 실험 · 진단 검사 서비스를 제공하는 전국 곳곳의 수백 개 분원에서도 환자를 진료 한다.

카라치의 12월은 날씨가 꽤 쾌적한 편이다. 기온이 섭씨 10도에 서 20도 사이를 오간다. 혈액 배양물을 열심히 살펴보던 하산은 뭔 가에 눈길이 쏠렸다. 특이한 혈액 배양물을 웬만큼 보았지만 이번 배양물은 걱정스러웠다. 재검사를 했을 때도 같은 결과가 나왔다. 그 샘플은 장티푸스 치료제로 많이 쓰이는 세프트리악손ceftriaxone에 내성이 있었다.

약제 내성 장티푸스는 위생 문제가 심각한 파키스탄을 비롯한 여러 나라에서 드문 병이 아니다.[2] 1964년에 애버딘에서 집단 발병 사태로 시민들이 공포에 빠졌을 때는 치료에 쓸 약이 많았다. 하지만 1970년대부터 장티푸스는 갖가지 약에 점차 내성을 지니게 되었다.[3] 1972년 멕시코에서 여러 차례 보고된 바에 따르면, 장티푸스 1차 치료제 클로람페니콜이 더 이상 듣지 않았다. 1990년대에는 2차 치료제인 암피실린, 아목시실린amoxicillin, 설파메톡사졸-트리메토프림이 효과 없음이 밝혀졌다. 그때 임상의들은 플루오로퀴놀론계 항생제로 또다시 갈아탔다. 하지만 2000년대 초에는 그 약도 효능을 잃었다. 그 당시 의사들에게 남은 가장 강력한 약은 세프트리악손이었다.

처음에는 한 샘플만 세프트리악손에 내성을 보였지만, 연구를 계속하던 하산은 어떤 경향성을 발견했다. 이후 며칠간 하산과 동료 사디아 샤쿠르Sadia Shakoor 박사가 다른 샘플들을 더 검사하면서 세프트리악손 내성 장티푸스 사례를 더 많이 발견했다. 하산과 샤쿠르는 좀 더 조사해보았다. 그리고 내성균 샘플이 모두 한 도시에서 왔다는 사실을 알아차렸다. 카라치에서 북동쪽으로 160킬로미터쯤 떨어진 하이데라바드라는 도시였다. 하산과 샤쿠르는 그곳의 동료들에게 전화해서 조사에 참여해달라고 부탁했다. 그리고 하이데라바드의 소아과 병동 담당 의사들에게도 전화했다. 아가 칸 대학병원 연구팀에 소아 감염증 전문의 파라 카마르Farah Qamar 박사가 합류했고, 연구팀은 빌앤멀린다게이츠 재단의 동료들에게 연락했다. 연락을 받은 동료들은 하이데라바드에서 상하수 샘플을 채취하는 한편, 그곳 어린이들에게 장티푸스 예방주사를 맞히기 위해 힘쓰기 시작했다. 하산은 주(州) 당국에도 연락했으나 그들은 별로 걱정하지 않는 눈치였다.

그 밖에도 할 일이 더 있었다. 하산 연구팀은 주간 보고서를 카라치 지방 정부에도 보내고 파키스탄의 수도 이슬라마바드에 있는 국립보건원에도 보내기 시작했다. 하산은 정부와 대중매체의 무관심에도 불구하고 포기할 생각이 없었다.

하산은 영국에서 의대를 다니고 파키스탄에서 직업 생활을 하면서 한계를 뛰어넘는 법을 배웠다. 카라치의 나병 병동에서도 일했고 파키스탄 항생제 내성 네트워크도 구축한 그녀는 끝까지 밀어붙이는 법을 알고 있었다. 그래서 신드주 당국이 미적지근한 반응을 보이고 지방과 정부의 권력자들이 당시 상황과 관련된 과학적 근거를 들으려 하지도 않고 이해하지도 못했을 때도 하산은 피하거나 물러서지 않았다. 그녀는 멀리서 해결책을 찾았다. 이슬라마바드 국립보건원의 시설은 최첨단과는 거리가 멀었다. 게다가 파키스탄에서는 다층적인 관료 체제가 의사 결정 과정에서 걸림돌이 되었다. 내성 유전자 지도를 만들어서 이번에 발생한 다제 내성 장티푸스가 정말 새로운 종류인지 확인하려면 하산은 도움이 더 필요했다.

다행히 그녀의 후배 자라 하산Zahra Hasan 박사가 영국 케임브리지에 있는 생어 연구소의 내성 유전자 전문가 고든 더건Gordon Dougan 교수와 함께 일해본 적이 있었다. 자라는 더건에게 연락했다. 더건 연구팀은 병원체의 유전자 분석을 도와달라는 요청을 자주 받기에, 더건은 자라의 요청에 그닥 관심을 보이지 않았다. 하지만 자라가 끈질기게 계속 도움을 요청하자 더건은 결국 해당 샘플을 살펴보기로 했다. 자라 연구팀은 총 100개의 샘플을 보냈다. 89개는 내성균 샘플이었고, 11개는 1차 치료제의 감수성 세균 샘플이었다.

그즈음 더건 교수 연구실의 신입 박사후 연구원 엘리자베스 클럼Elizabeth Klemm은 카라치의 루미나 하산 교수 연구팀과 친해졌다. 그녀는 매사추세츠 공과대학에서 박사 학위를 받고 얼마 전 영국으로 이주한 터였다. 그녀는 생어 연구소 더건 연구팀과 아가 칸 대학병원 하산 연구팀의 공동 연구에서 교섭자가 되었다. 클럼은 장티푸스 1차 치료제가 듣지 않으며 파키스탄 병원의 선택지가 줄어들고 있다는 사실을 금방 이해했다. 그래서 더건의 허락을 받고 파키스탄에서 온 내성균 샘플 89개를 먼저 분석하기 시작했다.

클럼은 이라크, 팔레스타인, 파키스탄, 인도, 방글라데시의 약제 내성 장티푸스에 대해 최근 발표된 연구 결과를 훤히 알고 있었다. 하지만 루미나 하산이 보고한 바와 같은 발병 사태는 전례가 없었다. 클럼은 분석 결과를 보자마자 왜 파키스탄에서 온 장티푸스균 주가 온갖 항생제에 내성을 띠는지 이해했다. 그 세균주는 클로람

페니콜, 아목시실린, 암피실린, 트리메토프림-설파메톡사졸 내성 유전자TMP-SMZ를 지니고 있었다. 그뿐 아니었다. 그 내성균주는 시프로플록사신 내성 돌연변이 유전자도 지니고 있었다. 클럼의 분석 결과는 하산 연구팀이 목격한 바와 일치했다. 놀라운 사실은 장티푸스균이 대장균으로부터 획득한 플라스미드—레더버그와 와타나베가 밝혀낸 바에 따르면 다제 내성을 유발하는 이동성 DNAthe mobile unit of DNA—를 보유하고 있다는 점이었다. 새로운 이동성 DNA 때문에 장티푸스균은 또 다른 항생제 세프트리악손에도 내성을 띠게 되었다.

연구팀은 조사 결과로 논문을 작성해 유명 학술지《랜싯The Lancet》에 제출했다. 편집 위원회는 굼뜨게 움직이며 임상 시험 데이터를 더 요구했다. 하지만 하산은 클럼의 열렬한 지지를 등에 업고 또다시 끝까지 밀어붙였다. 그들의 논문은 2018년 1월에 마침내 게재되었다.[4] 그 소식은 곧 세계 곳곳에서 대대적으로 보도됐다.[5]

이번에는 파키스탄 정부도 관심을 보였지만, 선택지는 제한적이었다. 환자들 대부분의 희망은 아지트로마이신뿐이었다. 카바페넴계 항생제가 또 다른 선택지였지만, 그 약은 열악한 보건 체계가 비용을 감당 못 할 만큼 비싼 약이었다. 게다가 카바페넴 항생제는 정맥주사로 투여해야 하는데, 파키스탄 지방 병원은 정맥주사를 투여할 형편이 못 되었다.

2018년 12월까지 파키스탄에서 5,000명 정도가 신종 내성 장티푸스를 앓았다.[6] 이는 역사상 최초의 광범위 약제 내성 장티푸스 집단 발병 사태였다. CDC는 파키스탄 여행자에게 주의하라고 경고했고, 미국에서 발견된 광범위 약제 내성 XDR: extensive drug resistance 장티푸스 환자 중 일부가 얼마 전까지 파키스탄에 머물렀다고 발표했다. 모든 국제기관은 아지트로마이신 사용을 권고했지만, 연구자들은 그 마지막 방어선이 무너지는 일이 시간문제라고 확신했다.

# 항생제와
# 영유아 사망률 감소

2014년부터 2017년까지 니제르, 탄자니아, 말라위에서 미국과 유럽의 연구자와 임상의로 구성된 국제 팀이 대규모 임상 시험을 실시했다. 그들은 어린이 수만 명에게 아지트로마이신을 예방약으로 투여했다.[1] 어린이들은 모두 5세 미만이었는데 병의 유무와 상관없이 6개월마다 한 번씩 2년간 약을 투여받았다. 연구팀은 어린이들을 두 개의 동일집단으로 나눠, 대략 97,000명에게는 진짜 약을 주고 93,000명의 대조군에게는 가짜 약을 주었다.

결과는 놀라웠다.[2] 가장 의미심장한 결과가 나온 곳은 연구가 실시된 세 나라 중 가장 가난한 니제르였다. 니제르에서 아지트로마이신을 투여받은 어린이 집단은 그러지 않은 집단보다 사망률이 18퍼센트 낮았다. 말라위와 탄자니아에서는 사망률 차이가 훨씬 작아서 통계학적으로 큰 의미가 없었다. 사망률이 18퍼센트 감소한 집단에서 가장 큰 영향을 받은 하위 집단은 생후 6개월 미만의 영아들이었다. 아지트로마이신을 투여받은 영아 집단은 사망률이 25퍼센트 가까이 감소했다.

세계 아동 생존율을 개선하기 위해 세계적으로 노력하고 있지만, 그렇게 개선된 수치를 얻기란 매우 힘들다. 이는 2018년의 빅 뉴스였다. 결론은 명확했다. 아지트로마이신을 예방약으로 쓰면 가난한 나라에서 사는 취약한 어린이들의 목숨을 구할 수 있다. 보고서가 발표되자 누군가는 기대감에 부풀었지만, 누군가는 강력한 항생제를 예방약으로 쓰는 일에 격분하며 반대했다. 아지트로마이신이 마지막 희망이자 생명줄인 지역에서는 그 약에 대한 세계적인 내성 때문에 큰 피해를 입을 가능성이 있었다.[3]

그 연구를 이끈 과학자는 캘리포니아대학교 샌프란시스코 캠퍼스UCSF의 토머스 라이엇먼Thomas Lietman 교수였다.[4] 예일대학교를 졸업하고 존스홉킨스대학교에서 안과학을 전공한 라이엇먼은 1990년대 말에 UCSF에 도착했다. 일반적으로 항생제 연구를 생각할 때 안과 의사가 떠오르지 않을지도 모르지만, 항생제와 안과의 연관성은 수십 년 전으로 거슬러 올라간다.

그 연결고리는 전염성 눈병 트라코마trachoma다. 트라코마는 클라미디아 트라코마티스Chlamydia trachomatis란 감염균이 일으키는 병으로, 치료하지 않고 놔두면 실명으로 이어진다. 트라코마는 청동기 시대부터 존속했고, 1897년에 미국에서 처음으로 위험한 전염병으로 분류되었다.[5] 미국으로 이민오는 사람들은 트라코마 검사를 받아야 했고, 그 병에 걸렸으면 유럽으로 송환되었다. 우드로 윌슨 대통령이 1913년 6월에 트라코마 퇴치 활동 자금을 지원하는 법안에 서명한 후, 위생 상태가 개선되고 인식이 높아지고 치료법이 개발되면서 미국에서는 트라코마가 사실상 퇴치되었다. 하지만 에티오피아와 남수단을 비롯한 세계 곳곳에서는 그 문제가 아직도 지속되고 있다.

1990년대 말에 과학자들은 아지트로마이신을 비롯한 항생제가 트라코마 치료에 효과가 있음을 발견했다.[6] 그리고 2008년 에티오피아에서 실시된 소규모 임상 시험에서는 아지트로마이신을 대량으로 투여하면 트라코마 치료 및 확산 방지에 상당히 도움이 된다는 점이 입증됐다.[7] 또한 뜻밖의 결과도 있었다. 아지트로마이신을 예방약으로 대량 투여하면 아동 사망률이 전반적으로 줄어드는 현상이 나타났다.

2008년의 임상 시험은 원래 목적이 사망률 연구가 아니었기 때문에 확정적인 결론이 나오지 않았다. 하지만 이에 흥미를 느낀 라이엇먼을 비롯한 여러 과학자들은 더 심층적으로 조사하면서 연구 범위를 트라코마 너머로 넓혀보기로 했다. 아지트로마이신을 투여하면, 아프리카 곳곳의 비참한 환경에서 어린이가 살아남을 가능성이 높아질까?

그들은 자금 조달 기관 여러 곳과 접촉해 초대규모 임상 시험을 제안했다. 제안 내용은 아지트로마이신을 5세 미만의 어린이들에게 투여하고 가짜 약으로 대조 실험을 하는 것이었다. 근래에는 그런 임상 시험이 실시된 적이 한 번도 없었다. 그들은 니제르, 탄자니아, 말라위를 선택했다. 빌앤멀린다게이츠 재단도 라이엇먼이 접촉한 자금 조달 기관 중 한 곳이었는데, 우여곡절 끝에 바로 그곳에서 도움을 주기로 했다.

라이엇먼은 임상 시험을 실시하려고 여러 연구소의 과학자들을 모아 협력단을 만들었다. 으레 그렇듯이 그 프로젝트는 더디게 진행되었다. 필요한 허가를 받는 데만 3년 가까이 걸렸다. 마침내 필요한 허가를 모두 받았을 때 과학자들은 아지트로마이신을 예방약으로 대량 투여하면 유아 사망률이 낮아진다는 가설을 철저히 검증할 만반의 준비가 되어 있었다.

그들의 연구는 MORDOR라고 불렸다. 이는 프랑스어(니제르의 공용어) 'Macrolides Oraux pour Réduire les Décès avec un Oeil sur la Résistance(경구용 아지트로마이신으로 사망률 감소시키기)'의 머리글자를 모아 만든 준말이다. 그들의 연구가 곧 과학계를 분열시키리라는 점을 고려하면, 기억하기 쉬운 그 이름은 톨킨의 『반지의 제왕』에 나오는, 운명의 산Mount Doom이 있는 가공의 나라를 연상시킨다는 점에서도 적절했다.[8]

2018년이 되자 확실한 결과가 나왔다. 1년에 두 차례씩 2년간 아지트로마이신을 투여했더니 니제르의 유아 생존률이 상당히 높아졌다. 게이츠 재단은 유아 사망률을 크게 줄일 수 있는 현실적 조치가 존재한다는 사실을 축하했다. 하지만 모든 사람이 열광하지는 않았다.

아지트로마이신의 예방 효과가 그토록 탁월한 이유와 관련해 풀리지 않은 의문이 있었다. 라이엇먼 연구팀은 확실한 답을 알지 못했다. 가설은 몇 가지 있었다. 그 약이 아이들이 말라리아를 이겨내는 데 도움이 됐을 가능성도 있었고, 아이들의 미생물군유전체를 변화시켰을 가능성도 있었고, 아이들이 설사성 감염증이나 호흡기 감염증과 싸우는 데 도움이 됐을 가능성도 있었다. 모두 타당했지만, 입증된 가설은 하나도 없었다. 그리고 '확실히는 모른다'는 대답은 과학자와 임상의들에게 위로가 되지 않았다. 그들은 한 가지 약을 1년에 두 번씩 투여했을 뿐인데 훨씬 복잡한 다른 조치로 얻지 못한 효과가 나타난 이유를 알고 싶었다.

또한 모두가 알지만 언급하길 꺼리는 더 큰 문제가 있었다. 세균의 내성이 증가하는 요즘 시대에 어떻게 아무 이유 없이 항생제를 투여하는 일을 정당화한단 말인가? 게이츠 재단과 라이엇먼은 불장난을 한 셈이 아닌가? 파키스탄을 비롯한 여러 나라에서 아지트로마이신은 마지막 수단에 해당하는 약이었다. 그런데 일군의 과학자와 전문가들이 그 약을 멋대로 실험하면서 병에 걸리지도 않은 아이들에게 투여했다.

게다가 니제르가 이를 정책으로 정하면 다른 나라들도 따라 하지 않겠는가? 임상 시험은 비용이 아주 많이 필요하므로, 니제르에서 신중히 실시한 시험을 세계 각국에서 똑같이 실시하기란 불가능하다. 하지만 그런 연구를 하지 않는다면 그리고 왜 아지트로마이신이 예방 효과를 보였는지 밝히지 못한다면, 각국은 아지트로마이신 대규모 투여와 관련된 결정을 어떻게 내려야 할까? 니제르에서 어린이들에게 아지트로마이신을 투여하는 일이 괜찮다면, 다른 나라에서 같은 일이 괜찮지 않은 이유는 무엇일까?

우리가 익히 아는 또 다른 문제도 나타났다. 위조·불량 의약품의 영향을 연구하는 공중보건 연구자들 또한 깜짝 놀랐다. 니제르를 비롯한 개발도상국에는 품질 관리를 강제하는 규정이 거의 없다. 아지트로마이신 대량 투여를 고려 중인 나라에 위조 의약품 판매자가 쉽게 입국하면 어떻게 하겠는가? 질 낮은 의약품이 유통된 결과로 나타나는 내성 증가 문제는 바로잡기가 매우 어렵다. 그리고 아지트로마이신이 환경으로 대량 확산되는 일도 걱정거리였다. 다들 알다시피 항생제는 우리 몸을 통과해 결국 배설물의 형태로 주변의 물과 흙 속에 유입된다. 위생 시설이 열악한 나라에서는 그 결과로 더욱더 많은 사람과 동물이 항생제를 먹게 될 터였다.

라이엇먼은 그런 문제들을 모두 알고 있었으며 비판을 무시하지 않았다. 그 역시 예방용 항생제의 대규모 사용이 정책화되면 내성이 증가하리라고 보았다. 하지만 그는 답하기 어려운 질문을 던졌다. 우리 아이들 중 10퍼센트가 다섯 번째 생일을 맞기 전에 죽도록 버려두겠는가? 우리는 50년 가까이 수질과 위생 시설을 개선하려고 애썼으나 아직도 이렇다 할 진전을 이루지 못했다. 영유아들의 목숨을 구할 간단한 조치가 있다는 사실을 안다면, 왜 그 조치를 시행하지 않는가?

일부 과학자들은 또 다른 질문을 던졌다. 이는 어린 아기가 있는 부모들에게 두 가지 선택지를 제시하는 게 아닌가? 하나는 아무 조치도 취하지 말고 아이들을 사망 위험이 높은 상태로 두자는 쪽이고, 나머지 하나는 20년 후 내성이 증가할 위험을 무릅쓰더라도 지금 사망 위험을 낮추자는 쪽이다. 부모들은 어느 쪽을 선택할까? 내가 라이엇먼에게 물었더니 그는 이렇게 되물었다. "여기 미국에서 우리가 그런 기로에 선다면 어느 쪽을 선택할까요?"

　그날 저녁 식사를 하면서 나는 아내에게 우리가 예방용 항생제 사용과 높은 아동 사망률 중 하나를 선택해야 한다면 어떻게 해야겠냐고 물어보았다. 처음에 우리는 같은 대답을 내놓았다. 둘 다 병의 유무와 상관없이 모두에게 예방용 항생제를 투여하는 일은 잘못되었다고 생각했다. 파키스탄에서는 아지트로마이신이 수많은 광범위 약제 내성 장티푸스 환자의 마지막 희망이었기에, 파키스탄 출신인 우리는 그 약의 효능을 유지시키는 일이 얼마나 중요한지 알고 있었다. 작년에만 해도 여러 친구들과 가족이 장티푸스와 싸우면서 아지트로마이신에 의지해야 했다. 하지만 곰곰이 생각하고 슬하의 두 아이와 우리가 니제르에 있다고 상상해보니, 어떤 경우라도 반드시 예방 치료를 거부하겠다고 장담하기는 어려웠다.

# 비자가 필요 없는 병원균

"항생제 내성균은 비자가 필요 없습니다." 2017년에 베를린에서 열린 세계 보건 정상회담에서 WHO 사무총장 테워드로스 아드하놈 거브러여수스Tedros Adhanom Ghebreyesus가 그렇게 말했다. 내성 병원체를 격리하기란 불가능하다는 뜻이었다. 어떤 장벽, 어떤 장애물에도 그들은 멈추지 않는다. 매개체는 비행기에 탄 인간뿐만이 아니다. 현대식 비행기의 발명에 영감을 준 조류도 병원균의 매개체가 된다.

방글라데시의 수도 다카에서 북쪽으로 120킬로미터쯤 떨어진 마이멘싱이란 도시에는 이국적인 새를 파는 시장이 있다. 그 시장은 갖가지 색과 소리 그리고 볼거리가 아름답게 어우러진 특이한 곳이다. 그곳에서는 각양각색의 조류를 판매하는데, 그중에는 가까운 숲에서 잡아 온 새도 있지만 머나먼 열대림에서 운송되어 온 새도 있다. 부유층 부모와 자녀들은 그곳에서 화려한 깃털을 자랑하는 비싼 새를 구입해 집으로 데려가서 기른다.

의학 박사 탄비르 라만Tanvir Rahman은 항생제 내성에 오랫동안 주목한 수의미생물학자다.[1] 방글라데시에 있는 야생 조류의 항생제 내성률에 관한 공식 데이터는 없지만, 라만은 자신의 경험에 비추어 그 문제가 널리 퍼져 있다고 확신한다. 박식한 그는 문제가 더 커지면 어떤 동물도 안전하기 어려우리라고 본다.

라만은 어느 날 마이멘싱의 조류 시장을 지나가다 야생 조류도 내성 유전자를 보유하지 않을까라는 생각을 했다. 라만은 야생 조류도 농장 조류만큼 취약할지 궁금해졌다. 그래서 연구 논문을 찾아보고 여러 수의사 및 미생물학자와 이야기해보았지만, 그의 궁금증이 해결될 만큼 데이터를 충분히 수집한 사람은 아무도 없었다. 그래서 그는 직접 연구해보기로 했다.

라만은 40년 전 스튜어트 레비가 그랬듯이 동물 분변을 이용해 동물의 항생제 내성 부담을 연구했다. 그는 여러 애완동물 가게에서 조류 분변 샘플을 채취해 분석하기 시작했는데, 가둬놓고 기른 새 말고 철새에 초점을 맞췄다. 야생 조류도 내성균의 매개체인지 궁금했기 때문이다.

결과가 나오자 라만이 가장 우려했던 바가 사실로 확인되었다. 조류 분변에는 콜리스틴colistin, 클로람페니콜, 에리트로마이신, 어타페넴ertapenem, 아지트로마이신, 옥시사이클린oxycyclin 등의 온갖 항생제에 내성을 띠는 세균이 들어 있었다. 오레스트루프의 연구와 마찬가지로 그 발견은 답이 나오지 않는, 어쩌면 답하기가 불가능할지도 모르는 몇 가지 의문을 제기했다. 라만은 야생 조류가 내성균을 어떻게 얻었는지 알지 못한다. 그 새들은 잡힌 후에 항생제가 함유된 사료를 먹었을 가능성도 있었고, 자연환경 속에서 내성균에 노출되었을 가능성도 있었다. 하지만 확실한 사실은 그런 이국적인 야생 조류가 내성균 매개체였다는 점이다. 그들은 알록달록한 색깔과 다양한 울음소리만 새로운 장소로 가져오진 않았다. 내성균 문제는 더 이상 비좁은 중국 양돈장, 파키스탄 물소 농장, 인도 양계장에만 국한되지 않았다. 내성균은 온갖 이동 수단을 찾아냈는데, 때로는 여러 나라와 대륙을 가로지르는 새들의 배 속을 이용했다. 해결책은 국가와 대륙을 초월해야 할 터였다. 마침 그때 토레 미트베트 같은 과학자들의 연구로 동물용 백신과 항생제 감시 분야를 개척해온 스칸디나비아가 또 다른 범세계적 해결책을 내놓았다.

1961년 9월, 독립한 지 얼마 안 된 콩고민주공화국은 파탄으로 치닫고 있었다. 내전이 불가피해 보였다. 일부 지역에서는 분리주의 운동이 일어나 독립이 선언되었다. 그해 1월에는 콩고의 식민 종주국이던 벨기에와 미국 중앙정보국CIA의 음모로 정력적인 초대 총리 파트리스 루뭄바가 살해되는 사건이 있었다. 콩고에 닥쳐온 위기 상황은 나날이 심각해지고 있었다.

이에 대응해 UN은 평화 협정을 중재할 대표단을 전용 비행기에 태워 콩고 남부로 급파했다. 비행기에 탑승한 사람은 총 열여섯 명이었다. 그런데 북로디지아(지금의 잠비아)의 은돌라에서 15킬로미터쯤 떨어진 곳에서 그 비행기는 원인 불명의 추락을 하고 말았다. 대표단과 동행한 사람 중에는 당시 UN 사무총장이던 스웨덴인 다그 함마르셸드Dag Hammarskjöld도 있었다. 그는 케네디 대통령에게서 당대 최고의 정치가란 평을 받았던 뛰어난 외교관이었다. 함마르셸드가 죽고 몇 달이 지난 뒤 콩고에서는 이미 내전이 한창이었고, 그 후에도 상황이 더 악화되면서 수년간 유혈 사태가 발생해 약 10만 명이 목숨을 잃었다.[2]

1962년에 스웨덴 정부는 그 유명한 외교관을 기리기 위해 그가 묻힌 도시 웁살라에 다그 함마르셸드 재단Dag Hammarskjöld Foundation을 설립했다. 그 재단은 '합의meeting of the minds'를 통해 시대의 시급한 문제를 해결하고자 한다. 재단이 지침으로 삼은 신조는 인류가 직면한 심각한 위험을 해소하는 데 외교가 도움이 된다는 생각이다.

함마르셸드가 죽고 40년이 지난 후 다그 함마르셸드 재단은 웁살라대학교의 오토 카르스Otto Cars 교수에게서 특이한 제안을 받았다.[3] 카르스는 국제회의를 개최하고자 했는데, 회의 주제가 재단이 전형적으로 후원하는 주제와는 거리가 멀었다. 거기에는 분쟁도 없었고 분쟁 당사자도 없었다. 그럼에도 불구하고 그 문제는 국제적인 사안이었으며, 목숨을 구하는 귀중한 자원을 보전하는 일과 직결되었다. 재단은 카르스가 제안한 국제회의의 목적이 재단의 운영 취지와 부합하는지 확신하지 못했지만, 결국 회의 개최를 후원하기로 했다.

그 결과 과학자, 임상의, 보건 운동가, 정책 입안자들의 주요 연계망 중 하나인 리액트ReAct*가 결성되었다.[4] 2005년에 다그 함마르셀드 재단이 후원한 회의에는 25개국에서 60명이 참석했다. 오늘날 리액트는 범세계적 연계망으로 다섯 대륙—아시아, 라틴아메리카, 아프리카, 유럽, 북아메리카—에 존재한다. 본부는 여전히 웁살라대학교에 있다. 그들은 영향권이 넓어지면서 임무도 늘어났다. 리액트의 목적은 다른 단체들이 국내 혹은 지역에서 시행하려 애써온 일—감시 강화, 의식 함양, 감염 예방, 효과적인 세계 정책 수립—을 국제적으로 조율하는 데 있다.

카르스는 그때부터 전 세계에 얼굴을 알리며 항생제 내성 연구에 대한 지지를 규합해왔다. 이는 카르스의 평생 관심사였다. 그가 항생제의 놀라운 효능을 처음 목격한 시기는 1950년대 말 누이가 중이염에 걸려 페니실린을 복용한 때였다. 누이는 몇 년 후 성홍열에 걸리는 바람에 격리되어야 했다. 또다시 항생제를 복용했고, 목숨을 구하는 귀중한 자원으로서 그 약의 진가는 명백했다.

카르스는 청소년 시절 어머니가 간호사로 일하는 병원의 실습사원으로 일했다. 실은 보조원에 더 가까웠다. 그는 10대 소년의 무한 체력으로 온갖 일을 도왔다. 진로를 결정할 때가 되자 카르스는 선택지를 의학과 법학으로 좁혔다. 그리고 의학을 선택하면서

---

* 'Action on Antibiotic Resistance(항생제 내성 대응단)'의 줄임말.

감염증을 전공 분야로 삼았다. 스웨덴은 미국과 달리 오래전부터 감염증의 위험도를 높게 보고 있었다.

　감염증 전문병원 중 하나는 웁살라에 있었는데, 카르스는 바로 그곳에서 경력을 쌓기 시작했다. 수련 기간에 카르스를 비롯한 스웨덴 의사들은 항생제의 가치를 제대로 인식하고 꼭 필요한 경우에만 항생제를 처방해야 한다고 배웠다. 카르스는 직접 연구하며 적절한 항생제 투여량과 농도 등을 조사할 때도 그 가르침을 잊지 않았다. 그러나 많은 사람이 항생제를 신중히 다뤄야 할 필요성을 인식했고 관리 수칙 또한 정립됐음에도 불구하고, 스웨덴뿐 아니라 북유럽 전역에서 항생제 사용량은 서서히 증가하고 있었다.

　1990년대 초 스웨덴 남부에서 페니실린 내성 폐렴구균 감염증에 걸린 어린이가 급증했다. 카르스는 그런 일이 스웨덴에서 일어났다는 사실이 몹시 걱정스러웠다. 그리고 항생제 처방량과 판매량이 계속 증가하면 머지않아 비슷한 발병 사태가 또 일어나리라고 확신했다. 변화의 필요성은 시급하나 대부분이 무관심하다는 사실을 잘 알고 있던 카르스는 1980년대 초에 스튜어트 레비가 항생제 적정 사용 연맹APUA을 통해 행동했듯이 국제적 조치를 취하기로 했다.

　1995년에 카르스와 동료들은 스웨덴 '항생제 내성 방지 전략 프로그램STRAMA: Strategigruppen för Rationell Antibiotikaanvändning och Minskad Antibiotikaresistens'에서 항생제 판매 실태를 추적하기 시작했다. 놀랍게

도 여러 의원과 병원이 자발적으로 참여하여 자기네 항생제 처방량에 관한 정보를 공유하였다. 그리고 저마다 처방량을 줄이기 위해 애썼다. 프로그램은 대성공이었다. 스웨덴 보건부도 관심을 보였고 마침내 STRAMA를 국가 정책의 일부로 삼았다. 수년간 점점 더 많은 보건기관과 의사들이 이 프로그램에 참여해 항생제 처방·판매량 축소 방안과 관련된 정보와 전략을 공유하기 시작했다.[5] 20년 후에는 비슷한 프로그램이 여러 나라에서 시행되었다.

카르스는 행동 범위를 넓혔다. STRAMA가 전 세계에 변화의 본보기가 됐을 때 카르스는 스웨덴이 모든 나라를 대표할 수 없음을 알고 있었다. 내성 문제를 제대로 다루려면 세계 곳곳의 전문가들을 참여시켜야 했다. 2001년에 WHO는 범세계적 조치를 촉구하기로 계획했고, 중대한 시작을 위한 무대를 워싱턴 D.C.에 마련했다. 행사 날짜는 2001년 9월 11일이었다.

그날 일어난 세계적 사건 때문에 WHO는 회의를 연기해야 했다. 정치 상황이 안정되어 스웨덴이 활동 재개를 촉구했을 때는 WHO의 관심이 시들해지고 있었다. 문제의 심각성을 보여주는 데이터가 부족했다. 스웨덴은 전 세계인의 의식을 고취할 준비가 되어 있었지만, 세계는 귀 기울여 들을 준비가 안 된 듯했다. 게다가 추가적인 문제도 있었다. 항생제 내성은 질병에 대한 세계의 기존 대응 체계와 맞지 않았다. 항생제 인식 개혁 운동이 어떤 질병과 관련돼 있는지 사람들이 물었을 때 내놓을 만한 명확한 답이 없었다. 사람들은 장티푸스나 콜레라 같은 답을 듣고 싶어 했지만, 그렇게 간단한 답은 존재하지 않았다. 그래서 카르스는 다그 함마르셸드 재단과 접촉해보기로 했다.

2009년에 리액트는 세계 의제 선정에 참여할 기회를 얻었다. 그해에는 유럽연합EU 이사회 의장직을 스웨덴 총리가 맡을 차례가 되어 EU 정상 회의가 스톡홀름에서 열릴 예정이었다. 카르스와 리액트는 회의에 참석해 EU 보건 의제 선정을 도와달라는 요청을 받았다. 바로 그 회의에서 처음으로 항생제 내성 문제가 주목을 받았고, EU는 종합 행동 계획을 채택하였다.

갈수록 긴박해지는 상황 속에서 세계는 범세계적 위험을 인식하고 대응하기 시작했다. 2015년에 WHO는 세계 행동 계획GAP: Global Action Plan에 착수했는데, 이는 리액트, STRAMA 등의 기관이 개발한 갖가지 지원 활동 방법을 도입해, 각국이 적용할 만한 플랫폼을 마련하는 프로젝트였다. 그 계획에는 나라별로 필요에 맞게 수정·조정 가능한 여러 구체적 목표와 목적이 있었다. 어떤 나라는 인식을 개선하는 일을 목표로 삼지만, 어떤 나라는 감시를 더 잘 수행하기 위해 사회 기반 시설에 투자하는 일을 목표로 삼을 터였다. 이제 모두가 문제를 인정해야 했다. 각국이 힘을 보태면 항생제 내성과의 싸움에서 형세를 뒤집는 일도 가능할 듯했다.

그 귀중한 자원—어린 카르스의 관심을 끌고, 과학자가 된 카르스의 의욕을 북돋고, 카르스로 하여금 단체를 설립해 인류의 인식을 바꾸게 한 자원—은 카르스가 평생 쌓은 업적을 보여주는 증거이다. 지난 40년간 카르스는 심혈을 기울였지만, 여전히 우려스러운 문제가 남아 있다. 만약 아무도 항생제를 만들려고 하지 않으면 어떻게 해야 할까? 왜냐하면 바로 지금, 제약회사들이 항생제 제조 업계를 줄지어 떠나고 있기 때문이다.

# 말라붙은 신약 파이프라인

28

2018년 7월 11일 『블룸버그 뉴스Bloomberg News』에 다음 헤드라인
이 실렸다. "노바티스Novartis, 항생제 연구 종료, 샌프란시스코만 지
역에서 140명 감원." 이 소식은 연구자와 공중보건 전문가들에게
엄청난 충격을 주었다. 대형 제약회사 노바티스가 항생제 시장은
떠나지만, 실용화 가능성이 있는 약은 30종 넘게 개발 중이었다.
스위스 제약회사 노바티스는 항생제 사업을 접는 이유를 밝히면서
많이 들어본 표현을 썼다. 이미 시장을 떠난 다른 회사들도 모두 비
슷한 말을 했었다. 노바티스 대변인은 자사가 "혁신 의약품 개발에
더 유리한 다른 분야에 자원을 우선 투입"하고자 한다고 말했다.

노바티스가 그런 발표를 하기 두 달 전에 아일랜드 회사 엘러간
Allergan은 15억 달러 규모의 감염증 관리 사업을 매각하고 그 자본
을 눈병과 신경계 질환 같은 다른 분야에 투입하기로 했다.[1] 그로부
터 2년 전에는 또 다른 대형 다국적 제약회사 아스트라제네카

AstraZeneca도 항생제 사업을 매각했다.[2] 이제는 주요 제약회사 중 오직 네 곳(화이자, 머크, 로슈, 글락소스미스클라인)만 항생제 사업을 유지하고 있다. 그런데 지금 상황을 고려해보면 그들 역시 떠날 채비를 하고 있는지도 모른다.

제약업계가 항생제 연구를 꺼리는 까닭은 역사와 재정 상황 때문이다. 1950년대와 1960년대는 황금기였다. 그 기간에는 무한히 커질 듯한 시장에 모두가 뛰어들었다. 하지만 황금기는 갑자기 끝나버렸다. 새로운 종류의 그람 음성 내성균 감염증 치료제가 마지막으로 발견된 때는 약 60년 전인 1962년이었다. 그 약은 퀴놀론계 항생제와 플루오로퀴놀론계 항생제의 효시가 된 날리딕스산이었다. 그리고 1984년부터는 새로운 종류의 항생제가 전혀 출시되지 않았다.[3] 이후 나온 모든 신약은 사실상 기존 종류의 변형이었다. 항생제 신약 파이프라인이 말라붙자 개발비는 급증했다. 1987년에 2억 3,100만 달러였던 개발비는 2001년에 8억 200만 달러로 증가했다.[4] 임상 시험 비용도 상승했는데, 이는 규제 기관이 더 큰 규모의 다국가 임상 시험을 요구하며 더 엄격한 지침을 시행하기 때문이다.

개발 단계에 있던 항생제 대부분은 시장에 나오지도 못했다. 임상 시험 중인 항암제의 80퍼센트는 소비자를 만나지만, 항생제는 2퍼센트만 모든 시험을 통과한다. 누적 결과는 명백하다. 지금 항생제는 약 50가지가 개발되고 있다. 반면에 항암제는 2014년에만도 800가지가 임상 시험 단계에 있었다.[5]

재정 상황도 암울해 보인다. 기업은 투자 대상을 평가할 때 순현재가치NPV: net present value라는 척도를 많이 사용한다. NPV는 수익의 현재 가치에서 비용의 현재 가치를 빼고 남은 액수를 말한다. 암 치료제의 NPV는 +3억 달러, 신경계 질환 치료제의 NPV는 +7억 2,000만 달러, 관절염 같은 근골격계 질환 치료제의 NPV는 +11억 달러나 된다. 그러나 항생제의 NPV는 −5,000만 달러다. 항생제에 투자하는 회사는 돈을 잃을 공산이 크다.[6]

그리고 마지막 문제점이 있다. 내성에 대해 지금까지 알려진 바를 모두 고려하면, 온갖 재정적 난관과 규제를 뚫고 새 항생제가 개발되더라도, 우리는 새 항생제를 이례적 상황에 대비해 따로 두었다가 엄격한 감독하에 아껴 쓰게 될 듯하다. 이는 귀중한 자원을 보전하는 데 주력하는 사람들의 입장에서 보면 기막히게 좋은 일이다. 하지만 의약품을 팔아 투자 수익을 얻고자 하는 기업들의 입장에서 보면 어처구니없는 일이다. 이윤을 추구하는 대형 제약회사에서 항생제 개발 사업의 존폐를 결정하는 일은 그리 어렵지 않다.

다음과 같은 좋은 예가 있다. 2018년 여름에 FDA는 플라조마이신plazomicin이란 약을, 카바페넴계 항생제 내성균 등의 다제 내성균이 일으킨 복합 요로 감염증의 치료제로 승인했다. 이는 샌프란시스코 남부에 본사를 둔 제약회사 아카오젠Achaogen이 거둔 큰 성과였다. 하지만 그 약의 첫해 판매량은 그리 대단하지 않았다. 아카오젠이 벌어들인 수익은 100만 달러가 채 안 되었다. 2019년 4월

에 그 회사는 파산을 신청했다.[7]

제약회사들은 더 이상 항생제가 좋은 투자 대상이라고 주장하지 않는다. 그런데 우리가 이에 대해 완전히 다른 관점에서 접근할 순 없을까? 항생물질을 찾는 일을 보스턴, 바르셀로나, 베이징, 벵갈루루 등지의 스타트업 기업에 위탁하면 어떨까?

어쩌면 항생물질을 찾는 방법을 새롭게 다시 생각해야 할지도 모른다. 이는 바로 법학 교수 케빈 오터슨Kevin Outterson이 하고자 하는 일이다. 오터슨은 지난 반세기 최대의 공중보건 위기—사하라 이남 아프리카의 에이즈 유행 사태—때 표면화된 의료 접근성 문제를 계기로 그러한 생각을 하게 되었다.

# 오래된 사업을 하는
# 새로운 방법

　남아프리카 공화국(남아공)에서 인종차별정책을 펴던 정권이 무너진 지 6년이 되었을 때였다. 넬슨 만델라는 이제 그 나라의 지도자가 아니었다. 그 당시 남아공에서는 수많은 흑인을 위협하던 인종차별제도 대신 에이즈(후천성 면역 결핍 증후군)라는 또 다른 위험 요인이 부상하고 있었다. 타보 음베키Thabo Mbeki 대통령은 아프리카 대륙 전역의 시급한 외교 문제와 중산층의 일자리 문제에 치중했다. 그러나 조만간 그는 가정과 지역 사회를 파탄으로 몰고 간 에이즈 위기에 맞서야 할 터였다.

　2000년 7월에 음베키는 제13회 국제 에이즈 회의 개회사를 하려고 연단에 섰다. 그는 인간면역결핍바이러스HIV에 대해서는 이야기하지 않고, 가난을 남아공이 직면한 가장 큰 문제로 꼽았다. 이어서 그는 가난과 관련된 질병 전반을 논했을 뿐, 거기 모인 연구자들 입장에서 보면 참으로 답답하게도, HIV가 에이즈를 일으킨다고는 말하지 않았다. 두 달 후 국회에서 음베키는 이렇게 말했다. "어떻게 바이러스가 증후군을 일으킵니까? 불가능합니다."[1]

음베키가 공개 석상에서 자신의 신념을 밝힌 후 시행한 정책들은 무효하고 부적절했다. 그 결과로 수백만 명이 사망했다. 하지만 남아공의 HIV 보균자들이 직면한 문제는 음베키만이 아니었다. 다른 문제도 있었다. 바로 약을 입수하기가 어렵다는 점이었다.[2] 2000년경 남아공에서 에이즈 환자 한 명이 한 해 동안 약물치료를 제대로 받는 데 드는 비용은 1만 5,000달러에 육박했다. 그 병을 앓는 사람들이 감당할 수준을 훨씬 넘어선 금액이었다. 환자들 중에는 한 해 소득이 치료비보다 적은 사람도 많았다. 에이즈 치료제 중 상당수를 생산하는 서유럽에서는 국민 의료보험 제도가 비용의 전액이나 상당 부분을 부담했다. 그러나 남아공에는 그런 제도가 존재하지 않았다.

남아공 사람들은 이에 점점 더 실망하며 걱정에 사로잡혔고 인종 차별 정책이 실시되던 시절에 확립한 다음과 같은 기본 방침을 따랐다. 시민운동, 의식 고취, 직접 행동. 재키 아흐마트Zackie Achmat를 비롯한 운동가 열한 명은 에이즈 치료제의 터무니없이 비싼 가격에 항의하는 시민 단체 트리트먼트 액션 캠페인TAC: Treatment Action Campaign을 설립했다.[3] 당시에는 에이즈 치료제 특허권을 대형 제약 회사 세 곳이 쥐고 있었다. 즉 그들이 에이즈 약의 가격과 접근성을 좌지우지했다는 뜻이다. 그런데 뭄바이에 본사를 두고 주로 제네릭 약을 생산하는 시플라Cipla란 회사가 TAC에 합류하더니 자기네가 기꺼이 에이즈 치료제를 만들어서 남아공에 시가보다 훨씬 저렴하게 공급하겠다고 했다. 시플라는 에이즈 치료제를 만들 특허권이 없었지만, TAC는 신경 쓰지 않았다. TAC는 에이즈 치료제가 필요한 사람들에게 약이 제공되길 바랐다. 그래서 유명 제약회사들로부터 국제적 압력을 받게 될 공산이 컸지만, 위험을 무릅쓰고 시플라와 협력하기로 했다.[4]

에이즈 치료제를 만드는 몇몇 대형 제약회사는 크게 반발했다. 영국 제약회사 글락소스미스클라인의 CEO는 시플라 수뇌부를 가리켜 자기네 지식 재산과 약품 판매 수익을 훔치는 '해적단'이라고 불렀다.[5] 다툼이 전개되었으나, 남아공 정부는 어느 쪽을 편들지 쉽게 결정하지 못했다. 국내외 공중의 압력에 굴복한 남아공 정부는 결국 시플라 편에 섰고, 그 회사가 에이즈 치료제를 남아공에서 시판해도 좋다고 허락했다. 아니나 다를까 대형 제약회사들은 남아공 정부를 고소했다. 그들은 남아공 정부가 계약을 위반했으며 (특허권도 라이선스도 없는) 제네릭 약 제조사에게 약 판매를 허가해 브랜드 약 제조사의 이익을 감소시키려 한다고 주장했다.

관료주의와 우유부단한 태도를 버리지 못한 남아공 정부는 치료제 가격 합리화 여부를 놓고 갈팡질팡했다. 환자들의 좌절감은 점점 커졌다. 이에 대응해 TAC는 에이즈 위기와 적정가 치료제의 부족 실태에 대한 인식을 높이려고 운동을 기획했다. 그들은 세계 곳곳의 단체와 협력해 런던, 뉴욕, 뭄바이, 멜버른 등지에서 시위를 벌였다. 급박한 위험에 처한 환자들의 목숨을 보전하려면 약을 쉽게 쓰도록 해야 한다는 주장에 지지자들은 수긍하며 공감했다. 국제사회의 압력이 먹혀들어 브랜드 약 제조사들이 소송을 취하하면서 TAC, 에이즈 환자, 제네릭 약 제조사는 대승을 거두었다.[6]

2005년경에 제약 특허와 의약품 접근성은 전 세계 법조계에서 큰 논쟁거리였다. 어떤 학자들은 다음과 같은 말로 제약회사를 편들었다. 제약회사가 국제시장에서 특허권을 지키지 못한다면 어떻게 신약 개발력과 신규 투자력을 유지하겠는가? 하지만 어떤 학자들은 다음과 같이 환자를 변호했다. 제약회사의 특허권을 지켜주는 건 좋지만, 환자들이 약을 살 만한 형편이 못 된다면 신약이 무슨 소용인가? 수많은 사람의 목숨이 위태로운 상황에서는 TAC 같은 단체들의 노력을 칭찬해야 하지 않겠는가? 그리하여 세계 에이즈 위기로 의약품 접근성, 혁신, 가격 책정을 둘러싼 싸움이 시작됐는데, 그런 논점들은 항생제 내성과 관련하여 특별한 의미를 띠게 되었다.

『예일 보건 정책·법·윤리 저널 Yale Journal of Health Policy, Law, and Ethics』 2005년 호에 실린 한 논문에서는 그 문제를 완곡하게 제기했다.[7] 당시 웨스트버지니아대학교 법학과 부교수였던 저자 케빈 오터슨은 제약회사가 가격을 낮추면서 연구 비용을 회수할 방법을 논했다. 그 100쪽짜리 보고서의 한 각주에는 시간이 흐름에 따라 지식의 가치가 변한다는 이야기가 나온다. 이는 약제 내성이 증가하는 시대에 제약 혁신에 대한 사고 전환이 필요함을 의미한다. 오터슨은 이렇게 썼다. "지식은 쓴다고 닳진 않지만, 차용 불가능하다는 이유로 가치를 잃기도 한다."[8]

간단히 말하면 오터슨은 지식재산권법의 뒷받침이 없으면 발명자가 자기 발명품으로 경제적 이익을 얻지 못한다는 점을 지적하고 있었다. 그런 법 때문에 특허는 보통 20년간 유효하다. 그동안 발명자(더 폭넓게 말하면 특허 보유자)는 해당 상품을 독점으로 판매할 권리가 있다. 그 논리는 매우 명료하다. 발명자는 20년간 독점 수익권을 보유하고, 특허 기간이 만료되면 다른 회사들이 해당 시장에 진입해도 된다.

그런 법의 바탕에는 20년 후에도 해당 상품이 여전히 유익하리라는 가정이 깔려 있다. 하지만 그렇지 않다면 어떻게 해야 할까? 20년 후 약이 효력을 잃는다면, 혹은 한술 더 떠서 환자에게 해롭기까지 하다면 어떻게 해야 할까? 오터슨은 이런 의문이 뇌리에서 떠나지 않았다. 명백한 일례인 항생제가 모든 사람의 생활에 밀착해 있었기 때문이다.

항생제는 지식재산권이 혁신을 뒷받침한다는 원리의 밑바탕에 깔린 가정을 뒤집었다. 문제를 인식한 오터슨은 그 문제에 대해 열심히 배워 나갔다.[9] 그는 공부도 하고 학회, 세미나, 공청회, 증언회에도 참석했다. 여러 제약회사에 관해 조사하고 임원과 이야기해 보았다. 그리고 보건 이해 당사자, 감염증 전문의, CDC 소속 근무자들도 알게 되었다.

한편 대형 제약회사가 항생제를 계속 만들 만한 재정적 이유는 거의 없었다. 내성은 계속 커졌지만, 얄궂게도 일대 혁신을 불러일으킬 만큼 빨리 증가하지는 않았다. 점점 더 많은 대형 제약회사가 항생제 시장을 떠나 암·당뇨병 치료제와 관련된 시장에 집중했다. 문제를 인정한 FDA 고관들은 항생제 파이프라인이 '취약하다'고 공언했다.

이후 10년간 오터슨은 그 문제를 계속 연구하며, 신약 개발 투자 증진 방안을 모색하는 국제적 논의에 참여했다. 세계 각국도 주목하고 있었다. 미국은 유럽의 협력국들보다 뒤처져 있었지만, 상황은 점차 바뀌었다. 2014년 9월에 버락 오바마 대통령은 항생제 내성과 관련된 행정 명령을 내렸다.[10] 행정 명령에 따르면 대통령 과학기술 자문위원회는 대책 본부를 만들어 국가 행동 계획안을 제출해야 했다. 오바마는 그들에게 6개월 시한을 주었다. 그 계획안은 항생제 내성 문제에 대한 미국의 대응 방안이 될 터였다.

대책 본부는 2015년 3월 27일에 계획안을 발표했다. 거기에는 당시 많이 쓰이던 온갖 용어, 문제의 규모에 대한 무서운 통계 자료, 세균의 내성 획득 과정에 작용하는 선택적 압력, 주요 항생제의 접근성·용도·사용량 관리 책임 등의 내용이 포함되었다. 하지만 그뿐만이 아니었다. 그를 뒷받침하는 돈 이야기도 있었다. 보도자료에는 이렇게 쓰였다. "제안된 활동은 2016년도 대통령 예산안에 책정된 투자액과 부합한다. 그 예산안에는 항생제 내성 대응 및 방지 활동에 대한 연방 지원금이 두 배 가까이 늘어나 12억여 달러로

　　　　　　　　　　　　　　　　　　　　　　　　**내성 전쟁**

잡혀 있다."

계획안은 신약 파이프라인을 강화해야 할 필요성을 강조했지만, 대형 제약회사들은 조심스러워했다. 그들이 신약 파이프라인 강화에 관심을 가지려면 변화가 필요했다. 생물의약품 첨단연구개발국BARDA: Biomedical Advanced Research and Development Authority이 나서서 변화의 주체가 되었다.

BARDA는 2006년에 조지 W. 부시 대통령이 창설했다. 생화학테러, 핵 공격, 팬데믹 등 국가 안보를 위협하는 갖가지 공중보건 비상사태에 더 잘 대비하려는 노력의 일환이었다. 미국에서는 항생제 내성을 중요한 위험 요인으로 보지 않았지만, 백악관은 종래의 기초과학연구 보조금·자금 배정 절차를 거치기가 싫었다. BARDA는 집중 연구를 위해 만든 기관이었다. 그 기관은 국립 알레르기·전염병 연구소NIAID: National Institute of Allergy and Infectious Diseases*와 협력하면서 연구 역량에 더 집중하게 되었다. NIAID 소장 앤서니 파우치Anthony Fauci 박사는 감염증 전문가로 오랫동안 국립보건원NIH: National Institutes of Health에 적을 두고 일해왔다. 파우치 역시 대형 제약회사들이 항생제 내성 문제에 별로 관심 없다는 점을 아쉬워하고 있었다.[11] 그는 변화를 불러일으키고 싶었다.

백악관의 후원에 힘입어 BARDA와 NIAID는 2016년 2월 16일에 야심 찬 계획을 발표했다. BARDA-NIAID 협력체가 신약 파

---

\* NIAID는 NIH의 산하기관이다.

이프라인을 개발할 기술 벤처 인큐베이터·액셀러레이터에 2억 5,000만 달러를 지원한다는 내용이었다.* 인큐베이터는 생명공학 회사에 자금을 제공하되 약 제조사의 지분을 소유하진 않을 터였다. 가장 유망한 신약 후보 물질을 내놓은 생명공학 회사는 액셀러레이터로부터 자금을 받게 되지만 나중에 그 돈을 갚을 필요는 없었다. 하지만 이 대담한 계획이 과연 성공할까?

이 무렵 오터슨은 보스턴대학교 교수로 세계 최대급 생명공학 중심지에서 살고 있었다. 오터슨은 BARDA의 발표 내용을 보자마자 런던에 사는 친구에게 전화해서 기획서를 제출해보면 어떻겠냐고 물었다. 존 H. 렉스John H. Rex는 아스트라제네카의 전무로 이미 몇 차례의 회의에서 오터슨과 협력해 EU 정책을 입안한 바 있었다. 렉스는 의학 박사이자 교수이며 전 NIAID 연구원이었고 얼마 전부터 제약회사 임원으로 일하고 있었다. 그리고 신약 개발 과정을 아주 잘 알았다. 그는 거의 평생 동안 갖가지 감염증을 치료할 신약을 개발하려고 애써왔다. 오터슨은 자신의 아이디어를 렉스에게 이야기했다. 전 세계에서 최고의 항생제 개발안을 찾을 혁신 허브를 만들어보자는 아이디어였다. 대담한 제안이었지만, 렉스는 그 내용이 마음에 들었다. 그래서 같이 일을 추진해보기로 했다.

이는 두 사람이 만만찮은 과제에 직면했다는 뜻이었다. BARDA

---

* 인큐베이터(incubator)는 신생 벤처 기업이 스스로 사업을 해내도록 도와주는 기관이고, 액셀러레이터(accelerator)는 어느 정도 성장한 벤처 기업이 성장을 가속화하도록 도와주는 기관이다. 경우에 따라서 둘 다 '창업 지원 기관'으로도 번역된다.

는 두 사람에게 획기적 아이디어가 있다는 이유만으로 그 계획을 후원하진 않을 터였다. 어떤 활동에 협력하기 전에 BARDA는 제안 자가 정말 열심히 할 의지가 있는지, 학계와 산업계에서도 제안자에게 자금을 지원하려 하는지 확인하고자 했다. 오터슨과 렉스는 2억 5,000만 달러를 받기 위해 기획서 작성 이상의 일을 해야 했다. 그래서 렉스는 인맥을 이용했는데, 그가 처음 도움을 구한 곳은 웰컴 재단Wellcome Trust이었다.

헨리 웰컴Henry Wellcome은 아홉 살 때 자기가 살던 미네소타주의 가든시티라는 마을이 수Sioux족에게 여러 차례 습격받는 모습을 목격했다. 수족은 조상 대대로 살던 땅을 잃은 데다 미국 정부가 약속대로 보상도 하지 않아 몹시 화가 나 있었다. 치열한 혈전이 끝난 후에 웰컴은 삼촌을 도왔다. 삼촌은 의료용품점 사장으로 부상자 간호에도 힘을 보태고 있었다. 웰컴은 또한 마을을 지키는 데 필요한 총알을 만드는 일을 거들기도 했다. 하지만 그의 호기심을 사로잡은 일은 부상자 간호였다. 그는 의학에 관심이 많았다.

웰컴은 약리학을 공부하고 외판원이 되었다. 1880년에 그는 대서양을 건너 친구 사일러스 버로스Silas Burroughs와 합류했다. 버로스는 SM버로스사SM Burroughs & Co.를 세워 미국산 의약품을 영국으로 수입하고 있었다. 영국에 도착한 웰컴은 버로스와 함께 새 회사 버로스웰컴사Burroughs Wellcome & Co.를 세우고 정제(알약)라는 새로운 제형을 출시하기 시작했다. 당시 영국에서 유통 중이던 약들은 산제

(가루약)나 액제(물약)의 형태였다. 정제는 한 알 한 알의 양이 정확해서 복용하기가 더 쉽고 안전했다. 새로운 정제 형태의 약은 곧바로 성공을 거두었다. 그 사업이 급성장하면서 버로스웰컴사는 큰 수익을 얻었다.

1895년에 버로스가 죽은 후 웰컴은 회사의 단독 대표가 되었다. 그의 경영하에서도 버로스웰컴사는 굴지의 첨단 기술 기업으로 건재했다. 웰컴이 1936년에 죽은 뒤 불과 몇 년이 지난 때, 그의 이름이 붙은 회사는 최악의 실수를 저질렀다. 1940년에 버로스웰컴사의 화학자 두 명은 옥스퍼드대학교를 방문해 페니실린 연구에 대해 알아본 후, 페니실린 개발팀의 후원 요청을 정중히 거절했다.[12]

하지만 헨리 웰컴의 유산은 다른 형태로 이어졌다. 죽기 전에 웰컴은 생물 의학 연구를 후원하는 재단을 설립했다. 수년간 계속 크게 성장한 웰컴 재단은 1995년경에 제약회사 자산을 모두 매각해 모회사에서 완전히 독립했다.

2013년에 제러미 패러Jeremy Farrar가 이사장이 됐을 무렵, 웰컴 재단은 영국에서 가장 큰(세계에서는 두 번째로 큰) 생물 의학 연구 후원단체로 성장하고 있었다. 전부터 재단은 패러가 이사장에 적격이라고 평가하고 있었다. 패러는 세계 도처에서 성장했다. 싱가포르에서 태어나 뉴질랜드와 리비아에서 자랐다.[13] 그리고 유니버시티 칼리지 런던 의대를 나와 옥스퍼드대학교에서 박사 과정을 밟았다. 원래는 신경학 쪽으로 진로를 잡았으나, 학업을 마칠 무렵 신경학은 자신이 원하는 분야가 아니라는 사실을 깨달았다. 패러는 감염증 쪽으로 방향을 틀었다. 그리고 베트남에서 찾아온 기회를 잡아 베트남에 위치한 옥스퍼드대학 산하 임상연구소의 소장으로 17년간 일했다. 그 세월 동안 패러는 공중보건 및 감염증과 관련하여, 무엇보다 과학과 지지활동, 혁신과 정책을 결합할 필요성과 관련하여 경험을 풍부히 쌓았다. 이렇게 폭넓은 경력을 갖춘 (그리고 베트남에서 약제 내성을 직접 목격한 경험도 갖춘) 상태에서 그는 웰컴 재단 대표직을 맡았다.

2016년에 웰컴 재단은 전에 재단이 후원했던 뛰어난 연구자 존 렉스의 방문을 받았다. 렉스가 그곳에 간 까닭은 오터슨의 아이디어를 제안하기 위해서였다. 웰컴 재단 측은 흥미를 느꼈으나 첫 회의 때는 아무 약속도 하지 않았다.

상황은 변했다. 웰컴 재단은 세계적 난제에 효과적으로 대응할 방법을 검토하는 한편, 혁신가와 생명공학 회사 등 다른 협력자들을 참여시킬 새로운 연구 방향을 모색하고 있었다. 그리고 고위험 고수익 프로젝트를 후원하는 일에도 열을 올리고 있었다. 웰컴 재단은 오터슨의 계획을 후원하자는 쪽으로 의견을 모았지만, 공동 후원자를 원했다.

이 무렵 영국 정부는 항생제 내성이 국내외 보건·의료 분야의 최우선 의제가 되리라는 점을 분명히 밝힌 뒤였다. 위와 관련하여 2016년에 영국 정부는 '항생제 내성 센터'란 민관 협력 사업체를 새로 설립했다. 그곳의 임무는 국제적 수준에서 항생제 내성 문제에 맞서는 일이었다. 이는 오터슨에게는 물론이고 웰컴 재단과 렉스에게도 더없이 시의적절했다. 지원 대상 발표일이 되었을 때 오터슨은 웰컴 재단과 항생제 내성 센터로부터 기금 1억 달러 지원 약정서를 받았다.

2016년 7월 28일에 BARDA는 오터슨과 렉스의 보스턴대학교 팀이 BARDA의 교부금을 받아 항생제 내성 문제에 대응할 액셀러레이터를 만들게 됐다고 발표했다. 그 기관의 명칭은 대항생제내성균 생물약제 액셀러레이터CARB-X: Combating Antibiotic Resistant Bacteria Biopharmaceutical Accelerator였다.[14] 이제 자금이 마련되었다. 미국 정부와 웰컴 재단이 변화를 불러일으키려고 제공한 수억 달러가 있었다.

CARB-X의 목표는 혁신을 촉진해 약제 내성 문제를 해결하는 것이다. 하지만 CARB-X는 신생 기업을 지원하는 인큐베이터가 아니다. 엄밀히 말하면 벤처캐피털 회사도 아니다. CARB-X는 항생제 및 진단법의 임상 전과 초기 개발 단계에 자금을 댄다. 그러나 새로운 기초과학 프로젝트는 후원하지 않는다. CARB-X의 자금을 받는 회사는 자기 자본이 상당히 있어야 하고, 아이디어의 실현 가능성을 이미 어느 정도 입증했어야 한다. 일반 벤처캐피털 회사와 달리, 중소기업의 의욕을 북돋기 위해 CARB-X는 회사 지분이나 최종 제품을 소유하지 않는다. 또한 과학 연구 및 임상 시험과 관련하여 회사에 조언과 지침을 제공한다.

CARB-X는 마치 불난 집의 불을 끄듯 임무에 착수했다. 첫해에는 10여 개 회사에 자금을 지원했고, 그 회사들은 당초 세웠던 5년짜리 목표를 불과 2년 만에 달성했다. 보스턴의 작은 창업팀은 지금 세계 곳곳의 40여 개 회사를 후원하고 있다. 또한 빌앤멀린다게 이츠 재단과 독일 정부 등의 다른 기관들도 동참하여 자금을 제공하면서 현재 총자금은 5억 달러를 넘는다.

오터슨은 세계를 여행하며 좋은 아이디어를 찾고 중소 생명공학 회사들의 참여를 유도한다. CARB-X의 두 번째 해가 끝날 무렵 실질적인 성장 동력이 확인되었다. 그 무렵 CARB-X는 7개국에서 33개 프로젝트가 진행되고 있었고, 그중 5개 프로젝트가 제1상 임상 시험 중이었다. 어떤 프로젝트는 신약 개발에, 어떤 프로젝트는 기존 약 개선에 주력했다. 백신 개발에 집중하는 프로젝트도 얼마간 있었고, 새로운 진단법 개발에 주력하는 프로젝트도 5개 있었다. 그런 일들은 진행 속도가 빠르고, 사람들이 거는 기대도 컸다. CARB-X는 대형 회사들이 꺼렸던 일을 하고 있었다.

오터슨이 여러 해 전 선도적인 보고서의 각주를 쓸 때 알았듯, 시간이 항상 우리 편인 건 아니다. 사실은 그 반대인지도 모른다. 우리는 시간을 앞서기 위해 최대한 빨리 달려야 할지도 모른다.

# 300년 전 아이디어
# 따라 하기

아크람 칸(가명)은 한때 트럭 운전사로 파키스탄·아프가니스탄 국경을 넘나들며 알지도 못하는 고용주들을 위해 물품을 날랐다. 어떤 때는 파키스탄 남부의 항구 도시 카라치에서 물건을 싣고 북서부의 페샤와르까지 운전해야 했다. 1,500킬로미터 정도 되는 거리였다. 쪽잠을 자며 빠르게 달리면 이틀쯤 걸렸다. 칸은 페샤와르에 도착한 뒤 잠시 쉬고 나서 국경을 넘어 아프가니스탄으로 갔다. 그는 자기가 나르는 화물이 미국과 관련된 중요한 물건이라는 것만 알았다. 간간이 나토NATO라는 단어가 들렸다. 하지만 그는 너무 많이 묻지 말라고 교육받았다. 보수도 괜찮았고, 가족과 함께 보낼 시간도 났고, 사사건건 참견하는 사람도 없었다. 하지만 전쟁이 벌어지자, 칸의 트럭 그리고 그와 비슷한 여느 트럭들은 무엇이 실렸든 간에 운행에 방해를 받았다. 곳곳에서 드론이 공격했고, 아프가니스탄에서 온 헬리콥터들도 공격했다. 주민들이 죽어 나가자 당

**내성 전쟁**

국은 조치를 내렸다. 트럭 운행이 중단되었고, 칸은 새 일자리가 필요했다.

칸은 안정적인 일자리가 필요했다. 그는 부모와 누이와 아내와 네 자식을 먹여 살려야 했다. 그래서 동네 사람 중 상당수가 그랬듯이 남쪽의 카라치로 내려갔다. 테러 전력이 있는 지역 출신의 사람들이 다 그랬듯이 칸은 의심을 받았다. 하지만 끈기 있게 노력한 끝에 먼 친척과 아는 사이인 의사의 운전사로 취직했다.

2018년에 칸은 오랫동안 기침과 열이 났다. 사촌은 칸에게, 절대 처방전을 달라 하지 않을 가장 가까운 약국에서 항생제를 구하라고 했다. 하지만 칸은 자신의 고용주인 의사에게 갔다. 의사는 칸에게 파라세타몰paracetamol이란 진통제를 주며 항생제를 멀리하라고 했다. 진통제를 먹은 날엔 열이 내렸지만, 이튿날 아침이 되자 다시 열이 올랐다. 파라세타몰을 더 먹어봐도 효과가 없었다. 칸은 의사가 더 센 약을 주었으면 했다. 의사는 칸에게 혈액 검사를 좀 받아보라고 했다. 그리고 칸을 가장 가까운 진단소로 보냈다.

파키스탄에는 곳곳에 진단소가 있는데, 이들은 막대한 이익을 낸다. 의사가 검사를 처방하면, 병원은 자금이 부족해 제대로 된 검사 장비를 못 갖춘 경우가 많으므로, 환자는 민간 진단소를 찾아 검사 비용을 사비로 부담하며 검사를 받아야 한다. 칸은 검사비가 급여에서 빠져나갈 줄 뻔히 알면서 그런 진단소 중 한 곳에 갔다. 결과는 사흘 뒤에 나왔다. 그러는 내내 칸은 몸이 안 좋았지만 고용주의 직감을 믿었다. 그는 여전히 열이 나고 목이 아팠다.

칸이 검사 결과를 고용주에게 가져갔더니, 그는 결과가 불확실해 보인다며 칸에게 몇 가지 검사를 더 받아보라고 했다. 그런 일이 두 주 가까이 거듭됐고, 그동안 칸은 돈을 더 잃었다. 고용주가 보기에 검사 결과는 모두 불확실했고, 칸의 몸은 전혀 나아지지 않았다. 그는 어떻게든 일을 계속하려 애썼지만 몸이 안 좋았고, 고용주는 인내심을 잃었다. 칸은 해고당했다.

칸은 사촌 집에서 살게 되었고 사촌은 칸에게 항생제를 주었다. 며칠간 항생제를 먹은 칸은 건강이 좋아졌다. 그리고 교훈도 얻었다. 이제 그는 집에 항생제를 비축해두고 몇 개는 호주머니에 넣고 다닌다. 저급하거나 불량한 약일지도 모르지만, 칸은 신경 쓰지 않는다. 그는 위험을 감수한다. 생계 수단을 잃느니 그러는 편이 훨씬 낫기 때문이다.

칸은 자기 병을 진단 못 하는 의료 체계에 실망하는 세계 곳곳의 수많은 사람 중 한 명이다. 검사 비용은 부담스럽다. 가난한 사람들에게는 특히 더 부담스럽다. 탄탄한 보험 제도가 없기 때문이다. 엎친 데 덮친 격으로 검사가 정확하지 않은 경우도 있다. 칸은 병에 걸린 지 얼마 안 됐을 때 항생제를 먹었더라면 계속 일하면서 급료를 받았으리라고 생각한다. 그는 일자리를 잃었고 의료 체계에 대한 믿음도 잃었다.

아크람 칸을 비롯한 세계 곳곳의 수많은 사람이 겪는 문제는 신속 진단법rapid diagnostic이란 기술적 방책으로 해결 가능하다. 신속 진단법은 의료 현장에서 효과적인 기술이다. 무거운 기계나 전문 직

내성 전쟁

원이나 비싼 소모품이 필요하지 않다. 칸이 앓았던 열병의 원인을 적정가에 빠르고 정확하게 알아내려면 신속 진단법이 필요하다. 정확한 진단을 받은 사람은 적절한 약으로 병을 치료하면 된다. 정확한 진단이 나오면 항생제가 필요한 사람은 항생제를 복용하게 하고, 항생제가 불필요한 사람은 항생제를 주머니에 넣고 다니며 세계적 문제를 악화시키지 않게 하는 일이 가능하다. 영국은 항생제 내성 검사에 신속 진단법이 필요함을 인정하고, 새로운 자금 지원 제도를 제안하면서 세계 곳곳의 혁신가들에게 문제 해결에 동참해달라고 요청하고 있다. 그 제도에서 채택한 장려책은 해상 여행 방식과 세계 항법을 바꾼 300년 된 아이디어에 뿌리를 두고 있다.

스페인 왕위 계승 전쟁이 한창이던 1707년 10월 22일에 지브롤터에서 포츠머스로 퇴각 중이던 영국 해군 병사들은 영국해협의 남서부를 항해 중이라고 확신했다. 하지만 그들은 실리제도의 높은 바위와 부딪치고 말았다. 2,000명에 가까운 병사가 죽으면서 그 일은 영국 최악의 해양 사고가 되었다. 사고의 근본 원인은 배가 정확히 어디에 있으며 어디로 향하는지 알아내기가 어렵다는 데 있었다.[1]

수년간 비슷한 참사가 계속 일어나자 영국 의회는 1714년에 경도법안Longitude Act을 통과시켰다.[2] 해상 어디서든 경도를 정확히 측정하는 방법을 알아내는 사람에게 당시로선 상당한 금액인 2만 파운드를 수여한다는 내용이었다. 수많은 사람이 도전했고, 우승은 영국의 시계공 존 해리슨John Harrison이 차지했다. 그는 정밀한 항해용 시계(크로노미터)를 발명해 그 문제를 해결했다.

300년 후 또 다른 경도상Longitude Prize 공모전이 열렸다. 국립 과학·기술·예술 진흥 재단NESTA: National Endowment for Science, Technology and the Arts이란 영국의 자선 단체는 존 해리슨 공훈 300주년을 기념해 인류의 최대 난제들을 다시 살펴보겠다고 밝혔다. 그들은 매우 시급한 문제 중 여섯 가지를 열거한 후 대중에게 가장 주목해야 할 문제를 하나 골라보라고 할 작정이었다. NESTA가 선택한 문제는 다음과 같았다. 환경을 해치지 않고 비행하는 방법, 모두에게 영양가 있는 식량을 지속적으로 제공하는 방법, 마비 환자의 운동 능력을 회복시키는 방법, 누구나 깨끗한 물을 이용하게 하는 방법, 치매 환자가 품위 있게 독립적으로 생활하도록 하는 방법, 항생제 내성 증가를 막는 방법.

여론 조사는 2014년 5월에 시작되었다. 2014년 6월 24일에 앨리스 로버츠Alice Roberts 교수가 결과를 발표했다. "전 세계 의료인이 제때 적절한 항생제를 투여하는 일이 가능하도록 정확하고 빠르며 사용하기 쉬운 적정가의 세균 감염증 검사법을 고안하기." 이번에는 상금이 800만 파운드였다.

그 아이디어는 유망하지만 구현하기가 매우 어렵다. 원인 불명의 열병은 진단이 어렵기로 악명 높은데, 의료 현장에서 진단하기란 더욱더 어렵다. 현대적인 방법을 쓰면 세균 감염 여부, 세균의 속성과 항생제 내성 유무를 알아내는 일이 가능하지만, 이를 의료 현장에서—아크람 칸 같은 사람들이 자주 찾는 세상 곳곳의 진단소에서—알아내려면 주요 인적 자원과 인프라 자원이 필요하다. 공모전의 목표는 주요 인적 자원과 인프라 자원 없이도 그런 일을 정확히 해낼 방법을 찾는 것이다. 공모전 주최 측은 한정된 항생물질을 보전하고자 하며, 그러기 위해 항생제가 필요한 사람들에게만 제때 항생제가 투여되길 원한다.

세상은 우리 건강과 생존을 위협하는 요인에 직면해 창의력을 발휘하고 있다. 그래야만 한다. 대형 회사에 부여되는 동기가 개발을 촉진할 만큼 크지 않다면, 정부와 민간 기업이 개입해야 한다. 경도상 수상자는 아직 발표되지 않았지만, 그 공모전은 우리가 과학에서 배운 지식뿐 아니라 수세기 동안 과학 사업에 대해 축적한 지식도 이용하려는 또 다른 사례다. 이는 사익 추구, 자존심, 이타심을 활용해 난제를 해결하기 위한 노력이며 간절한 요청이다.

# 31

# 설탕
# 한 스푼

2011년 어느 날 인터넷 뉴스 페이지를 훑어보던 나는 다음과 같은 헤드라인에 눈길이 갔다. "설탕 한 스푼이면 아무리 쓴 약도 술술 넘어가지*."[1] 아이들과 아내가 끝없이 흥얼거리던 노래의 한 대목이었다. 헤드라인은 흥미로웠다. 무슨 내용인지 궁금해서 클릭하고 읽어보니, 항생제와 내 동료 제임스 J. 콜린스James J. Collins에 대한 기사였다.

콜린스는 대학 시절 뛰어난 운동선수였다.[2] 그는 매사추세츠주 우스터에 있는 홀리크로스대학교의 육상팀 소속으로 크로스컨트리 경기를 뛰었는데, 2학년이 됐을 무렵에는 1.6킬로미터(1마일)를 4분 17초에 주파했다. 그는 기록을 4분 극초반대로 단축하려고 자신을 채찍질했다.

---

* "A spoonful of sugar makes the medicine go down." 영화 〈메리 포핀스(Mary Poppins)〉
에 나오는 '설탕 한 스푼(A Spoonful of Sugar)'이란 노래의 가사다.

혹독한 훈련은 학업 부담과 함께 콜린스 건강에 악영향을 끼치기 시작했다. 3학년 때 그는 만성 패혈성 인두염에 걸렸다. 의사가 처방한 항생제를 먹고 나면 몸이 좋아졌지만 몇 주 지나면 다시 나빠졌다. 콜린스는 에리트로마이신을 열세 차례 처방받았다. 기가 막힐 노릇이었다. 주치의는 그에게 달리기를 그만두라고 권고하며, 그러지 않으면 심장이 영구적 손상을 입을지도 모른다고 말했다. 콜린스는 의사의 권고를 받아들였다.

20년 후에는 콜린스의 어머니 아일린 콜린스Eileen Collins가 꼭 아들처럼 항생제를 복용했는데 마찬가지로 건강을 완전히 회복하지 못했다. 그녀는 허리 통증을 호소하다가 척추 지압을 받으러 갔다. 그런데 척추 지압사가 교정 중에 실수로 그녀의 척추뼈 하나를 부러뜨리고 말았다. 아일린은 극심한 고통을 느꼈다. 바로 직후에 의사에게 진통제를 처방받았는데, 약물 양이 상당해서 주사로 투여해야 했다. 아마도 주삿바늘이 오염돼 있었던 모양인지 그녀는 포도알균 감염증에 걸렸다. 이후 5년간 아일린은 항생제 반코마이신을 복용하다가 말다가 했다. 의사들은 복용량과 복용 빈도를 바꿔보았지만, 이러나저러나 별 차이가 없었다.

20년 전 콜린스가 걸렸던 만성 감염증과 최근 그의 어머니가 걸린 감염증에는 공통된 원인이 있었을 공산이 크다. 해당 감염균은 약의 공격을 피할 능력이 있었다. 내성을 제대로 지니진 않았지만, 영리한 그 세균은 항생제 공격을 받으면 휴면 상태에 들어간다. 그러다 항생제 공격이 끝나면 깨어나 증식을 시작해서 보균자를 다시 아프게 만든다. 참을성이 있는 이러한 세균은 존속성 세균persister이라 불린다. 엄밀히 말하면 내성균은 아니다. 만약 휴면하는 능력이 없다면 유전적으로 약제 감수성균과 비슷하겠지만, 실제로는 휴면 능력이 있다 보니 마치 내성이 있는 듯이 보인다. 그리고 원래 세균은 가차 없이 진화한다. 살아남은 세균들은 증식하는데, 그러면 후대에 내성을 갖춘 돌연변이체가 나타나는 경우가 많다. 몇 세대가 지나면, 휴면할 필요가 없는 세균이 나타나게 된다. 그들은 실질적인 내성 메커니즘으로 약에 대응하는 세균이다.

콜린스는 2000년대 중반에 존속성 세균에 관심이 생겼다. 어머니가 만성 감염증에 걸렸을 때 그의 연구팀은 휴면 중인 세균 세포를 깨워 죽일 방법을 연구하고 있었다. 어머니가 처한 상황에서도 드러났듯, 환자에게 항생제를 더 투여하는 방법은 해결책이 아니었다. 뭔가 다른 조치가 필요했다. 존속성 세균에 관한 연구 동향을 주시해온 콜린스는 세균 세포의 물질대사를 촉진하면 세포가 깨어나리라고 확신했다. 물질대사가 회복되면 세균 세포는 생화학적 장치를 재가동해 에너지를 만들어서 생식 등의 기본 기능을 수행하게 될 터였다. 물질대사가 제대로 일어나는 세포는 온갖 화학 반응을 일으키므로 또다시 항생제에 취약해질 터였다. 그래서 콜린스 연구팀은 당 sugar을 떠올렸다. 당을 투여한 후 항생제를 투여하거나 당과 항생제를 함께 투여하면 존속성 세균이 깨어나 항생제의 공격 대상이 되지 않을까?

연구팀은 과당과 포도당 등의 갖가지 당과 갖가지 항생제를 조합해보았다. 그들이 연구하기 시작한 존속성 세균 중에는 그람 음성균(대장균)도 있었고 그람 양성균(황색포도알균)도 있었다. 항생제 대부분은 당과 함께 써도 효과가 없었다. 존속성 세균은 계속 휴면 상태였다.

그다음에 연구팀은 아미노글리코사이드계<sub>aminoglycosides</sub> 항생제 중 하나인 젠타마이신을 사용해 실험을 수행했다.<sup>3</sup> 젠타마이신은 1960년대 초에 발견된 약이다. 이번에는 당·약 조합이 먹혀들었다. 세균 세포가 당을 흡수하며 깨어났고, 결과적으로 약이 효과를 보였다. 젠타마이신은 요로 감염증 치료에 많이 쓰인다. 그래서 연구팀은 당·약 조합이 생체 내에서도 효과를 보이는지 알아보고자 했다. 그들은 요로 감염증에 걸린 쥐로 가설을 검증해보기로 했다. 아니나 다를까 젠타마이신과 특정 당을 함께 사용했더니 존속성 세균 문제가 해결되면서 병이 깨끗이 나았다.

실험 결과에 고무된 콜린스 연구팀은 첨가물로 항생제의 효력을 끌어올릴 방법을 좀 더 궁리하게 되었다. 한편으로 그들은 항생제가 인간의 미생물군유전체에 어떤 영향을 미치는지도 알아내려 애쓰고 있다. 처음에 과학자들은 세균을 죽이는 데 주력했다. 하지만 장내세균의 중요성에 대한 명백한 증거가 최근에 발견되면서 요구르트를 비롯한 갖가지 건강식품이 새로 출시되고 마케팅이 펼쳐졌다. 그리고 장내 미생물군유전체의 보전과 강화에 대한 인식이 높아졌다. 그러다 보니 다음과 같은 의문이 제기됐다. 항생제가 우리

장 속의 이로운 세균에게는 어떤 영향을 미칠까?

　과학자 대부분은 항생제가 우리 장내 미생물군유전체를 불가역적으로 변화시키는지를 알고 싶어 한다. 하지만 콜린스의 관심 주제는 조금 다르다. 그는 다음과 같은 문제를 고민하고 있다. 항생제와 (당 같은) 다른 물질을 함께 사용해서 장내세균의 항감염 활동에 힘을 실어주는 일이 가능할까? 장내세균이 우리 건강 유지를 도와줄까? 세균 내부의 자연적 과정을 이용해 세균 자체를 변화시키면 기존 항생제의 효력을 키울 수 있을까? 기존 항생제가 더 이상 듣지 않는 듯한 상황에서도 그런 일이 가능할까?

# 세포 내에서
# 벌어지는 갈등

32

1980년대에 이란과 이라크 사이에서 벌어진 격렬한 전쟁은 두 나라 모두에 큰 타격을 주었지만, 특히 이란에 더 큰 피해를 입혔다. 강제 징병으로 청년 세대 대부분이 최전선에 배치됐는데 그중 상당수는 영영 돌아오지 못했다. 등화관제와 공습경보 사이렌이 일상화되고 경제가 마비되면서 수많은 사람이 탈출 기회를 엿보기 시작했다.

후라 메리크Houra Merrikh의 가족도 그랬다.[1] 그들은 메리크의 어머니 이름이 붙은 고르지Gorji 거리에서 멀지 않은 이란 중심부에 살았고, 부유하고 명망 높은 유력 인사였다. 하지만 전쟁 때문에 여러 가지가 달라졌다. 1983년에 메리크의 오빠는 열네 살이 되기 직전이었는데, 메리크 가족은 그가 혁명군에 징집되길 원하지 않았다. 메리크 가족은 미국에 사는 삼촌 도움으로 미국 영주권을 신청했다. 미 국무부 이민 담당 직원은 친절했지만 서두르지 않았다. 그런

데 출국을 더 지체하면 메리크의 오빠가 징집되어 성전(聖戰)이라는 미명하에 인간 방패로 희생당할 위험이 있었다.

메리크 가족은 터키로 이주했다. 그들은 1985년 8월에 이스탄불에 도착했다. 그리고 그곳에서 미국 영주권 취득 절차를 처음부터 다시 밟았다. 그들은 6개월마다 한 번씩 주이스탄불 미국 영사관 측과 만났는데, 매번 영주권이 곧 나오리라는 말을 들었다. 그런 일은 13년 동안 계속되었다. 이스탄불에 정착하려다 실패한 메리크 가족은 1988년에 터키의 수도 앙카라로 이주했다. 그들은 줄곧 영주권을 기다리며 근근이 살아갔다. 1989년에 메리크의 오빠는 고등학교를 졸업한 후 북키프로스에 가서 공학을 공부하려고 준비했다. 메리크의 아버지는 먼저 이란으로 돌아갔고, 얼마 후 메리크와 어머니도 귀국했다. 이란의 상황은 훨씬 나빠져 있었다. 불과 9개월 후에 메리크는 어머니와 북키프로스로 이주해, 작은 아파트에서 몇몇 대학생들과 오빠와 함께 살았다.

그들은 돈이 얼마 없었다. 그들이 살던 집은 총알 자국이 잔뜩 나 있어서, 1974년에 터키가 키프로스를 침공한 사건을 상기시켰다. 형편이 어려운 메리크와 어머니는 집세를 안 내는 대신 대학생들을 위해 요리와 빨래를 해주기로 합의를 보았다. 당시 메리크는 겨우 아홉 살이었다. 메리크는 어머니와 교대로 주방 일을 했지만, 어머니는 정신질환에 시달리느라 건강이 안 좋을 때가 많았다. 결국 어머니는 조울증 진단을 받았고 남편과 이혼했다. 메리크와 오빠는 자기 앞가림도 해야 했고 어머니도 돌봐야 했다.

마침내 영주권이 나왔으나 이는 더 이상 기뻐할 일이 아니었다. 이미 수년이 지났고 영주권 취득은 걱정거리가 되었다. 영주권이 나왔다고 가족이 재결합할 리는 없었다. 오히려 영주권 때문에 안 그래도 취약한 가족이 더 분열할 위험이 있었다. 메리크의 오빠는 스물한 살을 넘어서 이제 영주권 취득 자격이 없었다. 아버지는 이혼한 상태여서 마찬가지로 자격이 없었다. 어머니는 정신질환에 시달리는 데다 경제력도 부족해서 이민이 불가능했다. 이민이 가능한 사람은 메리크뿐이었다.

후라 메리크는 고등학교를 막 졸업하고 호텔 접수원으로 일하면서 미국 이민에 필요한 건강검진 결과가 나오길 기다리고 있었다. 그녀는 시애틀에서 이모와 함께 살 계획이었다. 그런데 마지막으로 몇 가지 문제를 의논하려고 이모에게 전화했더니, 이모가 도움을 주기 어렵다고 말했다. 이모 가족도 워낙 근근이 먹고살다 보니 짐을 더 지기가 힘들었다. 메리크는 벼랑 끝에 선 기분이었다.

그런데 뜻밖의 반전이 있었다. 메리크와 초면인, 텍사스주에 사는 이란인 가족이 메리크가 일하는 호텔에서 묵고 있었다. 메리크와 알라비 가족은 서로에게 호감을 가졌고, 그 가족은 메리크에게 영주권을 받으면 어떻게 할 계획인지 물었다. 그들은 메리크가 얼마나 들떠 있는지 알고 싶었다. 하지만 메리크 목소리에서는 절망감이 묻어났다. 알라비 가족은 메리크에게 텍사스주의 자기네 집에서 지내도 좋다고 말했다. 메리크는 일주일 후 텍사스주로 떠났다.

메리크는 댈러스-포트워스에 도착하자마자 살아가기 위한 준비에 돌입했다. 운전면허를 따고, 사회 보장 카드를 받고, 시급 6달러 25센트를 주는 아이스크림 가게에서 일자리를 얻었다. 그리고 자그마한 아파트를 세냈을 뿐 아니라, 해당 절차를 밟아 몇 달 후 편찮은 어머니를 미국으로 모셔 왔다. 이어서 가까운 전문대에 입학한 후 알링턴에서 오스틴을 거쳐 휴스턴으로 옮겨갔는데 언제나 최고 학점을 받았다. 그리고 휴스턴대학교에서 메리크는 생화학과 사랑에 빠졌다. 생물 물리학과 생화학을 전공한 그녀는 몇몇 유명한 장학금을 받고 학사 과정을 우수한 성적으로 마쳤다.

과학에 푹 빠진 메리크는 휴스턴에서 보스턴으로 옮겨갔다. 처음에는 보스턴대학교에서 연구 기술자로 일했고, 얼마 후에는 브랜다이스대학교 대학원에서 세균과 DNA를 연구했다. 그녀는 뛰어난 실력을 보이며 2017년 노벨상 수상자 마이클 로스배시Michael Rosbash 박사 밑에서 한동안 일한 후, 수전 러빗Susan Lovett 박사 밑에서 1년 반 만에 논문을 완성했다. 메리크는 박사 학위를 받은 직후에 MIT로 옮겨가 박사후 연구원으로 일하다, 얼마 지나지 않아 시애틀의 워싱턴대학교에서 다들 탐내는 정년트랙직*을 얻었다. 시애틀은 메리크가 한때 미국 생활의 출발점으로 삼으려던 도시였다.

마침내 시애틀에 도착한 메리크는 갈등과 복잡성과 충돌이 더 이상 낯설지 않았다. 그녀 연구실에서는 기존 체계나 구조들이 상충하면 어떻게 되는지에 대해 연구했다. 메리크와 동료들은 그러

---

* 일정 조건을 충족하면 정년이 보장되는 정규직.

기 위해 세포 내부를 들여다보았다. 더 구체적으로 말하면 DNA 전사 transcription와 복제라는 두 가지 기본 생명 현상을 연구했다.

전사는 유전자 발현의 첫 단계다. 이는 이중 나선 구조의 DNA에 담긴 유전 정보가 RNA ribonucleic acid로 옮겨지는 과정이다. RNA(리보핵산)는 어떤 생명체에나 존재하는데, RNA의 주목적은 DNA에 담긴 정보를 적절한 형태로 변환해 단백질을 합성하는 것이다. 단백질은 세포 기능의 역군으로 조직과 기관의 형성 방식을 통제한다. 전사는 단백질 합성 과정의 첫 단계에 해당한다. 복제는 이름이 말해주듯 딸세포가 모세포와 같도록 DNA 분자 하나를 주형으로 삼아 동일한 DNA 분자 두 개를 만드는 과정이다.

때로는 하나의 DNA 분자에서 전사와 복제가 동시에 진행되기도 한다. 두 과정을 하나의 선로에서 달리는 두 대의 기차로 생각해보면 이들은 같은 방향으로 움직이거나 서로 반대 방향으로 움직이다 충돌하기도 한다. 그리고 그런 충돌 때문에 바람직하거나 바람직하지 않은 돌연변이가 일어나기도 한다.

물론 돌연변이는 진화 과정에서 매우 중요한 역할을 한다. 하지만 메리크는 세포에 진화를 촉진하는 다른 메커니즘이 있다는 사실도 알았다. 메리크는 충돌에 관한 그런 지식을 이용하면 시간을 되돌리는 일이 가능할지도 모르겠다고 생각했다. 진화 속도를 늦추는 일이 가능할까? 이 의문은 또 다른 의문으로 이어졌다. 진화 속도를 늦추면 내성균 발생을 막는 일이 가능할까? 세포에서 복제나 전사 같은 과정이 진행되는 동안 DNA가 손상되어 수선이 필요한 경우가 있다. 그런 수선 과정은 특정 단백질이 수행한다. MfdMutation Frequency Decline라는 단백질도 그중 하나다.[2] 메리크 연구실에서는 Mfd가 돌연변이 발생률을 높일 수 있다는 점을 입증한 바 있었다.[3] Mfd 단백질이 제거되면 어떻게 될까? Mfd를 제거하면 세균 세포가 너무 정교해지지 않게 막을 수 있을까? 만약 그런 일이 가능하다면 Mfd를 제거한 세균 세포는 항생제에 반응할까?

이 무렵 메리크는 자기 연구 분야에서 유망주로 떠올라 빌체크Vilcek상을 받았다. 빌체크상은 뛰어난 창의력을 발휘하는 이민자에게 주는 명망 높은 상이다. 수상 후 메리크는 소속 대학 학장과 만날 기회를 얻었는데, 학장은 그녀에게 향후 연구 계획을 물었다. 메리크는 자신의 새로운 아이디어를 이야기했다. 진화 억제라는 개념은 창의적이면서도 별나 보였는데, 국립보건원NIH은 그런 종류의 아이디어에 연구비를 지원하길 유독 꺼렸다. 학장은 그 아이디어가 비범하다는 점을 알아차렸고, 메리크가 자금 부족으로 낙담해 있다는 점도 알아차렸다.

사흘 후 메리크는 빌앤멀린다게이츠 재단에서 보낸 이메일을 한 통 받았다. 메시지는 간단했다. 빌 게이츠가 수요일에 메리크를 만나고 싶어 한다는 이야기였다.

수요일에 마련된 조촐한 모임에서 아프리카와 인도의 공중보건 분야 종사자들이 항생제 내성의 사회적 영향을 이야기했다. 현지 사정은 엄청나게 충격적이었다. 이란과 터키에서 멀리 떨어진 곳의 일이었지만 메리크에게는 너무나도 익숙한 상황이었다. 메리크는 자신이 가난, 좌절, 절망과 씨름했던 일이 떠올랐다.

게이츠 부부, 각국 보건 분야 종사자들과의 그 모임은 메리크 삶에 지대한 영향을 미쳤다. 그녀는 자신의 별난 아이디어가 정말 중요하며 실현 가능하다고 확신했다. 그리고 자금도 확보했다. 게이츠 재단은 메리크를 후원하기로 했다.

메리크 연구팀은 신중에 신중을 기해 Mfd를 겨냥했고, Mfd가 있는 병원균과 Mfd가 없는 병원균에 항생제가 미치는 영향을 연구했다.[4] 그들은 살모넬라균과 결핵균을 실험 대상으로 삼았다. 결과는 무척 놀라웠다. Mfd가 없는 세균 세포는 약제 내성을 띨 가능성이 1,000분의 1배 가까이 낮았다. 그 결과는 과학계에서 화제가 되었다. 정말 약으로 진화를 막는 일이 가능할까? 항생제 내성균 감염증에 걸린 환자에게 두 가지 약─항생제와 진화 억제제─을 투여해도 될까?

메리크는 항생제 내성 문제의 해결책이 될 만한 진화 억제제를 만들 방법을 모색 중이다. 그녀는 갈 길이 멀고 험하다는 걸 알고 있다. FDA의 진화 억제제 승인은 전례 없는 일이 될 터이다. 물론 사람을 대상으로 임상 시험을 하려면 여러 윤리적 문제를 면밀히 연구해야 한다. 하지만 이 유례없는 접근법은 아직도 결핵 같은 병을 치료하기 어려운 세계 곳곳의 가난한 사회에 도움이 된다.

메리크가 해결책을 찾아나간 과정은 인간이 엄청난 역경에도 불구하고 독창성을 발휘해 성공을 거둔 고무적인 사례다. 후라 메리크를 응원한 텍사스주의 이란인 가족, 게이츠 재단을 비롯한 여러 사람과 단체—인간 독창성을 돕는 촉매자—도 과학적 성공과 희망에 관한 메리크 이야기의 일부다. 절망적이고 지난한 상황에도 불구하고 누군가의 천재성은 살아남는다. 어쩌면 그런 천재성이 인간과 세균의 싸움에서 결국 국면을 전환시킬지 모른다.

# 안보인가
# 의료인가?

 2017년 10월 15일 베를린에서 50세 의사가 1,000명 넘는 사람들을 앞에 두고 연단에 올랐다. 그 회의는 국제 보건계의 최대 규모 연례행사인 세계 보건 정상회담으로, 2008년부터 해마다 한 번씩 독일의 수도에서 개최되었다. 대형 회의실에 앉은 사람 중에는 독일과 포르투갈의 보건부 장관도 있었고 WHO, 미국, EU, 일본 등지의 외교관과 보건직 고위관료들도 있었다. 그리고 유럽의 주요 제약회사 대표들도 있었다. 국제 보건 문제를 해결하는 데 관여하는 단체 대부분이 그 회의에 참여하였다.

 당시 국경없는의사회MSF: Médecins Sans Frontières International 회장이던 조안 류Joanne Liu 박사가 연단에 선 까닭은 서방 정부들이 질병과 싸우면서 취한 위선적 태도를 규탄하기 위해서였다.

 류의 본업은 소아과 의사다. 캐나다 퀘벡의 작은 마을에서 중화요리점을 운영하는 중국 출신 이민자의 딸로 태어난 그녀는 프랑스어를 주로 쓰는 초등학교를 다녀서 영어를 할 때 프랑스계 캐나다인의 억양이 배어 있었다. 청중 가운데 일부는 류를 이미 알고 있었고, 일부는 바로 그때 그녀에 대해 처음 알게 되었다. 류는 말 한 마디 한 마디의 의미를 곱씹으며 침착하게 이야기했다. 그녀는 할당받은 10분 동안 자기 생각을 제대로 전달하고자 했다. 그녀 이야기의 중심 주제는 에볼라Ebola 바이러스였고, 그녀의 메시지는 간단했다.

미국과 유럽은 에볼라 바이러스를 국가 안보 문제로 판단한 뒤에야 주목하게 되었다. 2014년 서아프리카에서 사망한 약 1만 1,000명은 의료 체계가 붕괴된 머나먼 빈국에서 일어난 재난을 설명하는 통계 자료에 불과했다. 류는 또 다른 예로 예멘을 들었다. 그 나라는 최근 일어난 전쟁으로 붕괴하도록 방치되었다. 류가 연달아 제시한 아프리카, 중동, 남아시아 빈곤 지역의 사례들은 그녀의 주장을 강하게 뒷받침해주었다.

류가 마지막으로 한 이야기는 앞에 앉아 있던 장관과 관료들을 정면으로 겨냥한 말이었던 만큼 그들을 불편하게 만들었다. 그녀는 부유한 나라들이 보건 비상사태에 대처할 때 대체로 자기네 국가 안보만 고려한다고 비판했다. 국가의 안보 이익을 살아남으려 몸부림치는 사람들의 건강과 안녕보다 중요시해서야 되겠는가? 행동력을 갖춘 나라들이 자기네 안보를 다른 나라 사람들의 목숨보다 우선시하는 상황에서 세계인의 건강을 증진하기란 불가능하다. 류는 이번 회담이 지난 회담처럼 아무 소득 없는 무익한 대화가 되지 않게 하자고 간청했다.

조안 류는 기립 박수를 받았다.


류는 의사가 되기로 마음먹은 이유를 똑똑히 기억한다.[1] 그녀는 처음부터 의사가 되고 싶지는 않았다. 원래는 하키를 하고 싶었다. 그런데 알베르 카뮈의 『페스트』를 읽고 삶이 바뀌었다. 주인공이 한 다음과 같은 말이 뇌리에서 떠나지 않았다. "저는 아직도 사람들이 죽는 모습을 보는 데 익숙하지 않습니다."

국경없는의사회MSF는 류가 꿈꿔온 직장이었다. 1996년에 그녀는 기회가 닿아 MSF 모리타니 지사에서 일하기 시작했다. 하지만 3개월 후 그만두었다. 그때 류는 MSF 정책이 뭔가를 하려는 데 중점을 둘 뿐, 옳은 일을 하는 데 중점을 두진 않는다고 생각했다. 류가 꿈꿔왔던 직장은 그녀에게 쓰라린 실망감을 안겨주었다. 류는 낙담했지만 여전히 MSF 사명이 옳다고 믿었다. 그래서 복직해 스리랑카, 케냐, 팔레스타인, 아이티, 아프가니스탄에서 일했고, 동시에 몬트리올에 있는 맥길대학교의 소아과 교수로서 본업도 계속해 나갔다. 2013년에 그녀는 MSF 국제 회장 선거에 출마해 당선되었다. 류는 수년간 항생제 내성을 의제로 삼아왔는데, 그녀가 MSF 회장이 된 이후에는 MSF도 그 문제를 줄곧 중심에 두었다.[2]

MSF는 분쟁 중에 외상을 입은 환자들을 어떤 단체보다도 많이 치료한다. 이는 MSF 직원들이 감염증과 항생제를 자주 접한다는 뜻이다. 원래 MSF는 내성 논쟁에 관여하지 않고 '최적 관행best practice' 접근법을 고수해왔는데, 광범위 항생제broad-spectrum antibiotic를 투여해 감염증을 예방하는 방법도 거기에 포함되었다. 광범위 항생제의 표적은 특정 세균이 아니라 감염을 유발하는 여러 세균이다. 광범위 항생제의 사용은 우려해야 한다. 그런 항생제는 유익한 장내세균에게 악영향을 미치기 때문이다. 게다가 광범위 항생제에 내성이 생기면 특정 항생제에 내성이 생기는 경우와 달리 온갖 항생제가 무용지물이 되고 만다. 하지만 MSF는 자기네 사명이 목숨을 구하는 일이며, 그 일을 빠듯한 예산으로 최단 시간 내에 해내야 한다고 주장했다.

의료 현장에서는 환자 맞춤형 검사·치료 계획을 세우기란 불가능하다. 시간과 비용이 많이 드는 광범위한 검사를 하기도 불가능하다. 게다가 수술 후 조리를 잘못해서 내성이 생길 위험도 있다. MSF는 자기네 병원에선 감염 관리가 가능하나, 수술 후 집에서 조리 중인 환자들까지 모두 챙기기는 어렵다. MSF의 주된 활동 장소인, 분쟁에 시달리는 빈곤 지역에서는 그런 관리가 특히 더 어렵다. MSF는 전 세계의 항생제 사용 문화를 바꾸길 원하나, 강대국들의 이해관계를 고려할 때 이는 쉽지 않다. 각국에서 항생제 내성 문제를 다룰 때 국내외 안보를 고려하는 경우가 갈수록 많아지는 현실 역시 MSF의 여러 사람을 불편하게 한다.

항생제 내성과 안보를 결부하는 일례로 2014년에 출범한 글로벌보건안보구상GHSA: Global Health Security Agenda이라는 국제 공조 체제를 꼽을 수 있다. 미국이 앞장서서 GHSA 체제를 구축하고 확장했

**내성 전쟁**

는데, 취지는 국내외 안보와 관련한 보건 문제 접근법을 널리 알리는 데 있었다. 지지자들의 주장에 따르면, 항생제 내성은 경제와 사람들을 위협하므로 국가 안보도 위협하는 셈이다. 세계인은 새로 발생한 팬데믹의 위협에 대처하듯이 항생제 내성의 위협에 대처해야 한다.

GHSA는 그런 주장을 하며 미국 및 유럽 각국 권력층의 지지와 당국의 자금 지원을 받았고, 그 지원금은 수십억 달러에 이르렀다. 하지만 우려되는 점이 있었다. GHSA가 일을 진전시키려고 자주 사용하는 표현에는 공격적인 의미가 내포되어 있다. 그들의 목표는 약제 내성의 해결이지만, 공중보건 전문가들은 안보라는 표현에 불안해한다. 전쟁 지역에서 일하는 사람들은, 모든 생명은 동등하다는 국제 운동에 그런 표현이 도움 되지 않는다고 걱정한다. GHSA의 임무 범위에 적진에 사는 민간인들의 생명 보호까지 포함될까? 보건 전문가 중 상당수는 그런 우려를 간단히 표현한다. 보건의 안보화는 보건의 무기화로 이어지기 쉽다. 선진국의 안전한 도시에서는 안보라는 말을 들으면 안심이 되지만, 독재자의 감시 아래 있는 많은 개발도상국에서는 안보라는 말이 매우 위협적인 함의를 띤다.

조안 류는 항생제 내성에 관한 국제 논쟁에서 MSF가 하는 역할을 바꾸고자 했다. 그녀는 이제 MSF가 그 논쟁을 방관하지 않길 바랐다. 류는 국제 보건의 안보화가 심화되는 상황을 부정적으로 보며 우려하는 사람 중 한 명이다. 그녀는 안보라는 미명하에 부유한 나라만 이익을 얻고 가난한 나라는 으레 그러듯 고통 속에 방치될까 봐 걱정한다. 수십 년간 여러 전쟁 지역과 인도적 위기 상황에서 쌓아온 경험을 바탕으로, 류는 각국의 전략적 중요성과 상관없이 모든 나라 모든 사람의 존엄성을 보장해야 한다고 주장한다. 류는 세계가 지구상의 분쟁에 맞서길 바라며, 그런 분쟁이 항생제 내성 문제의 커다란 맹점 중 하나라고 본다. 류는 권력자들의 심기가 불편하든 말든, 그동안 계속 덮어두었던 내성 확산의 제도적 원인 중 하나를 직격하고 있다.

종파, 종족, 국가, 지역 간의 끊임없는 전쟁과 분쟁을 통해 우리는 세균의 일을 거들고 있다. 설령 분쟁 지대에서 수천 킬로미터 떨어진 곳에 있더라도, 우리는 세균이 번성하고 적응하고 저항하고 우리 모두에게 영향을 미치기 좋은 조건을 제공하고 있다. 우리가 끊임없이 세균을 따라잡아야 하는 상태에서 벗어나려면 우리 모두의 건강이 보장되어야 하는데, 그런 일은 무력을 통해서는 이루어지지 않는다.

# 하나의 세계
# 하나의 건강

스티브 오소프스키Steve Osofsky 는 일곱 살 때 흰코뿔소의 눈을 똑바로 쳐다보았다.[1] 그때 오소프스키가 방문한 캐츠킬게임팜이란 동물원은 그의 집에서 겨우 두어 시간 거리에 있었지만, 어린 소년에게는 별세계처럼 느껴졌다. 아마 흰코뿔소도 그렇게 느꼈으리라.

오소프스키 아버지는 그 흰코뿔소가 남아공에서 왔다고 말해주었다. 남아공은 뉴욕에서 보면 지구 반대편에 있는 나라다. 그런데 희한하게도 둘은 서로의 눈을 바라보고 있었다. 어쩌면 통상적인 인식보다 동물의 삶이 인류의 삶과 많이 엮여 있을지 모른다. 그 만남으로 어린 오소프스키는 야생동물 수의사가 되기로 마음먹었다.

고등학교, 대학교, 수의대를 다니면서 오소프스키는 가축과 야생동물을 연구하며 여러 가지 중요한 경험을 쌓았다. 에버글레이즈 습지에서 플로리다퓨마를 연구했고 케냐에서 코끼리를 연구했다. 세계 어느 곳을 가든 그의 마음속에는 자연 보호라는 하나의 생각이 늘 존재했다.

수의학 학위를 취득한 후 오소프스키는 1년짜리 소동물 내외과 인턴 과정을 마쳤다. 얼마 뒤 텍사스주의 소도시 글렌로즈―댈러스에서 남서쪽으로 120킬로미터쯤 떨어진 곳―에 있는 포실림 야생동물센터에서 기회가 찾아왔다. 1984년부터 대중에게 개방된 포실림 야생동물센터는 약 7제곱미터 면적이며, 주목적은 멸종 위기에 처한 종들의 보호였다. 오소프스키는 그 일에 매진했는데, 거기서 경험을 쌓으며 새로운 기회를 찾았다. 그는 아프리카 각국에 이력서를 보내 야생동물 수의사가 필요한지 물어보기 시작했다. 그러던 어느 날 보츠와나 정부로부터 빈자리가 날 예정이라는 답장을 받았다.

오소프스키는 그 기회를 얼른 잡았고, 1992년에 보츠와나 야생동물·국립공원부의 첫 야생동물 수의사가 되었다. 오소프스키의 본거지는 보츠와나의 수도 가보로네였지만, 그는 넓고 인구 밀도 낮은 보츠와나를 누비면서 곳곳의 국립공원과 수렵 금지 구역을 둘러보았다.

당시 보츠와나는 구제역이라는 난제에 직면한 상태였다. 그 병은 축산업자들에게 큰 타격을 입힐 위험이 있었다. 농장의 소가 구제역에 걸렸다는 증거가 조금이라도 나오면 세계 쇠고기 시장에서 판로가 막혔기 때문이다. 구제역의 자연 매개체는 아프리카들소였는데, 이들은 구제역 바이러스를 소에게 옮겼다. 보츠와나에서는 가축의 구제역 감염을 예방하기 위해 백신을 접종하고 울타리를

**내성 전쟁**

넓게 쳐서 들소가 들어오지 못하게 막았다. 하지만 가축병 예방용 울타리는 1950년대 말에 처음 설치된 이후로 이주성 야생 동물들에게 해를 끼쳤다. 수십 년이 지났지만, 그 문제는 해결되지 않았다. 이전의 수많은 사람과 마찬가지로 오소프스키도 확실한 해결책을 알지 못했다.

오소프스키는 1994년에 텍사스주로 돌아가 포실림 야생동물센터의 대표직을 맡았다. 몇 년 후 그는 워싱턴 D.C.의 미국국제개발처US Agency for International Development에서 미국과학진흥회AAAS: American Association for the Advancement of Science 회원 자격을 얻었는데, 이는 그의 인생을 바꿀 또 다른 기회였다. 그는 얼마 후 야생동물보호 비영리 부문으로 자리를 옮겨 2003년에 야생동물보호협회WCS: Wildlife Conservation Society에서 환경과 개발을 위한 동물·인간 보건AHEAD: Animal & Human Health for the Environment and Development 프로그램을 시작했다.

오소프스키가 WCS에 참여한 까닭은 윌리엄 (빌리) 카레시William (Billy) Karesh의 초빙 덕분이었다. 카레시도 비범한 행로를 걸어온 터였다.[2] 사우스캐롤라이나주 찰스턴에서 자란 그는 동물에 관심이 무척 많았다. 카레시 집은 부모 없는 파랑어치, 다람쥐, 너구리 들을 돌보는 보호소였다. 카레시는 여름마다 집으로 데려온 동물들을 위해 자기 나름대로 연방사soft release* 계획을 세웠다.

대학 때 그는 적성에 맞는 전공을 찾지 못해 힘들어하다 경영학

---

* 인간의 보호하에 있던 야생동물을 새로운 자연환경에 서서히 적응시킨 후 되돌려 보내는 방법.

과에서 공학과로 전과했는데, 어느 날 친구 어머니에게서 그의 진짜 관심 대상인 동물을 공부해보면 어떻겠냐는 말을 듣고 진정한 열정을 느꼈다. 카레시는 클렘슨대학교에서 생물학 학사 학위를 받은 다음 조지아대학교에서 수의학 학위를 받았다. 수의대를 마친 후에는 세계 곳곳에서 인턴 과정을 밟고 수의사로 일하다가 브롱크스 동물원에 이르렀고, 지금은 거기서 WCS를 이끌고 있다.

2000년대 초에 카레시는 '원 헬스One Health'라는 말을 만들어, 동물과 인간의 건강을 하나의 관점에서 생각하는 새로운 방식을 주창했다. 그때 카레시 밑에서 일하고 있던 오소프스키는 동료 밥 쿡Bob Cook과 함께 2004년 록펠러대학교에서 제1회 '하나의 세계, 하나의 건강One World, One Health' 회담을 열기로 했다.[3] 인간, 동물, 환경의 건강 및 관리를 하나로 묶는 그 회담은 더없이 시의적절했다. 조류 독감, 에볼라 출혈열, 만성 소모성 질환 같은 병은 인간과 동물의 건강이 별개가 아님을 분명히 보여주었다.

오소프스키는 회담 개최에 기뻤지만, 회담을 마무리할 때 주요 이념을 제시하면서 행동 기반을 마련하는 한편, '하나의 세계, 하나의 건강' 개념의 적용 방법을 제안하고 싶었다. 그래서 '하나의 세계, 하나의 건강'에 관한 맨해튼 원칙Manhattan Principles 초안을 작성했고, 이는 회담에서 논의를 거쳐 채택되었다.

맨해튼 원칙이란 전 세계의 지도층, 시민사회, 보건계를 대상으로, 세계의 상호 연계성에 대한 인식을 촉구하는 제안이다.

거기에는 열두 가지 원칙이 있는데, 그중 하나에서는 "인간 건강

**내성 전쟁**

과 가축 및 야생동물 건강의 본질적 연관성"과 "질병이 인간, 인간의 식량 공급과 경제, (우리 모두에게 필요한 건강한 환경과 정상적 생태계를 유지하는 데 필수적인) 생물다양성biodiversity에 가하는 위협"을 인식해달라고 요청한다. 그 외에 동물·인간 건강과 관련된 사회 기반 시설에 대한 투자를 늘려달라는 요청도 있고, 국제 협력을 도모하고 교육을 통해 의식을 고취해달라는 요청도 있다. 좀 더 구체적인 원칙도 있는데, 예를 들면 야생동물 고기에 대한 수요를 줄여달라는 요청도 있고, "특정 야생동물 개체군이 인간의 건강, 식량 안보, 일반 야생동물의 건강에 급박하고 중대한 위협을 가한다고 여러 나라 여러 분야의 과학자들이 합의한 상황"이 아닌 한 야생동물 대량 도살을 제한해달라는 요청도 있다. 하지만 그런 여러 가지 원칙에서 항생제 내성은 한 번도 언급되지 않았다.

전 세계에 전염병이 몇 차례 돌았다는 사실은 원 헬스 개념과 맨해튼 원칙을 주장한 사람들의 상황 파악이 빨랐음을 의미했다. 동아시아에서는 조류 독감 바이러스에 대한 보고서가 주기적으로 나왔다. 대중은 조류, 돼지, 소가 걸린 새로운 질병이 인간에게 전염될까 봐 걱정했다. 유엔 식량농업기구FAO: Food and Agriculture Organization는 동물 보건 복지를 항생제 내성에 관한 국제 논의에 포함시킬 기회를 포착하면서 일찍부터 원 헬스 지지자가 되었고, 세계동물보건기구OIE: World Organization for Animal Health도 마찬가지였다. 2009년에는 CDC도 원 헬스 사무소를 마련했다. 이후 몇 년 사이에 감시, 진단, 봉쇄 등의 팬데믹 대비 분야가 주목을 받게 되었다. 항생제 내성은 토론의 중심 주제와는 거리가 멀었다. 그런 상황은 2015년에 완전히 바뀌었다.

2015년 11월에 발표된 한 논문에 따르면, 중국 곳곳의 양돈장에서 콜리스틴이 널리 쓰인 결과로 동물과 인간 모두의 건강에 영향을 미치는 세균이 내성을 띠게 되었다.[4] 그 후에도 비슷한 사례에 대한 보고서가 속속 나왔다. 인도와 동남아시아 곳곳의 양계장에서는 물론이고 유럽의 공장식 축산 농장에서도 그런 일이 발생했다. 수년 전 미국의 스튜어트 레비와 동독의 비테가 목격했던 현상—내성이 동물에게서 인간에게로 옮아가는 현상—이 이제 세계적인 규모로 일어나고 있었다. 플라스미드라는 작은 DNA 분자는 한 세균 종에서 다른 세균 종으로 이동해 비내성균을 내성균으로 전환시킨다. 내성균은 이동이 자유로워 고기와 오염된 수로를 통해 농장에서 인간에게로 쉽게 옮아간다. 인간과 동물의 건강은 여러모로 서로 연계되어 있으므로, 해결책을 마련할 때는 둘 다 고려해야 한다. 이제 우리는 동물과 인간의 건강을 따로따로 보아서는 안 된다. 원 헬스 접근법은 실행 가능한 해결책을 모색하는 최선의 방법 중 하나다.

# 과학적 발견의 조력자

— 35

과학적 발견과 기술 혁신에 대해 흔히들 하는 이야기는 대체로 솔직하지 못하다. 책과 전설, 영화와 연극을 통해 전달되는 그 이야기에는 혼자서 일하길 좋아하는 과학자가 주인공으로 나온다. (대체로 남자인) 그 인물은 행운과 창의력과 순전한 의지력으로 획기적인 업적을 이룬다. 그런 이야기에 십중팔구 빠진 요소는 전면에 나서지 않는 또 다른 인물, 즉 발견의 조력자다. 조력자는 재정적 후원자인 경우도 있고, 선견지명 있는 정치가인 경우도 있고, 뜻있는 대중인 경우도 있고, 대규모 과학기술 기업인 경우도 있다. 과학적 발견에는 과학적 천재성과 큰 행운이 꼭 필요하지만, 그 둘만으론 충분하지 않다. 크게 보면, 수많은 인물과 풍부한 역사적 맥락이 필요하다. 항생제 내성 문제를 다루는 일 역시 이와 다를 바가 없다.

1855년 영국에 최고의료책임자CMO: chief medical officer라는 직위가

생긴 이후, 여성이 그 자리에 임명된 적은 한 번도 없었다. 샐리 데이비스Sally Davies가 최초였다. 그녀는 2010년에 영국의 공중보건 부문 최고위직을 맡았다.[1] 최고의료책임자CMO의 임무는 간단히 말하면 공중보건에 관해 정부에 조언하는 일이다. 예컨대 전임자인 리엄 도널드슨Liam Donaldson은 영국의 높은 알코올 중독률과 공공장소 흡연율을 줄이려고 노력했다.

데이비스는 학자 집안에서 자랐다. 어머니는 과학자였고 아버지는 신학자였는데, 가족들은 윤리·도덕 문제를 토론할 때가 많았다. 데이비스는 맨체스터대학교와 런던대학교에서 의학을 공부하고 학위를 받았다. CMO가 된 지 얼마 후 2012년에 그녀는 항생제 내성 문제를 과제로 채택하겠다고 발표해 동료들을 깜짝 놀라게 했다. 영국 공중보건 공무원의 보수파는 못마땅해했다. 데이비스가 당뇨병, 정신질환, 심혈관계 질환 등 온갖 문제 중에 항생제 내성을 주요 국가적 과제로 삼은 일은, 좋게 말하면 별난 선택 같았고 나쁘게 말하면 더 시급한 문제를 놔두고 엉뚱한 데 신경 쓰는 짓 같았다. 여기저기서 CMO가 영국 보건 의료의 실상을 알고는 있냐고 수근댔다.

그 무렵 기사 작위를 받은 샐리 데이비스는 주요 과제를 선정할 때 현재의 위험만 고려하지 않고 현재를 미래 및 과거와 관련지어 생각했다. 어쨌든 미생물학은 한때 영국 생물학의 꽃이었다. 국민의 관심을 끌기 위해 데이비스는 항생제 내성에 관한 보고서를 발표했다. 그녀는 항생제 내성에 관한 보고서만으론 국내외의 관심을 충분히 끝기 어렵다는 점을 처음부터 알고 있었다. 그 일을 하려면 CMO보다 훨씬 저명한 사람의 노력이 필요할 터였다. 영국 총리 데이비드 캐머런 말이다.

데이비스는 총리와의 면담을 요청했고, 2014년 3월 19일에 총리를 만났다. 면담은 오래 걸리지 않았고, 면담이 끝날 무렵 데이비스는 캐머런을 설득해냈다고 확신했다. 뭔가를 행동에 옮겨야 한다는 필요성 말이다.

4개월 후 한 인터뷰에서 데이비드 캐머런은 다음과 같이 말했다. "영국의 이 위대한 발견물은 수십 년간 우리 국민들을 지키고 세계 곳곳에서 수십억 명의 목숨을 구했습니다. 하지만 지금 그 보호막은 전에 없이 위태롭습니다."[2] 캐머런이 이야기한 발견물은 항생제였는데, 이는 옥스퍼드대학교 던 스쿨의 획기적인 업적을 상기시켰다. 이미 캐머런은 항생제의 위협과 미래에 관한 보고서를 의뢰한 터였다. 그 보고서는 향후 5년간 수천 번 인용되면서 세계가 항생제 내성에 대응하는 데 최적의 기준이 되었다. 해당 위원회를 지휘하며 보고서 작성 과정을 감독한 사람은 과학자나 의사가 아니라 경제학자이자 재정가인 짐 오닐 Jim O'Neill 경이었다.


짐 오닐은 운이 좋은 편이었다.[3] 2001년 9월 9일에 그는 뉴욕시 쌍둥이 빌딩 중 한 곳에서 회의를 주관했다. 원래는 그곳에 며칠 더 머무르면서 다른 경영 경제 전문가들과 주요 경제 문제를 논의할 예정이었으나, 마음을 바꿔 9월 10일 비행기를 타고 집으로 돌아왔다. 오닐은 선견지명도 있었다. 경제학을 전공한 오닐의 전문 분야는 중국, 1990년대 말 아시아 경제 위기, 세계화가 초래한 문제의 증가였는데, 그런 분야를 연구하다 보니 그는 2001년 11월에 「더 나은 글로벌 경제 브릭스 구축하기Building Better Global Economic BRICs」라는 논문을 발표하게 됐다.[4] 브릭스BRICs는 오닐이 브라질Brazil, 러시아Russia, 인도India, 중국China의 영문 머리글자를 모아 만든 말이었으나, 이제는 그 4개국뿐 아니라 모든 신흥 경제국을 가리키는 경제 용어로 널리 쓰인다. 무엇보다 뭐니뭐니해도 짐 오닐은 사람들의 관심을 끄는 인물이었다.

2014년 5월에 오닐은 재무부 고위 간부의 전화를 받았다. 간부는 오닐에게 데이비드 캐머런 총리가 추진 중인 일과 관련해 새로운 직책을 맡지 않겠냐고 제안했다. 제안한 임무는 전 세계의 항생제 내성 문제를 종합적으로 고찰하는 과정을 지휘하는 일이었다. 오닐은 항생제 내성 문제를 들어본 적조차 없었다. 그는 집에 가서 제안 내용을 곰곰이 생각해보고 가족의 의견을 받아들여 그 일을 맡기로 했다.

한 달 후 짐 오닐은 샐리 데이비스에게 자기는 다른 방식으로 일을 해볼 작정이라고 말했다. 그는 자신이 잘 아는 분야인 세계 경제 관점에서 항생제 내성 문제를 다루고자 했다. 2년 넘게 오닐의 소규모 팀은 수없이 회의하고 데이터를 수집하고 수치를 계산한 뒤, 형세를 뒤집기 위한 '십계명'을 내놓았다. 그 내용은 다음과 같다. 세계인의 의식을 고취하기 위해 대규모 캠페인 벌이기, 위생 상태 및 감염 예방책 개선하기, 농축산업에서 항생제 사용 줄이기, 항생제 내성과 복용을 국제적으로 감시하기, 신속 진단법 개발하기, 백신 및 대체물 개발하기, 새로운 진단법 및 치료제 개발을 위한 혁신 기금 조성하기, 신약 연구 개발과 기존 약 개선을 위한 장려책 강화하기, 행동하는 국제 연합체 창설하기, 감염증 분야 근로자들의 근무 조건과 급여 개선하기 그리고 그들에 대한 대중 인식 개선하기.

오닐이 이끈 위원회의 「항생제 내성 보고서」는 항생제 내성 문제를 논할 때면 거의 매번 언급되는 자료가 됐다.[5] 하지만 세상 사람들에게 각인된 내용은 십계명이 아니라 오닐 팀의 추정치다. 지금 이대로 간다면 2050년경에는 전 세계에서 해마다 1,000만 명이 내성균 감염증으로 목숨을 잃게 된다. 매년 뉴욕과 시카고의 시민을 합한 수에 가까운 사람들이 목숨을 잃는 셈이다.[6] 오닐의 보고서는 비판도 받았으나,[7] 2016년 가을에 국제 회담을 촉발했다.

데이비스는 오닐의 보고서를 이용해 전 세계에 변화를 촉구했다. 그녀는 2016년 9월 21일에 UN 본부에서 최고의 순간을 맞았다. UN 역사에서 고위급 보건 회담이 열린 일은 그때가 겨우 네 번째였다. 회담 목적은 항생제 내성의 커져가는 위협에 맞서 싸우기 위한 결의안을 검토하는 것이었다. 193개 회원국이 만장일치로 결의안에 찬성했다. 여기까지 이른 과정은 세계 각국에서 여러 정치인과 직원들, 의사와 활동가들이 수많은 회의와 노력으로 이룬 긴 여정이었다. 항생제 내성을 우리 시대의 문제로 선정한 데이비스의 판단이 옳았음이 입증되었다.

　더 중요한 사실은 과학적 진보에 관한 이 이야기―영국 최초의
여성 최고의료책임자가 총리의 성원과 공적 관심을 받고 그 결과
로 총리가 경제학자에게 국제 보건 문제를 맡긴 이야기―에서 우
리가 희망을 엿볼 수 있다는 점이다. 인류는 개인이나 개별 국가 수
준의 위험이 아니라 해마다 1,000만 명의 목숨이 위태로워질 만한
위험에 맞서고 있다. 이때 한 과학자의 뛰어난 재기를 유일한 희망
으로 믿는 행위는 현명하지 못할 뿐 아니라 역사의 흐름에 반하는
일이다. 더없이 기발하고 대담한 아이디어가 있는 과학자와 혁신
가들은 우리에게서 지속적으로 자금을 지원받아야 하는데, 사회과
학자, 경제학자, 인도주의자, 정책 입안자, 보건계 종사자들도 마찬
가지다. 이 휴먼 드라마가 행복하게 끝나려면 앞으로 우리는 등장
인물 모두에게 관심을 기울여야 한다. 주인공은 사실 우리이기 때
문이다.

    역사에서 미래를 이야기하는 경우는 드물다. 하지만 항생제 내
성에는 분명 미래가 있고, 그 미래는 우리가 살고 죽는 방식에 영향
을 미친다. 해마다 수천만 명이 죽는 최악의 가상 시나리오도 사실
이지만, 지난 몇 년간 이룬 희망적인 발전 또한 사실이다. 기술 면
에서 보면 백신[1]과 파지 요법[2]에 장래성이 있다. 경제 일선에서는
제약회사들이 연구 개발에 매진하도록 갖가지 장려책이 제안된
다.[3] WHO 내부에는 감시를 강화하고 저소득국이든 고소득국이
든, 큰 나라든 작은 나라든 상관없이 모든 나라의 역량을 증진시켜
야 한다는 새로운 절박감이 있다. 퓨 공익신탁the Pew Charitable Trusts 같
은 기관들은 데이터를 수집하고 정보를 공유하고 의식을 고취함으
로써 내성 문제와 관련된 위험과 가능성을 강조한다.[4] 비영리 매체
탐사보도국The Bureau of Investigative Journalism은 내성과 감염의 진원지에
서 탐사 보도를 함으로써 내성 문제에 주목해왔다.[5]

    이 정도면 형세를 뒤집기에 충분할까?

    우리 모두는 이 의문에 대한 확실한 답이 없음을 우려한다. 신약

후보 물질들은 성공할 가능성도 있고 실패할 가능성도 있다. 시장과 투자자들은 무자비하다. 그들은 금전적 수익이 극대화될 곳에 돈을 투자하려 한다. 인류에게 돌아가는 혜택이 극대화될 곳에만 돈을 투자하진 않는다. 파지 요법은 유망하지만, 그런 전망을 뒷받침할 대규모 임상 시험은 거의 없다. 백신은 모든 항생제를 대체하지 못할 공산이 크다. 그리고 세계 곳곳에서 다양한 형태로 일어나는 백신 반대 운동 또한 문제를 계속 낳고 있다. 국제적인 커뮤니케이션 활동은 바람직하고 의도도 좋지만, 부르키나파소 또는 볼리비아 같은 나라의 시골 소농들에게까지 영향을 미치긴 어렵다. 2017년 UN 결의 후에 수립된 국가 행동 계획 상당수는 문서상의 계획에 불과하다. 그런 계획을 실행하려면 돈과 정치적 의지가 필요한데, 지금은 너무나 많은 관료들이 명확한 시행 계획 없이 이런저런 보건부의 사무실에 앉아 있다.

세계화에 대한 포퓰리즘적 반응도 걱정스럽다. 포퓰리스트들은 세계화를 바라볼 때 경제만 고려하고 항생제 내성은 고려하지 않는다. 국제사회로의 참여를 줄이고 고립주의를 지지하고 담을 높이 쌓고 자국민 우선주의를 반대하는 자들을 응징하려는 욕구는 국제적인 협력 관계를 더욱더 맺기 어렵게 만든다. 이스라엘의 감염증 전문가 길리 레게브Gili Regev는 10년 넘게 팔레스타인 의사 및 환자들과 협력해 팔레스타인 빈곤 지역의 약제 내성 문제를 연구했다. 그러나 미국이 팔레스타인인 원조 활동에 대한 자금 지원을 중단하려는 바람에 연구를 계속하지 못하게 됐다. 사우디아라비아가 주도한 예멘 분쟁, 아프가니스탄의 탈레반, 콩고의 무장 단체 때문에 곳곳의 병원이 공격을 받으면서, 수십 년간 감염을 방지하고 항생제 내성을 억제하려고 기울여온 노력이 무색해지고 있다. 분쟁에 쓰이는 총탄과 포탄은 삼중으로 치명적이다. 이들은 현장에서 사람들의 목숨을 앗아가고, 주요 보건 기반 시설을 파괴하고, 인류를 위협하는 항생제 내성균의 확산을 촉진한다.

지금 인류는 자신에게 도움 되는 행동을 하기는커녕, 항생제 내성균을 도와주고 있다.

세균은 생명의 여명기부터 해온 일―진화하고 적응하고 다음 생존 투쟁을 준비하는 일―을 앞으로도 계속할 터이다. 우리의 이런저런 행동은 세균이 자연 상태에서보다 더 나은 무기를 더 빨리 얻도록 도와주는 셈이다. 그러나 그간 인류는 역경과 실패를 여러 번 겪었지만, 이 책을 쓰기 위해 수백 건의 인터뷰를 하면서 나는 미래를 낙관하는 분위기를 느꼈다. 그 낙관론은 인간의 독창성, 방대하고 귀중한 미개발 천연자원, 협력에 대한 믿음에서 비롯한다. 그리고 두 가지 근거에 바탕을 둔다. 하나는 평화를 위한 헌신이고, 나머지 하나는 모든 곳에서 모든 사람을 보살피려는 욕구다.

## 감사의 글

이 책의 집필은 내 삶에 지대한 영향을 미쳤다. 연구와 조사의 새로운 길을 열어주었고, 뛰어나게 헌신적인 사람들과 만나는 영광을 선사했다.

동료와 친구들의 크나큰 도움과 아량 덕분에 이 책은 세상에 나올 수 있었다. 보스턴의 스콧 포돌스키Scott Podolsky는 자신의 지식과 지혜와 자료를 기꺼이 나눠주었고 나의 온갖 질문에 심지어 전혀 말도 안 되는 질문에도 성실하게 답해주었다. 옥스퍼드에서 만난 클라스 커셸Claas Kirchhelle은 내가 만나본 사람 중 가장 뛰어난 과학·의학사 연구자다. 커셸도 포돌스키와 마찬가지로 집필 과정 전반에 도움을 주었다. 런던에서 로버트 버드Robert Bud와 나눈 대화는 페니실린 개발 초창기의 상황과 그 이후의 인간용·동물용 항생제 관리 정책을 이해하는 데 도움이 되었다. 오슬로의 안네 헬레네 크베임 리에Anne Helene Kveim Lie는 노르웨이를 넘어 스칸디나비아에서까지 내가 조사를 수행하는 데 도움을 주었다. 이 책에는 그녀가 준 자료 덕을 톡톡히 본 장이 여러 개 있다. 러시아에서 안나 예레메예바Anna Eremeeva는 지나이다 예르몰리예바에 대한 자료와 관련해서 큰 도움을 주었다. 상트페테르부르크의 세르게이 시도렌코 Sergey Sidorenko는 야코프 갈Yakov Gall을 비롯한 여러 사람과의 만남을 주선해주었다. 모스크바의 올가 예프레메코바Olga Efremekova는 가우제 연구소를 포함, 모스크바 지역에서 조사를 수행하도록 도움을 주었다. 초기에 미 해군 소속의 안드레이 소보친스키Andre Sobocinski는 군사 아카이브 검색을 돕고 넓디넓은 군 의학계의 동료들을 연결해주었다. 영국 국립 과학·기술·예술 진흥 재단의 대니얼 버먼Daniel Berman은 경도상의 비전을 이해하는 데 도움을 주었다. WHO와 FAO 같은 국제기관 소속의 동료들이 시간을 내어 자신의 식견을 솔직하게 말해준 일도 고맙게 생각한다. 그런 기관들은 온갖 정치적 역경과 재정적 곤란에도 불구하고 약제 내성균 감염증 문제와 끊임없이 씨름하고 있다. 또한 보스턴, 베를린, 제네바, 런던, 모스크바, 도쿄, 워싱턴 D.C.의 사서와 기록연구사들에게서 받은 도움도 잊을 수 없다.

이 책의 일부는 아름다운 보스턴 도서관Boston Athenaeum에서 썼다. 그곳의 동료와 직원들은 너그럽고 친절하게 시간을 내주고 도움을 베풀었다.

담당 에이전트 미셸 테슬러Michelle Tessler는 매 단계마다 길잡이가 되었다. 하퍼웨이브Harper Wave의 캐런 리날디Karen Rinaldi와 리베카 래스킨Rebecca Raskin은 함께 일하기 즐거운 사람이었다. 그중에서도 캐런은 나를 언제나 격려하고 성원했으며 두름성이 매우 좋았다. 어맨다 문Amanda Moon과 토머스 르비엔Thomas LeBien에게도 매우 감사한다. 두 사람은 내가 주장을 날카롭게 다듬고 이 책에 필요한 서사 구조를 짜는 데 도움을 주었다. 문과 르비엔은 친절하고 너그러우며 특출한 재능을 갖췄다. 그들과 함께 일해서 더없이 기뻤다.

하워드휴스의학연구소Howard Hughes Medical Institute의 동료들, 특히 숀 캐럴Sean Carroll과 데이비드 아사이David Asai와 세라 시먼스Sarah Simmons는 여러모로 크나큰 도움을 주었다. 그중에서도 유명한 과학 저술가이며 탁월한 학자인 캐럴은 이 책이 구상 단계에 머물러 있을 때 나를 많이 도와주었다. 내 연구팀의 칼리 칭Carly Ching 박사와 샘 오루부Sam Orubu 박사에게도 각별히 감사한다. 두 사람은 원고를 여러 차례 읽고 솔직하게 피드백을 해주었다. 그 덕분에 원고 내용이 더 깊고 풍부해졌다.

내 누이 라비아와 파키하, 그들의 남편 우마르와 함자, 형수 샤이스타는 끊임없이 격려와 성원을 보내주었다. 내 조카들은 무한한 기쁨의 원천이다. 형 카심은 깊은 지식과 지성으로 영감을 준다. 우리는 전공 분야가 서로 다르지만, 그의 엄격한 접근법과 견실한 학식은 끊임없이 내 연구에 밝은 빛이 되어준다. 변함없이 성원해주는 인척들, 특히 장모 타라눔 시디키에게도 감사한다.

아들 라헴과 딸 사마는 날마다 우리 집에 활기를 불어넣는다. 아이들의 재치, 매력적인 미소, 전염성 있는 웃음소리 덕분에 우리 집은 이 책을 쓰기에 가장 좋은 장소가 되었다.

하지만 내가 가장 크게 감사하는 사람은 아내 아프린이다. 어떤 말로도, 내가 아는 어떤 언어로도 그녀에 대한 고마운 마음은 다 표현하지 못한다. 그녀는 내 배우자일 뿐 아니라 가장 친한 친구이며 매 순간 나의 조력자였다. 이 책에 대한 구상이 떠오른 순간부터 내가 이메일로 최종 교정지를 보낼 때까지 그녀는 나와 함께했다. 그녀의 끝없는 성원, 친절, 통찰, 조언 덕분에 나는 이 책을 써냈다. 그녀가 없었다면 이 책은 나오지 못했으리라.

주

## 프롤로그

1 Lei Chen, Randall Todd, Julia Kiehlbauch, Maroya Walters, and Alexander Kallen, "Notes from the Field: Pan-Resistant New Delhi Metallo-Beta-Lactamase-Producing *Klebsiella pneumoniae* — Washoe County, Nevada, 2016," *Morbidity and Mortality Weekly Report* 66, no. 1 (2017): 33.

2 Helen Branswell, "Can a Flu Shot Wear Off If You Get It Too Early? Perhaps, Scientists Say," Stat News, January 12, 2017.

3 Neil Gupta, Brandi M. Limbago, Jean B. Patel, and Alexander J. Kallen, "Carbapenem-Resistant *Enterobacteriaceae*: Epidemiology and Prevention," *Clinical Infectious Diseases* 53, no. 1 (2011): 60–67.

4 L. S. Tzouvelekis, A. Markogiannakis, M. Psichogiou, P. T. Tassios, and G. L. Daikos, "Carbapenemases in *Klebsiella pneumoniae* and Other *Enterobacteriaceae*: An Evolving Crisis of Global Dimensions," *Clinical Microbiology Reviews* 25, no. 4 (2012): 682–707.

5 Jesse T. Jacob, Eili Klein, Ramanan Laxminarayan, Zintars Beldavs, Ruth Lynfield, Alexander J. Kallen, Philip Ricks et al., "Vital Signs: Carbapenem-Resistant *Enterobacteriaceae*," *Morbidity and Mortality Weekly Report* 62, no. 9 (2013): 165.

6 Kevin Chatham-Stephens, Felicita Medalla, Michael Hughes, Grace D. Appiah, Rachael D. Aubert, Hayat Caidi, Kristina M. Angelo et al., "Emergence of Extensively Drug-Resistant Salmonella Typhi Infections Among Travelers to or from Pakistan — United States, 2016–2018," *Morbidity and Mortality Weekly Report* 68, no. 1 (2019): 11.

7 Emily Baumgaertner, "Doctors Battle Drug-Resistant Typhoid Outbreak," *New York Times*, April 13, 2018.

8 다음 CDC 보고서를 참조, https://wwwnc.cdc.gov/travel/notices/watch/xdr-typhoid-fever-pakistan.

9 Jason P. Burnham, Margaret A. Olsen, and Marin H. Kollef, "Re-estimating Annual Deaths Due to Multidrug-Resistant Organism Infections," *Infection Control & Hospital Epidemiology* 40, no. 1 (2019): 112–13; Centers for Disease Control and Prevention, "More People in the United States Dying from Antibiotic-Resistant Infections than Previously Estimated," CDC Newsroom, November 13, 2019, https://www.cdc.gov/media/releases/2019/p1113-antibiotic-resistant.html.

10 Susan Brink, NPR, January 17, 2017. https://www.npr.org/sections/goatsandso da/2017/01/17/510227493/a-superbug-that-resisted-26-antibiotics.

# 1장

1 Alison Abbott, "Scientists Bust Myth That Our Bodies Have More Bacteria Than Human Cells," *Nature* 10 (2016).

2 Dorothy H. Crawford, *Deadly Companions: How Microbes Shaped Our History* (Oxford: Oxford University Press, 2007).

3 Ibid.

4 Christoph A. Thaiss, Niv Zmora, Maayan Levy, and Eran Elinav, "The Microbiome and Innate Immunity," *Nature* 535, no. 7610 (2016): 65.

5 William Rosen, *Miracle Cure: The Creation of Antibiotics and the Birth of Modern Medicine* (New York: Penguin, 2017).

6 Ibid.

7 항생제 내성 메커니즘에 대한 일반적인 지식은 다음을 참조, https://www.reactgroup.org/toolbox/understand/antibiotic-resistance/resistance-mechanisms-in-bacteria/., Jessica M. A. Blair, Mark A. Webber, Alison J. Baylay, David O. Ogbolu, and Laura J. V. Piddock, "Molecular Mechanisms of Antibiotic Resistance," *Nature Reviews Microbiology* 13, no. 1 (2015): 4.

8 MRSA 기원과 잠재적 위험에 대한 논의는 다음을 참조, Maryn McKenna, *Superbug: The Fatal Menace of MRSA* (New York: Simon and Schuster, 2010).

9 유출 펌프에 대한 자세한 내용은 다음을 참조, M. A. Webber and L. J. V. Piddock, "The Importance of Efflux Pumps in Bacterial Antibiotic Resistance," *Journal of Antimicrobial Chemotherapy* 51, no. 1 (2003): 9–11.

10 Karen Bush, "Past and Present Perspectives on $\beta$-lactamases," *Antimicrobial Agents and Chemotherapy* 62, no. 10 (2018): e01076–18.

11 David E. Pettijohn, "Structure and Properties of the Bacterial Nucleoid," *Cell* 30, no. 3 (1982): 667–69.

12 잠재적인 글로벌 영향에 대해서는 WHO의 다음 자료를 참조, https://www.who.int/newsroom/fact-sheets/detail/antibiotic-resistance.

# 2장

1 Influenza Archive, City of Boston, https://www.influenzaarchive.org/cities/city-boston.html#.

2 Laura Spinney, "Vital Statistics: How the Spanish Flu of 1918 Changed India," *Caravan*, October 19, 2018.

3 Amir Afkhami, "Compromised Constitutions: The Iranian Experience with the 1918 Influenza Pandemic," *Bulletin of the History of Medicine* 77, no. 2 (2003): 367–92.

4 Sandra M. Tomkins, "The Influenza Epidemic of 1918–19 in Western Samoa," *Journal of Pacific History* 27, no. 2 (1992): 181–97.

5 NIH News Report. August 19, 2008. "Tuesday, August 19, 2008, "Bacterial Pneumonia Caused Most Deaths in 1918 Influenza Pandemic," https://www.nih.gov/news-events/news-releases/bacterial-pneumonia-caused-most-deaths-1918-influenza-pandemic.

6 Fred Rosner, "The Life of Moses Maimonides, a Prominent Medieval Physician," *Einstein Quarterly Journal of Biology and Medicine* 19 (2002): 125–28.

7 Ibid.

8 Robert D. Purrington, *The First Professional Scientist: Robert Hooke and the Royal Society of London*, vol. 39 (New York: Springer Science & Business Media, 2009).

9 Howard Gest, "The Discovery of Microorganisms by Robert Hooke and Antoni Van Leeuwenhoek, Fellows of the Royal Society," *Notes and Records of the Royal Society of London* 58, no. 2 (2004): 187–201.

10 Jan van Zuylen, "The Microscopes of Antoni van Leeuwenhoek," *Journal of Microscopy* 121, no. 3 (1981): 309–28.

11 J. R. Porter, "Antony van Leeuwenhoek: Tercentenary of His Discovery of Bacteria," *Bacteriological Reviews* 40, no. 2 (1976): 260.

12 Nick Lane, "The Unseen World: Reflections on Leeuwenhoek (1677) 'Concerning Little Animals,'" *Philosophical Transactions of the Royal Society B: Biological Sciences* 370, no. 1666 (2015): 2014034.

13 F. H. Garrison, "Edwin Klebs (1834–1913)," *Science* 38, no. 991 (1913): 920–21.

14 스턴버그의 삶에 대한 자세한 내용은 다음을 참고, Martha L. Sternberg, *George Miller Sternberg: A Biography* (Chicago: American Medical Association, 1920).

15 George Sternberg, "The Pneumonia-Coccus of Friedlander (*Micrococcus pasteuri*, Sternberg)," *American Journal of the Medical Sciences* 179 (1885): 106–22.

16 Leonard D. Epifano and Robert D. Brandstetter, "Historical Aspects of Pneumonia," in *The Pneumonias* (New York: Springer, 1993), 1–14.

17 Robert Austrian, "The Gram Stain and the Etiology of Lobar Pneumonia, an Historical Note," *Bacteriological Reviews* 24, no. 3 (1960): 261.

18 Ibid.

19 Ibid.

20 Ibid.

21 Carl Friedlaender, *The Use of the Microscope in Clinical and Pathological Examinations* (New York: D. Appleton, 1885), 75.

22 Ibid., 76.

23 Robert Austrian, "The Gram Stain and the Etiology of Lobar Pneumonia, an Historical Note," *Bacteriological Reviews* 24, no. 3 (1960): 261.

24 B. B. Biswas, P. S. Basu, and M. K. Pal, "Gram Staining and Its Molecular Mechanism," *International Review of Cytology* 29 (1970), 1–27.

# 3장

1 Richard J. White, "The Early History of Antibiotic Discovery: Empiricism Ruled," in *Antibiotic Discovery and Development* (Boston: Springer, 2012), 3–31.

2 Vanessa M. D'Costa, Katherine M. McGrann, Donald W. Hughes, and Gerard D. Wright, "Sampling the Antibiotic Resistome," *Science* 311, no. 5759 (2006): 374–77.

3 H. A. Barton, "Much Ado About Nothing: Cave Cultivar Collections," Society for Industrial Microbiology Annual Meeting, San Diego, CA, August 13, 2008.

4 '딥시크릿'의 발견에 대한 더 자세한 내용은 다음을 참고, Stephen Reames, Lawrence Fish, Paul Burger, and Patricia Kambesis, *Deep Secrets: The Discovery and Exploration of Lechuguilla Cave* (St. Louis, MO: Cave Books, 1999), chaps. 1–2.

5 Shayla Love, "This Woman Is Exploring Deep Caves to Find Ancient Antibiotic Resistance," *Vice Magazine*, April 18, 2018.

6 E. Yong, "Isolated for Millions of Years, Cave Bacteria Resist Modern Antibiotics," *National Geographic*, April 13, 2012.

7 Kirandeep Bhullar, Nicholas Waglechner, Andrew Pawlowski, Kalinka Koteva, Eric D. Banks,

Michael D. Johnston, Hazel A. Barton et al., "Antibiotic Resistance Is Prevalent in an Isolated Cave Microbiome," *PloS One* 7, no. 4 (2012): e34953.

8 Ibid.

9 Ibid.

10 제리 라이트와의 인터뷰에 기초(2018년 8월 8일).

# 4장

1 M. Fessenden, "Here's How Cinnamon Is Harvested in Indonesia," *Smithsonian*, April 22, 2015.

2 야노마미족에 대한 자료는 다음을 참조, "The Yanomami: An Isolated Yet Imperiled Amazon Tribe," *Washington Post*, July 25, 2014.

3 Amin Talebi Bezmin Abadi, "*Helicobacter pylori*: A Beneficial Gastric Pathogen?" *Frontiers in Medicine* 1 (2014): 26.

4 Chandrabali Ghose, Guillermo I. Perez-Perez, Maria-Gloria Dominguez-Bello, David T. Pride, Claudio M. Bravi, and Martin J. Blaser, "East Asian Genotypes of *Helicobacter pylori* Strains in Amerindians Provide Evidence for Its Ancient Human Carriage," *Proceedings of the National Academy of Sciences* 99, no. 23 (2002): 15107–111.

5 Maria Gloria Dominguez-Bello, "A Microbial Anthropologist in the Jungle," *Cell* 167, no. 3 (2016): 588–94.

6 CBC Radio, "Amazon Tribe's Gut Bacteria Reveals Toll of Western Lifestyle," April 20, 2015.

7 Jose C. Clemente, Erica C. Pehrsson, Martin J. Blaser, Kuldip Sandhu, Zhan Gao, Bin Wang, Magda Magris et al., "The Microbiome of Uncontacted Amerindians," *Science Advances* 1, no. 3 (2015): e1500183.

8 Ibid.

9 가우탐 단타스와의 인터뷰에 기초(2019년 3월 8일).

# 5장

1 제리 라이트와의 인터뷰에 기초(2018년 8월 8일).

2 K. Crowe, "Antibiotic-Resistant Bacteria Disarmed with Fungus Compound," CBC News, June 25, 2014.

3 Ibid.

4 종자 저장소에 대한 더 자세한 내용은 다음을 참조, https://www.seedvault.no.

5 Clare M. McCann, Beate Christgen, Jennifer A. Roberts, Jian-Qiang Su, Kathryn E. Arnold, Neil D. Gray, Yong-Guan Zhu et al., "Understanding Drivers of Antibiotic Resistance Genes in High Arctic Soil Ecosystems," *Environment International* 125 (2019): 497–504.

# 6장

1 Tony Kirby, "Timothy Walsh: Introducing the World to NDM-1," *Lancet Infectious Diseases* 12, no. 3 (2012): 189.

2 팀 월시와의 인터뷰에 기초(2018년 9월 4일).

3 Ibid.

4 Patrice Nordmann, Laurent Poirel, Mark A. Toleman, and Timothy R. Walsh, "Does Broad-Spectrum Beta-lactam Resistance Due to NDM-1 Herald the End of the Antibiotic Era for Treatment of Infections Caused by Gram-Negative Bacteria?," *Journal of Antimicrobial Chemotherapy* 66, no. 4 (2011): 689–92.

5 Kate Kelland and Ben Hirschler, "Scientists Find New Superbug Spreading from India," Reuters, August 11, 2010.

6 Sarah Boseley, "Are You Ready for a World Without Antibiotics?," *Guardian*, August 12, 2010.

7 Geeta Pandey, "India Rejects UK Scientists' 'Superbug' Claim," BBC News, August 12, 2010.

8 J. Sood, *Superbug: India Gets Bugged. Government Downplays Threat from Drug-Resistant Bacteria*, https://www.downtoearth.org.in/news/superbug-india-gets-bugged-1850.

9 이름에 대한 논쟁은 아직까지 계속되고 있다. 자세한 내용은 다음을 참조, Timothy R. Walsh and Mark A. Toleman, "The New Medical Challenge: Why NDM-1? Why Indian?," *Expert Review of Anti-Infective Therapy* 9, no. 2 (2011): 137–41; and G. Nataraj, "New Delhi Metallo Beta-Lactamase: What Is in a Name?," *Journal of Postgraduate Medicine* 56, no. 4 (2010): 251; and "'New Delhi' Superbug Named Unfairly, Says *Lancet* Editor," BBC News, January 12, 2011.

10 Naomi Lubick, "Antibiotic Resistance Shows Up in India's Drinking Water," *Nature*, April 7, 2011.

11 "Travelers May Spread Drug-Resistant Gene from South Asia," VOA News, April 26, 2011, https://learningenglish.voanews.com/a/india-superbug-120747334/115208.html.

12 T. V. Padma, "India Questions 'Superbug' Conclusions, Research Ethics," SciDev.Net, April 8, 2011.


# 7장

1 Chung King-thom and Liu Jong-kang, Pioneers in Microbiology: *The Human Side of Science* (Singapore: World Scientific, 2017), 221–22.

2 Venita Jay, "The Legacy of Robert Koch," *Archives of Pathology & Laboratory Medicine* 125, no. 9 (2001): 1148–49.

3 Ibid.

4 William Rosen, *Miracle Cure: The Creation of Antibiotics and the Birth of Modern Medicine* (New York: Penguin, 2017), 22–23.

5 Ibid., 23–24.

6 Gerhart Drews, "Ferdinand Cohn, a Founder of Modern Microbiology," *ASM News* 65, no. 8 (1999): 54.

7 Lawrason Brown, "Robert Koch," *Bulletin of the New York Academy of Medicine* 8, no. 9 (1932): 558.

8 William Rosen, *Miracle Cure*, 25.

9 Steve M. Blevins and Michael S. Bronze, "Robert Koch and the 'Golden Age' of Bacteriology," *International Journal of Infectious Diseases* 14, no. 9 (2010): e744–51.

10 H. R. Wiedeman, "Robert Koch," *European Journal of Pediatrics* 149, no. 4 (1990): 223.

11 William Rosen, *Miracle Cure*, 28.

12 Florian Winau, Otto Westphal, and Rolf Winau, "Paul Ehrlich—in Search of the Magic Bullet," *Microbes and Infection* 6, no. 8 (2004): 786–89.

13 William Rosen, *Miracle Cure*, 39–49.

14 Gian Franco Gensini, Andrea Alberto Conti, and Donatella Lippi, "The Contributions of Paul Ehrlich to Infectious Disease," *Journal of Infection* 54, no. 3 (2007): 221–24.

내성 전쟁

15 Hiroshi Maruta, "From Chemotherapy to Signal Therapy (1909–2009): A Century Pioneered by Paul Ehrlich," *Drug Discoveries & Therapeutics* 3, no. 2 (2009).

16 William Rosen, *Miracle Cure*, 55.

17 Stefan H. E. Kaufmann, "Paul Ehrlich: Founder of Chemotherapy," *Nature Reviews Drug Discovery* 7, no. 5 (2008): 373.

18 B. Lee Ligon, "Robert Koch: Nobel Laureate and Controversial Figure in Tuberculin Research," in *Seminars in Pediatric Infectious Diseases* 13, no. 4 (2002): 289–99.

19 William Rosen, *Miracle Cure*, 30.

20 Wolfgang U. Eckart, "The Colony as Laboratory: German Sleeping Sickness Campaigns in German East Africa and in Togo, 1900–1914," *History and Philosophy of the Life Sciences* 24, no. 1 (February 2002): 69–89.

21 Ibid.

22 Ibid.

23 John Lichfield, "De Gaulle Named Greatest Frenchman in Television Poll," *Independent*, April 6, 2005, https://www.independent.co.uk/news/world/europe/de-gaulle-named-greatest-frenchman-in-television-poll-531330.html.

24 William Rosen, *Miracle Cure*, 16–20.

25 Gerald L. Geison, "Organization, Products, and Marketing in Pasteur's Scientific Enterprise," *History and Philosophy of the Life Sciences* 24, no. 1 (2002): 37–51.

26 William Rosen, *Miracle Cure*, 26–28.

27 Maxime Schwartz, "Louis Pasteur and Molecular Medicine: A Centennial Celebration," *Molecular Medicine* 1 (September 1995): 593.

28 L. Robbins, *Louis Pasteur and the Hidden World of Microbes* (New York: Oxford University Press, 2001).

29 Gerald L. Geison, *The Private Science of Louis Pasteur*, vol. 306 (Princeton, NJ: Princeton University Press, 2014).

30 Ibid.

31 Julie Ann Miller, "The Truth About Louis Pasteur," *BioScience* 43, no. 5 (1993): 280–82.

# 8장

1 Martha R. J. Clokie, Andrew D. Millard, Andrey V. Letarov, and Shaun Heaphy, "Phages in Nature," *Bacteriophage* 1, no. 1 (2011): 31–45.

2 Félix d'Hérelle and George H. Smith, *The Bacteriophage and Its Behavior* (Baltimore: Williams & Wilkins, 1926).

3 Donna H. Duckworth and Paul A. Gulig, "Bacteriophages," *BioDrugs* 16, no. 1 (2002): 57–62.

4 "On an Invisible Microbe Antagonistic to Dysentery Bacilli," note by M. F. d'Hérelle, presented by M. Roux, *Comptes Rendus Academie des Sciences* 1917, 165:373–5; *Bacteriophage* 1, no. 1 (2011), 3–5, DOI: 10.4161/bact.1.1.14941.

5 Félix H. d'Hérelle, *Le Bacteriophage*, vol. 5 (Paris: Masson, 1921).

6 William C. Summers, "The Strange History of Phage Therapy," *Bacteriophage* 2, no. 2 (2012): 130–33.

7 Donna H. Duckworth, "Who Discovered Bacteriophage?" *Bacteriological Reviews* 40, no. 4 (1976): 793.

8 Antony Twort, In Focus, Out of Step: *A Biography of Frederick William Twort F.R.S., 1877–1950*

(Gloucestershire, UK: Sutton Pub. Ltd., 1993).

F. W. Twort, "An Investigation on the Nature of Ultra-Microscopic Viruses," *Lancet* 186, no. 4814 (December 1915): 1241–43.

Donna H. Duckworth, "Who Discovered Bacteriophage?," 793.

Paul Gordon Fildes, "Frederick William Twort, 1877–1950," obituary, *Royal Society* (1951): 505–17.

William C. Summers, "The Strange History of Phage Therapy," 130–33.

Félix d'Herelle, Reginald Hampstead Malone, and Mahendra Nath Lahiri, *Studies on Asiatic Cholera, Indian Medical Research Memoirs*, no. 14 (Calcutta: Pub. for the Indian Research Fund Association by Thacker, Spink & Co., 1930).

William C. Summers, "On the Origins of the Science in *Arrowsmith*: Paul de Kruif, Félix d'Hérelle, and Phage," *Journal of the History of Medicine and Allied Sciences* 46, no. 3 (1991): 315–32.

Ernst W. Caspari and Robert E. Marshak, "The Rise and Fall of Lysenko," *Science* 149, no. 3681 (1965): 275–78.

Richard Stone, "Stalin's Forgotten Cure," *Science* 298 (2002): 728–31.

Dmitriy Myelnikov, "An Alternative Cure: The Adoption and Survival of Bacteriophage Therapy in the USSR, 1922–1955," *Journal of the History of Medicine and Allied Sciences* 73, no. 4 (2018): 385–411.

Ibid.

Anna Kuchment, *The Forgotten Cure: The Past and Future of Phage Therapy* (New York: Springer Science & Business Media, 2011), 26–34.

Ibid.

Richard Stone, "Stalin's Forgotten Cure," 728–31.

# 9장

편지 사본은 다음을 참조, https://teslauniverse.com/nikola-tesla/letters/june-12th-1931-letter-waldemar-kaempffert-nikola-tesla.

Waldemar Kaempffert, "News of Dr. Paul Gelmo, Discoverer of Sulfanilamide," *Journal of the History of Medicine and Allied Sciences* 5 (Spring 1950): 213–14.

William Rosen, *Miracle Cure: The Creation of Antibiotics and the Birth of Modern Medicine* (New York: Penguin, 2017), 70.

C. Jeśman, A. Młudzik, and M. Cybulska, "History of Antibiotics and Sulphonamides Discoveries," *Polski Merkuriusz Lekarski: Organ Polskiego Towarzystwa Lekarskiego* 30, no. 179 (2011): 320–32.

Matt McCarthy, *Superbugs: The Race to Stop an Epidemic* (New York: Avery /Penguin, 2019), 29–37.

Mark Wainwright and Jette E. Kristiansen, "On the 75th Anniversary of Prontosil," *Dyes and Pigments* 88, no. 3 (2011): 231–34.

Ibid.

William Rosen, *Miracle Cure*, 70.

M. Spring, "A Brief Survey of the History of the Antimicrobial Agents," *Bulletin of the New York Academy of Medicine* 51, no. 9 (1975): 101.

Carol Ballentine, "Taste of Raspberries, Taste of Death: The 1937 Elixir Sulfanilamide Incident," *FDA Consumer Magazine* 15, no. 5 (1981).

Ibid.

Paul M. Wax, "Elixirs, Diluents, and the Passage of the 1938 Federal Food, Drug and Cosmetic

내성 전쟁

Act," *Annals of Internal Medicine* 122, no. 6 (1995): 456–61.

13 Muhammad H. Zaman, *Bitter Pills: The Global War on Counterfeit Drugs* (New York: Oxford University Press, 2018), 64–94.

14 엘리엇 커틀러의 논문과 편지는 하버드대학교 카운트웨이 의학도서관 아카이브를 참조.

15 Arnold Lorentz Ahnfeldt, Robert S. Anderson, John Boyd Coates, Calvin H. Goddard, and William S. Mullins, *The Medical Department of the United States Army in World War II*, vol. 2 (Washington, DC: Office of the Surgeon General, Department of the Army, 1964), 67.

16 Ibid.

17 Ibid.

18 엘리엇 커틀러의 논문과 편지는 하버드대학교 카운트웨이 의학도서관 아카이브를 참조.

# 10장

1 1945년 12월 11일 플레밍의 노벨상 수상 연설은 다음을 참조, https://www.nobelprize.org/uploads/2018/06/fleming-lecture.pdf.

2 Ibid.

3 Kevin Brown, *Penicillin Man: Alexander Fleming and the Antibiotic Revolution* (Cheltenham, UK: History Press, 2005).

4 Ronald Hare, *The Birth of Penicillin, and the Disarming of Microbes* (Crows Nest, Australia: George Allen and Unwin, 1970).

5 William Rosen, *Miracle Cure: The Creation of Antibiotics and the Birth of Modern Medicine* (New York: Penguin, 2017), 70.

6 Joan W. Bennett and King-Thom Chung, "Alexander Fleming and the Discovery of Penicillin," *Advances in Applied Microbiology* 49 (2001): 163–84.

7 Robert Bud, *Penicillin: Triumph and Tragedy* (Peterborough, UK: Oxford University Press on Demand, 2007), 23–32.

8 Joan W. Bennett and King-Thom Chung, "Alexander Fleming," 163–84.

9 William Rosen, *Miracle Cure*, 103–15.

10 Carol L. Moberg, "Penicillin's Forgotten Man: Norman Heatley; Although He's Been Overlooked, His Skills in Growing Penicillin Were a Key to Florey and Chain's Clinical Trials," *Science* 253, no. 5021 (1991): 734–36.

11 Ibid.

12 Ibid.

13 Robert Bud, *Penicillin*, 30–40.

14 William Rosen, *Miracle Cure*, 127.

15 Robert Bud, *Penicillin*, 32–33.

16 Eric Lax, *The Mold in Dr. Florey's Coat: The Story of the Penicillin Miracle* (New York: Macmillan, 2004): 170–73.

17 William Rosen, *Miracle Cure*, 133.

18 Eric Lax, *The Mold in Dr. Florey's Coat*, 204–23.

19 Ibid., 186.

20 Alfred N. Richards, "Production of Penicillin in the United States (1941–1946)," *Nature* 201, no. 4918 (1964): 441–45.

21 Eric Lax, *The Mold in Dr. Florey's Coat*, 185–89.

22 William Rosen, *Miracle Cure*, 138–41.

23 Ibid.


# 11장

1 예르몰리예바와 다른 소련 과학자에게 보낸 초청 편지는 WHO 아카이브를 참조.

2 Ibid.

3 예르몰리예바의 일생에 대한 자세한 내용은 다음을 참조, S. Navashin, "Obituary: Prof. Zinaida Vissarionouna Ermolieva," *Journal of Antibiotics* 28, no. 5 (1975): 399; see also the work of Anna Eremeeva on the early life of Z. Ermolieva.

4 Stuart Mudd, "Recent Observations on Programs for Medicine and National Health in the USSR," *Proceedings of the American Philosophical Society* 91, no. 2 (1947): 181–88.

5 Ibid.

6 Anna Kuchment, "'They're Not a Panacea': Phage Therapy in the Soviet Union and Georgia," in *The Forgotten Cure* (New York: Springer, 2012), 53–62.

7 Dmitriy Myelnikov, "An Alternative Cure: The Adoption and Survival of Bacteriophage Therapy in the USSR, 1922–1955," *Journal of the History of Medicine and Allied Sciences* 73, no. 4 (2018): 385–411.

8 Lev L. Kisselev, Gary I. Abelev, and Feodor Kisseljov, "Lev Zilber, the Personality and the Scientist," in *Advances in Cancer Research*, vol. 59 (Cambridge, MA: Academic Press, 1992), 1–40.

9 Dmitriy Myelnikov, "An Alternative Cure," 385–411.


# 12장

1 Robert Bud, *Penicillin*: *Triumph and Tragedy* (Peterborough, UK: Oxford University Press on Demand, 2007), 118–19.

2 Mary Barber, "Staphylococcal Infection Due to Penicillin-Resistant Strains," *British Medical Journal* 2, no. 4534 (1947): 863.

3 Ibid.

4 H. J. Bensted, "Central Public Health Laboratory, Colindale: New Laboratory Block," *Nature* 171, no. 4345 (1953): 248–49.

5 PHL에 대한 자세한 내용은 PHLS에 대한 영국 국립 아카이브를 참조.

6 Ibid.

7 Kathryn Hillier, "Babies and Bacteria: Phage Typing, Bacteriologists, and the Birth of Infection Control," *Bulletin of the History of Medicine* 80, no. 4 (Winter 2006): 733–61.

8 http://www.austehc.unimelb.edu.au/guides/roun/histnote.htm.

9 Ibid.

10 Kathryn Hillier, "Babies and Bacteria," 733–61.

11 시드니대학의 온라인 박물관에 대해서는 다음을 참조, https://sydney.edu.au/medicine/museum/mwmuseum/index.php/Isbister,_Jean_Sinclair.

12 Kathryn Hillier, "Babies and Bacteria," 733–61.

13 Ibid.

14 Ibid.

15 포스트 페니실린, 특히 메티실린에 대한 논의에 관해서는 다음을 참조, E. M. Tansey, ed. *Post Penicillin Antibiotics: From Acceptance to Resistance?* A Witness Seminar, Held at the Wellcome Institute for the History of Medicine, London, May 12, 1998 (London: Wellcome Trust, 2000).

16 Robert C. Moellering Jr., "MRSA: The First Half Century," *Journal of Antimicrobial Chemotherapy* 67, no. 1 (2011): 4–11.

17 퍼트리샤 제번스가 1961년 1월 14일 발표한 논문(*British Medical Journal*)에 대해서는 다음을 참조, https://www.ncbi.nlm.nih.gov/pmc/articles/PMC1952878/pdf/brmedj02876-0103.pdf.

18 제2차 세계대전에 대한 BBC News는 다음을 참조, https://www.bbc.co.uk/history/ww2peopleswar/stories/15/a2099315.shtml.

19 E. M. Tansey, ed., *Post Penicillin Antibiotics*.

20 Fred F. Barrett, Read F. McGehee Jr., and Maxwell Finland, "Methicillin-Resistant *Staphylococcus aureus* at Boston City Hospital: Bacteriologic and Epidemiologic Observations," *New England Journal of Medicine* 279, no. 9 (1968): 441–48.

## 13장

1 론 아키와의 인터뷰에 기초(2019년 2월 14일).

2 핀란드의 전기 내용은 미국 국립 과학 아카데미에서 제공되는 자료, 각종 신문에 실린 그의 부고 및 다음을 참조, Jerome O. Klein, Carol J. Baker, Fred Barrett, and James D. Cherry, "Maxwell Finland, 1902–1987: A Remembrance," *Pediatric Infectious Disease Journal* 21, no. 3 (2002): 181; Jerome O. Klein, "Maxwell Finland: A Remembrance," *Clinical Infectious Diseases* 34, no. 6 (March 2002): 725–29.

3 Arthur R. Reynolds, "Pneumonia: The New 'Captain of the Men of Death': Its Increasing Prevalence and the Necessity of Methods for Its Restriction," *Journal of the American Medical Association* 40, no. 9 (1903): 583–86.

4 Harry M. Marks, *The Progress of Experiment: Science and Therapeutic Reform in the United States, 1900–1990* (Cambridge: Cambridge University Press, 2000), 106–7.

5 핀란드와 왁스먼이 자기 생각을 강력하게 표명한 각종 편지와 회의록은 제네바에 있는 WHO 아카이브를 참조.

6 Scott H. Podolsky, "To Finland and Back," *Harvard Medicine Magazine*, summer 2013.

7 스캔들에 대한 자세한 내용은 다음을 참조, Richard E. McFadyen, "The FDA's Regulation and Control of Antibiotics in the 1950s: The Henry Welch Scandal, Félix Martí-Ibáñez, and Charles Pfizer & Co.," *Bulletin of the History of Medicine* 53, no. 2 (1979): 159–69.

8 Ibid.

9 Scott H. Podolsky, *The Antibiotic Era: Reform, Resistance, and the Pursuit of a Rational Therapeutics* (Baltimore: Johns Hopkins University Press, 2015).

## 14장

1 Charles Drechsler, "Morphology of the Genus Actinomyces. I," *Botanical Gazette* 67, no. 1 (1919): 65–83.

2 Antonio H. Romano and Robert S. Safferman, "Studies on Actinomycetes and Their Odors," *Journal of the American Water Works Association* 55, no. 2 (1963): 169–76.

3 R. G. Benedict, "Antibiotics Produced by Actinomycetes," *Botanical Review* 19, no. 5 (1953): 229.

주

331

4 John Simmons, *Doctors and Discoveries: Lives That Created Today's Medicine* (New York: Houghton Mifflin Harcourt, 2002), 259.

5 Thomas M. Daniel, *Pioneers of Medicine and Their Impact on Tuberculosis* (Rochester, NY: University of Rochester Press, 2000), 180.

6 Peter Pringle, *Experiment Eleven: Dark Secrets Behind the Discovery of a Wonder Drug* (London: Bloomsbury Publishing, 2012), 27–60.

7 샤츠-왁스먼 사건에 대한 자세한 내용은 다음을 참조, Peter Pringle, *Experiment Eleven*.

8 William Rosen, *Miracle Cure: The Creation of Antibiotics and the Birth of Modern Medicine* (New York: Penguin, 2017), 203–6.

9 Ibid.

10 Wolfgang Minas, "Erythromycins," *Encyclopedia of Industrial Biotechnology: Bioprocess, Bioseparation, and Cell Technology* (2009): 1–14.

11 Johanna Son, "Who Really Discovered Erythromycin?," IPS News. November 9, 1994.

12 바우 목사의 부고, *Toledo Blade*, July 4, 2006.

13 D. J. McGraw, *The Antibiotic Discovery Era (1940–1960): Vancomycin as an Example of the Era*, PhD dissertation, 1974, Oregon State University, Corvallis, OR.

14 Donald P. Levine, "Vancomycin: A History," *Clinical Infectious Diseases* 42, no. S1 (2006): S5–S12.

15 Michael White, "Elizabeth Taylor, My Great-Grandpa, and the Future of Antibiotics," *Pacific Standard*, January 22, 2015.

16 E. M. Tansey, ed., *Post Penicillin Antibiotics: From Acceptance to Resistance?*, A Witness Seminar, held at the Wellcome Institute for the History of Medicine, London, May 12, 1998 (London: Wellcome Trust, 2000).

17 Kristine Krafts, Ernst Hempelmann, and Agnieszka Skórska-Stania, "From Methylene Blue to Chloroquine: A Brief Review of the Development of an Antimalarial Therapy," *Parasitology Research* 111, no. 1 (2012): 1–6.

18 D. J. Wallace, "The History of Antimalarials," *Lupus* 5, no. S1 (1996): S2–3.

19 Claude Mazuel, "Norfloxacin," in *Analytical Profiles of Drug Substances*, vol. 20 (Cambridge, MA: Academic Press, 1991), 557–600.

20 Hisashi Takahashi, Isao Hayakawa, and Takeshi Akimoto, "The History of the Development and Changes of Quinolone Antibacterial Agents," *Yakushigaku Zasshi* 38, no. 2 (2003): 161–79.

21 Vincent T. Andriole, "The Future of the Quinolones," *Drugs* 45, no. 3 (1993): 1–7.

22 Dan Prochi, "Bayer's 74M Pay-for-Delay Deal Approved in Calif.," Law360, November 18, 2013.

23 T. E. Daum, D. R. Schaberg, M. S. Terpenning, W. S. Sottile, and C. A. Kauffman, "Increasing Resistance of *Staphylococcus aureus* to Ciprofloxacin," *Antimicrobial Agents and Chemotherapy* 34, no. 9 (1990): 1862–63.

## 15장

1 조슈아 레더버그의 부고, *Guardian*, February 11, 2008.

2 Stephen S. Morse, "Joshua Lederberg (1925–2008)," *Science* 319, no. 5868 (2008): 1351.

3 Miriam Barlow, "What Antimicrobial Resistance Has Taught Us About Horizontal Gene Transfer," in *Horizontal Gene Transfer* (Totowa, NJ: Humana Press, 2009), 397–411.

4 M. L. Morse, Esther M. Lederberg, and Joshua Lederberg, "Transduction in *Escherichia coli* K-12," *Genetics* 41, no. 1 (1956): 14.

5 후카사와 토시오가 제공한 자서전과 회고록.

6 Tsutomu Watanabe, "Infectious Drug Resistance in Enteric Bacteria," *New England Journal of Medicine* 275, no. 16 (1966): 888–94, and Tsutomu Watanabe, "Infective Heredity of Multiple Drug Resistance in Bacteria," *Bacteriological Reviews* 27, no. 1 (1963): 87.


## 16장

1 소련 유전학에 대한 리센코의 영향은 다음을 참조, Peter Pringle, *The Murder of Nikolai Vavilov* (New York: Simon and Schuster, 2008), Simon Ings, *Stalin and the Scientists* (Boston: Atlantic Monthly Press, 2017), Loren Graham, *Lysenko's Ghost* (Cambridge, MA: Harvard University Press, 2016).

2 Valery N. Soyer, "New Light on the Lysenko Era," *Nature* 339, no. 6224 (1989): 415.

3 Yasha M. Gall and Mikhail B. Konashev, "The Discovery of Gramicidin S: The Intellectual Transformation of GF Gause from Biologist to Researcher of Antibiotics and on Its Meaning for the Fate of Russian Genetics," *History and Philosophy of the Life Sciences* (2001): 137–50.

4 가우제 일생에 대한 자세한 내용은 다음을 참조, Nikolai N. Vorontsov and Jakov M. Gall, "Georgyi Frantsevich Gause 1910–1986," *Nature* 323, no. 6084 (1986): 113; and J. M. Gall, *Georgi Franzevich Gause* (St. Petersburg: Nestor-Historia, 2012), in Russian.

5 가우제의 전기작가 야코브 갈(Yakov Gall)과의 인터뷰에 기초, December 11, 2018.

6 베를린에서 행한 볼프강 비테와의 인터뷰에 기초(2018년 6월 25일).

7 Mark C. Enright, D. Ashley Robinson, Gaynor Randle, Edward J. Feil, Hajo Grundmann, and Brian G. Spratt, "The Evolutionary History of Methicillin-Resistant *Staphylococcus aureus* (MRSA)," *Proceedings of the National Academy of Sciences* 99, no. 11 (2002): 7687–92.

8 Hartmut Berghoff and Uta Andrea Balbier, eds. *The East German Economy, 1945–2010: Falling Behind or Catching Up?* (Cambridge, UK: Cambridge University Press), 2013.


## 17장

1 킹 K. 홈스와 인터뷰한 내용에 기초(2018년 8월 12일, 2019년 9월 26일).

2 Peter J. Rimmer, "US Western Pacific Geostrategy: Subic Bay Before and After Withdrawal," *Marine Policy* 21, no. 4 (1997): 325–44.

3 Gerald R. Anderson, *Subic Bay from Magellan to Pinatubo: The History of the US Naval Station, Subic Bay* (Scotts Valley, CA: CreateSpace, 2009).

4 King K. Holmes, David W. Johnson, Thomas M. Floyd, and Paul A. Kvale, "Studies of Venereal Disease II: Observations on the Incidence, Etiology, and Treatment of the Postgonococcal Urethritis Syndrome," *Journal of the American Medical Association* 202, no. 6 (1967): 467–47.

5 King K. Holmes, David W. Johnson, and Thomas M. Floyd, "Studies of Venereal Disease I: Probenecid-Procaine Penicillin G Combination and Tetracycline Hydrochloride in the Treatment of Penicillin-Resistant Gonorrhea in Men," *Journal of the American Medical Association* 202, no. 6 (1967): 461–66.

6 Ibid.

7 Mari Rose Aplasca de los Reyes, Virginia Pato-Mesola, Jeffrey D. Klausner, Ricardo Manalastas, Teodora Wi, Carmelita U. Tuazon, Gina Dallabetta, et al., "A Randomized Trial of Ciprofloxacin Versus Cefixime for Treatment of Gonorrhea After Rapid Emergence of Gonococcal Ciprofloxacin Resistance in the Philippines," *Clinical Infectious Diseases* 32, no. 9 (2001): 1313–18.

## 18장

1 Hugh Pennington, "Our Ability to Cope with Food Poisoning Outbreaks Has Not Improved Much in 50 Years," The Conversation, May 6, 2014.

2 Ibid.

3 Jim Phillips, David F. Smith, H. Lesley Diack, T. Hugh Pennington, and Elizabeth M. Russell, *Food Poisoning, Policy and Politics: Corned Beef and Typhoid in Britain in the 1960s* (Woodbridge, UK: Boydell Press, 2005), xiv, 334.

4 Robert Bud, *Penicillin: Triumph and Tragedy* (Peterborough, UK: Oxford University Press on Demand, 2007), 176–77.

5 Ibid.

6 Ibid., 178–79.

7 Ibid., 180–81.

8 Ibid., 182–84.

9 Mary D. Barton, "Antibiotic Use in Animal Feed and Its Impact on Human Health," *Nutrition Research Reviews* 13, no. 2 (2000): 279–99.

10 Claas Kirchhelle, "Swann Song: Antibiotic Regulation in British Livestock Production (1953–2006)," *Bulletin of the History of Medicine* 92, no. 2 (2018): 317–50.

11 항생제 감축에 반대하는 과학자 중 선두에 선 이는 토마스 쥬크(Thomas Jukes)였다. 영국에서 스완 보고서가 발표된 후, FDA가 미국 농장을 조사하기 시작하고 가축에 투여하는 항생제를 감소하도록 권고했을 때 쥬크는 분노했다. 그는 *The New England Journal of Medicine* (1970)에 "농장 동물에 대한 항생제 사용은 공중 보건에 해를 끼치지 않는다"고 썼고 1977년에는 식품 첨가물에 대한 논쟁은 기이하다고 말했다. 또한 그는 FDA 과학자들을 꽥꽥이라고도 지칭했다. *The New England Journal of Medicine*에서 그는 "모든 '식품 첨가물' 중에서 가장 해로운 것은 필요칼로리를 충족한 후에 먹는 추가 식품이다. 식품의 과잉 섭취는 비만으로 이어지며, 이는 현재 안전성을 의심받는 어떤 식품 첨가물보다 건강에 훨씬 더 위험하다"고 말했다. 쥬크는 인간 복지를 위해 현대 화학 물질을 사용하는 행동을 지지했고, 항생제뿐만 아니라 DDT 금지에도 강력하게 반대했다.

12 스튜어트 레비는 2019년에 사망했다. 그의 부고는 다음을 참조, Harrison Smith, *Washington Post*, September 19, 2019, https://www.washingtonpost.com/local/obituaries/stuart-levy-microbiologist-who-sounded-alarm-on-antibiotic-resistance-dies-at-80/2019/09/19/4011ea96-dae9-11e9-a688-303693fb4b0b_story.html.

13 Maryn McKenna, *Big Chicken: The Incredible Story of How Antibiotics Created Modern Agriculture and Changed the Way the World Eats* (Boone, IA: National Geographic Books, 2017), 110–18.

14 맥도날드가 2003년 발표한 내용은 다음을 참조, https://apua.org/ourhistory.

## 19장

1 오슬로에서 행한 토레 미트베트와의 인터뷰에 기초(2018년 1월 13일).

2 MIC는 최소 억제 농도를 나타낸다. 세균을 죽이는 데 필요한 최소 약물의 양인 최소 억제 농도(MIC)를 확인하기 위해 실험실 연구자들은 다양한 농도의 항생제가 함유된 시험관에 세균을 주입하는 방법을 사용한다. 이 방법은 1920년대 플레밍에 의해 시작되었다. 1920년대와 1950년대 사이에 약간 개선되었으나 크게 달라진 점은 없다. 유일한 개선점은 연구자들이 큰 시험관 대신 작은 마이크로플레이트를 사용하며, 박테리아가 잘 자라도록 인큐베이터에 넣는다는 것이다. 일부 접시는 미리 준비되어 있고, 연구원들이 첨가

제를 사용하면 된다. 수십 가지 종류의 항생제 또는 서로 다른 항생제 농도를 동시에 적용 가능하다. 최근에는 다양한 생명공학 회사에서 정량적이며 자동화된 새로운 방법이 개발되었다.

3 노르웨이는 세계에서 가장 큰 연어 생산국이다. 식량농업국에 따르면, 노르웨이는 매년 120만 톤 이상을 생산한다.

4 수십 년 후 다큐멘터리는 재상영되었다. 지금은 다음 사이트에서 볼 수 있다. https://tv.nrk.no/serie/fisk-i-fangenskap/1988/FSFJ00000488.

5 Ingunn Sommerset, Bjørn Krossøy, Eirik Biering, and Petter Frost, "Vaccines for Fish in Aquaculture," *Expert Review of Vaccines* 4, no. 1 (2005): 89–101.

6 토레 미트베트의 왕립 노르웨이 기사단 훈장에 대해서는 다음을 참조, https://www.kongehuset.no/nyhet.html?tid=165449&sek=26939.

## 20장

1 워런 그러브와의 인터뷰(2019년 2월 1일) 및 그러브가 저자에게 제공한 자서전 메모에 기초.

2 그레이시의 다음 논문을 참조, Michael Gracey and Malcolm King, "Indigenous Health Part 1: Determinants and Disease Patterns," *Lancet* 374, no. 9683 (2009): 65–75; and Malcolm King, Alexandra Smith, and Michael Gracey, "Indigenous Health Part 2: The Underlying Causes of the Health Gap," *Lancet* 374, no. 9683 (2009): 76–85.

3 Sheryl Persson, *The Royal Flying Doctor Service of Australia: Pioneering Commitment, Courage and Success*, readhowyouwant.com, 2010.

4 Keiko Okuma, Kozue Iwakawa, John D. Turnidge, Warren B. Grubb, Jan M. Bell, Frances G. O'Brien, Geoffrey W. Coombs et al., "Dissemination of New Methicillin-Resistant *Staphylococcus aureus* Clones in the Community," *Journal of Clinical Microbiology* 40, no. 11 (2002): 4289–94.

## 21장

1 Muhammad H. Zaman, *Bitter Pills: The Global War on Counterfeit Drugs* (Oxford: Oxford University Press, 2018).

2 Dinar Kale and Steve Little, "From Imitation to Innovation: The Evolution of R&D Capabilities and Learning Processes in the Indian Pharmaceutical Industry," *Technology Analysis & Strategic Management* 19, no. 5 (2007): 589–609.

3 Ibid.

4 Stefan Ecks, "Global Pharmaceutical Markets and Corporate Citizenship: The Case of Novartis' Anti-Cancer Drug Glivec," *BioSocieties* 3, no. 2 (2008): 165–81.

5 Muhammad H. Zaman, *Bitter Pills*.

6 Fatime Sheikh, "A France We Must Visit," *Friday Times*, June 15, 2018.

7 J. I. Tribunal, Batch J-093, "The Pathology of Negligence: Report of the Judicial Inquiry Tribunal to Determine the Causes of Deaths of Patients of the Punjab Institute of Cardiology, Lahore in 2011–2012" (2012).

8 "Nothing Wrong with Tyno Cough Syrup, Victims Overdosed," *Express Tribune*, November 27, 2012.

9 Muhammad H. Zaman, *Bitter Pills*, 26–50.

10 Sachiko Ozawa, Daniel R. Evans, Sophia Bessias, Deson G. Haynie, Tatenda T. Yemeke, Sarah K. Laing, and James E. Herrington, "Prevalence and Estimated Economic Burden of Substandard and Falsified Medicines in Low-and Middle-Income Countries: A Systematic Review and Meta-Analysis," *JAMA Network Open* 1, no. 4 (2018): e181662.

11 Muhammad H. Zaman, *Bitter Pills*, 60–75.

12 P. Sensi, "History of the Development of Rifampin," *Reviews of Infectious Diseases* 5, no. S3 (1983): S402–6.

13 Zohar B. Weinstein and Muhammad H. Zaman, "Evolution of Rifampin Resistance in *Escherichia coli and Mycobacterium smegmatis* Due to Substandard drugs," *Antimicrobial Agents and Chemotherapy* 63, no. 1 (2019): e01243–18.

## 22장

1 Aoife Howard, Michael O'Donoghue, Audrey Feeney, and Roy D. Sleator, "*Acinetobacter baumannii*: An Emerging Opportunistic Pathogen," *Virulence* 3, no. 3 (2012): 243–50.

2 Lenie Dijkshoorn, Alexandr Nemec, and Harald Seifert, "An Increasing Threat in Hospitals: Multidrug-Resistant *Acinetobacter baumannii*," *Nature Reviews Microbiology* 5, no. 12 (2007): 939.

3 Centers for Disease Control and Prevention (CDC), "*Acinetobacter baumannii* Infections Among Patients at Military Medical Facilities Treating Injured US Service Members, 2002–2004," *Morbidity and Mortality Weekly Report* 53, no. 45 (2004): 1063.

4 Pew Trusts Reports, "The Threat of Multidrug-Resistant Infections to the U.S. Military," March 1, 2012.

5 Rachel Nugent, "Center for Global Development Report," June 14, 2010.

6 Z. T. Sahli, A. R. Bizri, and G. S. Abu-Sittah, "Microbiology and Risk Factors Associated with War-Related Wound Infections in the Middle East," *Epidemiology & Infection* 144, no. 13 (2016): 2848–57.

7 아부 시타와의 수차례 인터뷰에 기초(2018년 8월~10월).

8 소하 칸지와의 인터뷰에 기초(2018년 9월 25일).

9 Omar Dewachi, *Ungovernable Life: Mandatory Medicine and Statecraft in Iraq* (Palo Alto, CA: Stanford University Press, 2017).

10 오마르 알데와치와의 인터뷰에 기초(2018년 10월).

11 Omar Dewachi, *Ungovernable Life*.

12 빈킴 응우옌과의 인터뷰에 기초(2019년 3월 21일).

13 Prashant K. Dhakephalkar and Balu A. Chopade, "High Levels of Multiple Metal Resistance and Its Correlation to Antibiotic Resistance in Environmental Isolates of Acinetobacter," *Biometals* 7, no. 1 (1994): 67–74.

## 23장

1 라마난 락스미나라얀과의 인터뷰에 기초(2018년 7월 16일, 2019년 3월 4일).

2 마이클 베넷이 아버지 마크 베넷에 대해 쓴 다음 책을 참조, *My Father: An American Story of Courage, Shattered Dreams, and Enduring Love* (2012).

3 Eili Klein, David L. Smith, and Ramanan Laxminarayan, "Hospitalizations and Deaths Caused by Methicillin-Resistant Staphylococcus aureus, United States, 1999–2005," *Emerging Infectious*

*Diseases* 13, no. 12 (2007): 1840.

4 Ramanan Laxminarayan, Precious Matsoso, Suraj Pant, Charles Brower, John-Arne Røttingen, Keith Klugman, and Sally Davies, "Access to Effective Antimicrobials: A Worldwide Challenge," *Lancet* 387, no. 10014 (2016): 168–75.

5 Pamela Das and Richard Horton, "Antibiotics: Achieving the Balance Between Access and Excess," *Lancet* 387, no. 10014 (2016): 102–4.

6 Ganesan Gowrisankar, Ramachandran Chelliah, Sudha Rani Ramakrishnan, Vetrimurugan Elumalai, Saravanan Dhanamadhavan, Karthikeyan Brindha, Usha Antony et al., "Chemical, Microbial and Antibiotic Susceptibility Analyses of Groundwater After a Major Flood Event in Chennai," *Scientific Data* 4 (2017): 170135.

## 24장

1 프랑크 묄레르와의 인터뷰에 기초(2019년 4월 2일).

2 Thomas Nordahl Petersen, Simon Rasmussen, Henrik Hasman, Christian Carøe, Jacob Bælum, Anna Charlotte Schultz, Lasse Bergmark et al., "Meta-Genomic Analysis of Toilet Waste from Long Distance Flights; a Step Towards Global Surveillance of Infectious Diseases and Antimicrobial Resistance," *Scientific Reports* (2015): 11444.

3 Ibid.

4 세계 하수 감시 프로젝트에 대한 내용은 다음을 참조, https://www.compare-europe.eu/Library/Global-Sewage-Surveillance-Project.

5 Rene S. Hendriksen, Patrick Munk, Patrick Njage, Bram Van Bunnik, Luke McNally, Oksana Lukjancenko, Timo Röder et al., "Global Monitoring of Antimicrobial Resistance Based on Metagenomics Analyses of Urban Sewage," *Nature Communications* 10, no. 1 (2019): 1124.

## 25장

1 루미나 하산과의 인터뷰에 기초(2018년 4월 24일).

2 Jeffrey D. Stanaway, Robert C. Reiner, Brigette F. Blacker, Ellen M. Goldberg, Ibrahim A. Khalil, Christopher E. Troeger, Jason R. Andrews et al., "The Global Burden of Typhoid and Paratyphoid Fevers: A Systematic Analysis for the Global Burden of Disease Study 2017," *Lancet Infectious Diseases* 19, no. 4 (2019): 369–81.

3 Zoe A. Dyson, Elizabeth J. Klemm, Sophie Palmer, and Gordon Dougan, "Antibiotic Resistance and Typhoid," *Clinical Infectious Diseases* 68, no. S2 (2019): S165–70.

4 Elizabeth J. Klemm, Sadia Shakoor, Andrew J. Page, Farah Naz Qamar, Kim Judge, Dania K. Saeed, Vanessa K. Wong et al., "Emergence of an Extensively Drug-Resistant *Salmonella enterica* Serovar Typhi Clone Harboring a Promiscuous Plasmid Encoding Resistance to Fluoroquinolones and Third-Generation Cephalosporins." *MBio* 9, no. 1 (2018): e00105–18.

5 뉴스의 출처는 다음과 같다. *New York Times, Science, Washington Post, Telegraph, and the Economist.*

6 World Health Organization, "Typhoid Fever—Islamic Republic of Pakistan," December 27, 2018, https://www.who.int/csr/don/27-december-2018-typhoid-pakistan/en/.

# 26장

1 Jeremy D. Keenan, Robin L. Bailey, Sheila K. West, Ahmed M. Arzika, John Hart, Jerusha Weaver, Khumbo Kalua et al., "Azithromycin to Reduce Childhood Mortality in Sub-Saharan Africa," *New England Journal of Medicine* 378, no. 17 (2018): 1583–92.

2 Donald J. McNeil, "Infant Deaths Fall Sharply in Africa with Routine Antibiotics," *New York Times*, April 25, 2018.

3 Susan Brink, "Giving Antibiotics to Healthy Kids in Poor Countries: Good Idea or Bad Idea?," NPR, April 25, 2018.

4 토머스 라이엇먼과의 인터뷰에 기초(2018년 9월 5일).

5 Shannen K. Allen and Richard D. Semba, "The Trachoma 'Menace' in the United States, 1897–1960," *Survey of Ophthalmology* 47, no. 5 (2002): 500–509.

6 Julius Schachter, Shila K. West, David Mabey, Chandler R. Dawson, Linda Bobo, Robin Bailey, Susan Vitale et al., "Azithromycin in Control of Trachoma," *Lancet* 354, no. 9179 (1999): 630–35.

7 Travis C. Porco, Teshome Gebre, Berhan Ayele, Jenafir House, Jeremy Keenan, Zhaoxia Zhou, Kevin Cyrus Hong et al., "Effect of Mass Distribution of Azithromycin for Trachoma Control on Overall Mortality in Ethiopian Children: A Randomized Trial," *Journal of the American Medical Association* 302, no. 9 (2009): 962–68.

8 Donald J. McNeil, "Infant Deaths Fall Sharply in Africa with Routine Antibiotics."

# 27장

1 탄비르 라만과의 인터뷰에 기초(2019년 2월 2일).

2 Ishan Tharoor, "The Story of One of Cold War's Greatest Unsolved Mysteries," *Washington Post*, December 30, 2014.

3 오토 카르스와의 인터뷰에 기초(2019년 4월 25일).

4 더 자세한 내용은 다음을 참조, https://www.reactgroup.org.

5 Sigvard Mölstad, Mats Erntell, Håkan Hanberg, Eva Melander, Christer Norman, Gunilla Skoog, C. Stålsby Lundborg, Anders Söderström et al., "Sustained Reduction of Antibiotic Use and Low Bacterial Resistance: 10-Year Follow-up of the Swedish Strama Programme," *Lancet Infectious Diseases* 8, no. 2 (2008): 125–32.

# 28장

1 Michael Erman, "Allergan to Sell Women's Health, Infectious Disease Units," Reuters, May 30, 2018.

2 Sean Farrell, "AstraZeneca to Sell Antibiotics Branch to Pfizer," *Guardian*, August 24, 2016.

3 Pew Charitable Trusts, "A Scientific Roadmap for Antibiotic Discovery," June 2016.

4 Muhammad H. Zaman and Katie Clifford, "The Dry Pipeline: Overcoming Challenges in Antibiotics Discovery and Availability," *Aspen Health Strategy Group Papers*, 2019.

5 Ibid.

6 Ibid.

7 Asher Mullard, "Achaogen Bankruptcy Highlights Antibacterial Development Woes," *Nature Review Drug Discovery* (2019): 411.

## 29장

1 "How South Africa, the Nation Hardest Hit by HIV, Plans to 'End AIDS,'" PBS *NewsHour*, July 22, 2016.

2 HIV 치료제 접근 문제에 대한 자세한 내용은 다음을 참조, Michael Merson and Stephen Inrig, *The AIDS Pandemic: Searching for a Global Response* (New York: Springer, 2018).

3 Mandisa Mbali, "The Treatment Action Campaign and the History of Rights-Based, Patient-Driven HIV/AIDS Activism in South Africa," *Democratising Development: The Politics of Socio-economic Rights in South Africa* (2005): 213–43.

4 Muhammad Hamid Zaman and Tarun Khanna, "Cost of Quality at Cipla Ltd., 1935–2016," *Business History Review* (2019).

5 Ibid.

6 Mandisa Mbali, "The Treatment Action Campaign and the History of Rights-Based, Patient-Driven HIV/AIDS Activism in South Africa," 213–43.

7 Kevin Outterson, "Pharmaceutical Arbitrage: Balancing Access and Innovation in International Prescription Drug Markets," *Yale Journal of Health Policy, Law, and Ethics* 5 (2005): 193.

8 Ibid.

9 케빈 오터슨과의 인터뷰에 기초(2018년 6월 12일).

10 2018년 9월 14일에 발표된 오바마 대통령의 행정 명령은 다음을 참조, https://obamawhitehouse.archives.gov/the-press-office/2014/09/18/executive-order-combating-antibiotic-resistant-bacteria.

11 앤서니 파우치와의 인터뷰에 기초(2018년 1월 4일).

12 William Rosen, *Miracle Cure: The Creation of Antibiotics and the Birth of Modern Medicine* (New York: Penguin, 2017), 122.

13 Helen Branswell, "With Billions in the Bank, a 'Visionary' Doctor Tries to Change the World," Stat News, May 6, 2016.

14 CARB-X에 관한 자세한 설명은 다음을 참조, https://carb-x.org.

## 30장

1 M. Diane Burton and Tom Nicholas, "Prizes, Patents and the Search for Longitude," *Explorations in Economic History* 64 (2017): 21–36.

2 Ibid.

## 31장

1 Ian Tucker, *Guardian*, May 21, 2011.

2 제임스 콜린스와의 인터뷰에 기초(2019년 5월 3일).

3 Kyle R. Allison, Mark P. Brynildsen, and James J. Collins, "Metabolite-Enabled Eradication of Bacterial Persisters by Aminoglycosides," *Nature* 473, no. 7346 (2011): 216.

## 32장

1 후라 메리크와의 인터뷰에 기초(2019년 2월 14일).
2 Jeffrey Roberts and Joo-Seop Park, "Mfd, the Bacterial Transcription Repair Coupling Factor: Translocation, Repair and Termination," *Current Opinion in Microbiology* 7, no. 2 (2004): 120–25.
3 Samuel Million-Weaver, Ariana N. Samadpour, Daniela A. Moreno-Habel, Patrick Nugent, Mitchell J. Brittnacher, Eli Weiss, Hillary S. Hayden, Samuel I. Miller, Ivan Liachko, and Houra Merrikh, "An Underlying Mechanism for the Increased Mutagenesis of Lagging-Strand Genes in Bacillus subtilis," *Proceedings of the National Academy of Sciences* 112, no. 10 (2015): E1096–105.
4 Mark N. Ragheb, Maureen K. Thomason, Chris Hsu, Patrick Nugent, John Gage, Ariana N. Samadpour, Ankunda Kariisa et al., "Inhibiting the Evolution of Antibiotic Resistance," *Molecular Cell* 73, no. 1 (2019): 157–65.

## 33장

1 조안 류의 성장 과정에 대한 연설 내용은 다음을 참조, https://barnard.edu/commencement/archives/commencement-2017/joanne-liu-remarks-delivered.
2 조안 류와의 인터뷰에 기초(2018년 8월 10일).

## 34장

1 스티브 오소프스키와의 인터뷰에 기초(2019년 4월 19일).
2 윌리엄 카레시와의 인터뷰에 기초(2019년 4월 22일).
3 컨퍼런스 아젠다는 다음을 참조. http://www.oneworldonehealth.org/sept2004/owoh_sept04.html.
4 Yi-Yun Liu, Yang Wang, Timothy R. Walsh, Ling-Xian Yi, Rong Zhang, James Spencer, Yohei Doi et al., "Emergence of Plasmid-Mediated Colistin Resistance Mechanism MCR-1 in Animals and Human Beings in China: A Microbiological and Molecular BiologicalStudy," *Lancet Infectious Diseases* 16, no. 2 (2016): 161–68.

## 35장

1 샐리 데이비스와의 인터뷰에 기초(2018년 9월 21일), 더 자세한 전기 정보는 다음을 참조, https://www.whatisbiotechnology.org/index.php/people/summary/Davies.
2 2014년 7월 1일, 다수의 영국 신문에 실린 인터뷰 기사는 다음을 참조, *Telegraph*, https://www.telegraph.co.uk/news/health/10939664/Superbugs-could-cast-the-world-back-into-the-dark-ages-David-Cameron-says.html.
3 짐 오닐과의 인터뷰에 기초(2019년 3월 1일).
4 Jim O'Neill, "Building Better Global Economic BRICs" (November 2001).
5 짐 오닐의 '항생제 내성 보고서'는 다음을 참조, https://amr-review.org/Publications.html.
6 자세한 내용은 다음을 참조, amr-review.org.
7 Marlieke E. A. de Kraker, Andrew J. Stewardson, and Stephan Harbarth, "Will 10 Million People Die a Year Due to Antimicrobial Resistance by 2050?," *PLoS Medicine* 13, no. 11 (2016): e1002184.

## 에필로그

1 Marc Lipsitch and George R. Siber, "How Can Vaccines Contribute to Solving the Antimicrobial Resistance Problem?," *MBio* 7, no. 3 (2016): e00428–16.

2 Sara Reardon, "Phage Therapy Gets Revitalized," *Nature News* 510, no. 7503 (2014): 15.

3 Matthew J. Renwick, David M. Brogan, and Elias Mossialos, "A Systematic Review and Critical Assessment of Incentive Strategies for Discovery and Development of Novel Antibiotics," *Journal of Antibiotics* 69, no. 2 (2016): 73.

4 더 자세한 내용은 다음을 참조, https://www.pewtrusts.org/en/projects/antibiotic-resistance-project.

5 다음을 참조, https://www.thebureauinvestigates.com/projects/superbugs.

내성 전쟁

내성 전쟁

**내성 전쟁**

BIOGRAPHY
OF
RESISTANCE

# 내성 전쟁
인간과 병원균의 끝없는 싸움

초판 1쇄 발행일 2021년 8월 20일
초판 2쇄 발행일 2022년 9월 25일

지은이 무하마드 H. 자만
옮긴이 박유진
펴낸이 이민화
펴낸곳 도서출판 7분의언덕
주소 서울시 서초구 서초중앙로5길 10-8 607호
전화 (02)582-8809
팩스 (02)6488-9699
등록 2016년 9월 6일(제2020-000241호)
이메일 7minutes4hill@gmail.com

ISBN  979-11-964121-8-0  (03470)